犬であるとはどういうことか

その鼻が教える匂いの世界

Being a Dog

Following the Dog Into a World of Smell

by Alexandra Horowitz

アレクサンドラ・ホロウィッツ｜著｜ 竹内和世｜訳｜

白揚社

父へ

犬であるとはどういうことか　目次

・〔　〕で示した個所は訳者による補足です。

犬であるとはどういうことか

1　犬の鼻

まっ黒で、濡れていて、まだらで、正面にはへ音記号のような洞窟がふたつ見える——それがフィネガンの鼻だ。アプトンのほうははっきりしたふたつの凹みになっていて、全体に短いヒゲが気をつけの姿勢で生えている。

これがわたしの犬たちだ。そしてこれがその犬たちの鼻である。

犬の認知について調べはじめるまで、わたしは犬の鼻についてあまり考えたことはなかった。もちろん来客の股間に不作法に鼻を突っこんだりすれば叱るし、薬を飲ませるときは鼻にピーナッツバターを塗ったりもする。だがそんなときでさえ、犬の鼻そのもの——その形、その動き、奥へと続くとてつもなく入り組んだ洞窟——について、関心をもつことはほとんどなかった。

犬の鼻に対してだけではない。わたしたちは互いに相手の鼻をじっくり観察することなどめったにない。顔のどのパーツより目立っているにもかかわらず——しかも顔だけでなく体全体をリードしているというのに。ためしにパートナーの鼻でも母親の鼻でも、実物を見ないで絵が描けるだろうか。たとえばそれが鳥の嘴（くちばし）みたいな鼻だったり、ボタンみたいな鼻だったりすれば別だが、たいていわたしたちにとってそれはただの鼻でしかないのだ。つぶれた肉厚のテトラにふたつの鼻孔が付いているだけ。

わたしは息子の鼻を見る。だがだいたいは鼻の表面だけだ——色白の肌にそばかすが集まりかけている。だが、犬の鼻づらはわたしのありったけの注意を引きつける。今のわたしは犬を見るとき、まず第一に鼻を見る。わたしは犬に夢中で、犬を知りたいと思っている。犬を知りたい、それは、「犬であるとはどういうことか」に興味があるということだ。そのすべては鼻からはじまる。

犬は鼻を介して、ものを見、ものを知る。追跡犬ばかりではない。ソファであなたの隣に寝そべっている犬もそうだ。犬たちが匂いをもとに得ている世界に関する情報は、信じられないほど豊かである。人間もかつてはその豊かさを知っていたし、それに基づいて行動していた。だがそれを顧みなくなってもうずいぶんになる。

わたしたちがもっていながらほとんど無視しているこの感覚源を嗅いで、活用して、犬は人間のための情報提供者になってくれた。彼らがごく自然に知ること、それをわたしたちに教える訓練を受けたのが仕事犬だ。彼らは違法ドラッグや持ちこみ禁止の有害な動植物を検知する。だがそれだ

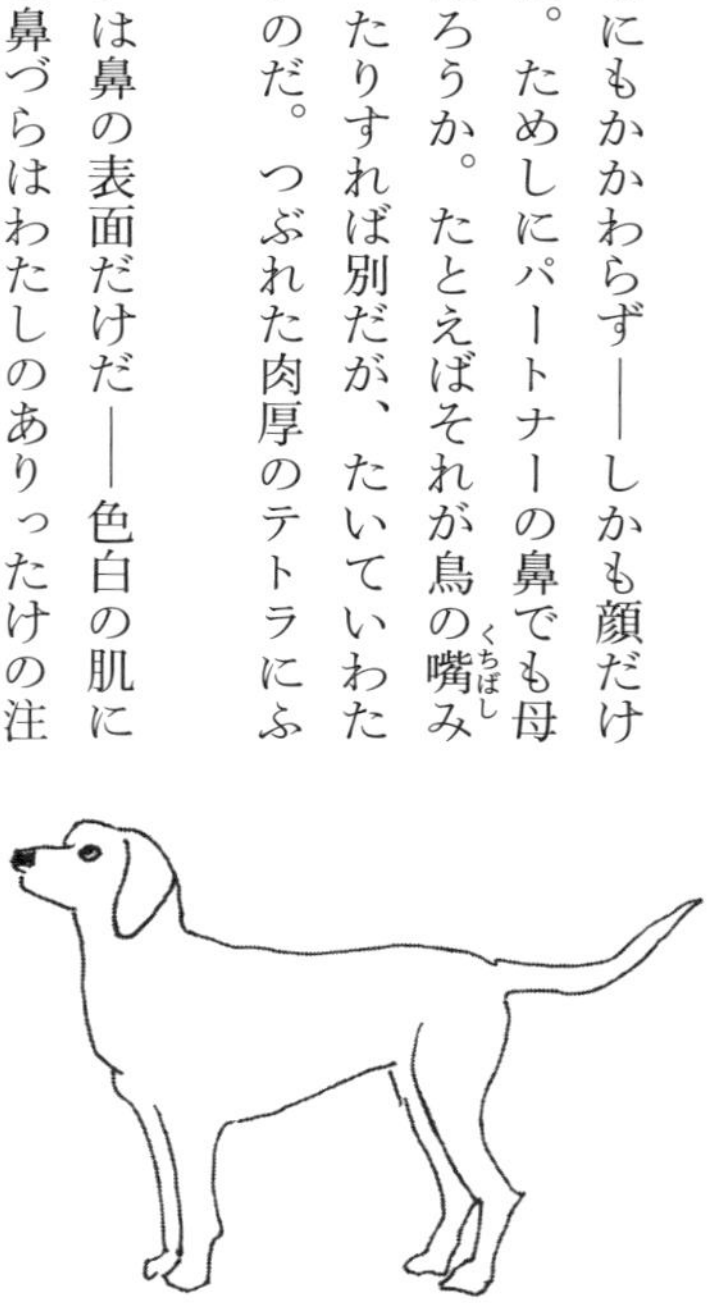

けではない。犬はこれから天気がどうなるかを知る。午後になるとどんな匂いになるか。あなたの気持ちが沈んでいるのか昂ぶっているのかもわかってしまう。吸いこむ空気はどの一息も情報に満ちている。そこにはたったいま通りすぎた人の匂いがまだ残っている。だれもが嗅覚痕跡を残して通りすぎていく。犬はそよ風に乗って運ばれる花粉や草の香りをとらえる。どの匂いにも、ついさっき近くにいて歩いていた、走っていた、うずくまっていた、死んでいた動物の痕跡が捕らえられている。吸いこむ空気には、遠くの暴風雨からの電荷が、そして湿り気をおびた活発な分子が捕らえられている。

この本でわたしは、犬の鼻が何を知っているのかを探ろうと思う。今まで一度も取り上げられなかったテーマだ。犬があなたの体に鼻を寄せ、地面や他の犬の毛の中に深く鼻を突っこむとき、いったい何を嗅いでいるのか？　あなたの犬はあなたについて何を知っているのか。あなた自身が知らないようなことを、はたして犬は知っているのだろうか。犬にとって日々の先導役は鼻である。その驚くべき鼻で世界を嗅ぐというのはどんなものなのか。

それを探るために、わたしは追跡犬を追跡することにした。この何年かにわたって、わたしは検知犬が成長し、訓練を受け、それがドラッグであれ食べ物であれ人であれ、獲物を見つけだすのを観察した。バーナード・カレッジにあるわたしの「犬認知研究室」では、ペットの犬が自分について、他の犬について、また自分たちが暮らしている人間世界の匂いについて、どのように経験しているかを調べてきた。犬の鼻について研究し、モデル化している科学者たちからも話を聞いた。犬のトレーナーやハンドラーとも話した。それは犬の嗅覚世界のすべてと、それを導く素晴らしい器官について検証するための調査だった。
だが同時にそれは、わたしたちの顔にある鼻を知ることでもあった。わたしたち人間はもう何千年も前から匂いを嗅ぐように自分たちを訓練していないし、その方法を身につけてもいない。たとえば今、顔からたった数十センチ離れているだけのこの本の匂いを嗅いでいる人が何人いるだろう。だが世の中には匂いを嗅いでいる人たちがいる。わたしはそうした人びとを見つけだし、そのやり方に倣うことにした。

わたしもまた、匂いを嗅がないでこれまでの人生を過ごしてきた。そこでわたしは犬たちからアドバイスをもらうことにした。犬たちの行動を真似するのだ。わたしは思いきって、少しだけ犬のようになることにした。前著『犬から見た世界』のなかで、わたしは犬であるとはどういうことかについて想像力を飛躍させたが、ここでは四つん這(ば)いで飛躍する。わたしは自分の鼻を、犬の鼻がいくところに近づける。そして匂いを嗅ぐ。

まずは自分自身の匂いに対する感覚についてもっと知ることから始めよう。そのあと、犬の心と鼻をもつとはどういうことか、自分の鼻がより上手に思いだせるように、訓練に入ることにする。

わたしにインスピレーションを与え、ガイド役をつとめてくれるのはフィネガンとアプトン、わたしたち家族の愛犬だ。二匹とも雑種犬、それも猛烈にカリスマ性のある雑種犬である。夫とわたしがフィネガンの鼻と出会ったのは、捨てられた犬を南部から引き取っているシェルターのケージのバーの間だった。生後四か月、以前に白癬(はくせん)やパルボにかかっており、治りつつあったが、痩せてすこし骨張っていた。わたしはあまりシェルターには行かないようにしている。行けば間違いなく新しい犬だの猫だのを連れて帰るはめになるからだ。その日、ケージの中のフィネガンとはじめて目を合わせたとき、彼ははげしく尻尾をふり、バーの間に突っこんだわたしの指を舐め、わたしが指を引っこめると今度は逆に自分の鼻をバーから突きだした。わたしたちがそこを離れたあとも、彼は我慢づよくすわって待っていた。わたしは何度もふりかえった。彼はすわって……そして待っていた。わたしたちは彼をケージから出してもらった。彼は夫とわたしのあいだを動きまわり、わたしたちの顔をかわるがわる見つめた。疲れたのだろう、やがて彼はわたしにもたれかかった。それで決まりだった。わたしたちは彼を家に連れて帰った。

そのときからフィンは八歳年をとっている。それでもまだ彼には、わたしにもたれかかった子犬の面影がある。毛並はまるで毎日ブラシをかけているみたいにつやつやと黒光りしている。だが一番目を引くのは、彼が何かを見るときの見方だ。フィンを見る人はだれでも、この犬が今この瞬間に起きていることにいつも気づいているという印象を受ける。目はわたしたちを突き刺すようだ。その目はわたしたちを追う。他の動物が悪いことをすると、目でわたしたちに確認しようとする。わたしたちがドアに向かうと、その目は悲しげにわたしたちを見守る。耳を後ろに倒し、目を大きく見開いているフィンを置いて出ていくのは容易ではない。家に戻ると、目で見るだけではない。鼻もわたしたちを調べる。許されるぎりぎりまで鼻を近づけ、わたしたちがどこに行き、何を食べ、だれに触り、あるいは撫でたか調べようとする。帰り道で犬に会えば、必ずフィンの取り調べが待っている。

わたしは、フィンは「プロの犬」だと考えたい気がする。彼はとても洗練されている。とくに教えたことはないのに、わたしたちが家の犬として期待しているものにぴったりはまってくれ、わたしたち家族が作っている小さな文化をのみこんだ。一方、引き取ったときすでに三歳だったアプトンのほうは、言ってみれば野良犬である。シェルターに遺棄されていた彼を引き取ったのは三年前だ。遺棄された当時の彼の写真を見たことがある。小型のハウンドで、頭のサイズにくらべて耳が大きすぎる。鼻は輪郭が不鮮明だ。そのあと頭と体は大きく育った。今の彼は大きな、ぶちのハウンドミックスで、大きな目とくるくる巻いた尻尾をもっている。鼻づらにはヒゲが点々と生えている。頬（ほほ）は垂れている。アプトンは人よりも犬といるほうが落ち着くようだ。どんな犬に対しても、どうしようもなくフレンドリーである。走り方はひょろひょろしていかにも間が抜けている。どの写真を見ても、流線形のアプトン、アスリートみたいなアプトン、すらっとしたアプトンなどいない。走っているとき、その頬はパタパタはためき、体が傾き、耳は外側に開いている。彼はまったくもっておばかさんだ……いやはや。わが家にくる前、彼は都会の犬ではなかったから、どんな音にもたちまち驚いてしまう――車のドア、ゴミ収集車、ガレージのドア、道路標識が風に揺れる、削岩機、街路樹にひっかかってはためく紙袋、道路の角から急に人が現れる。とにかくあらゆるものに反応する。そんなわけで、いつもはこのふたつの鼻のあとについて、彼らが嗅いでいるさまざまな汚らしいスポットを訪れているものの、新しい匂い嗅ぎ調査のために連れ出すのはフィンだけである。本書の半分はフィンが書いたと言えるだろう。

ここでひと息（鼻から吸ってね）。匂いと匂いを嗅ぐ旅をつづけるとしよう。犬の嗅覚能力について、そしてあなた自身の鼻の能力についての科学らしからぬ科学をめぐるツアーだ。その成果はわたしたちに発見されるのを待っている。犬のリードに従うことによって、わたしたちは犬から、自分にはないものについて学ぶことができる。そのいくらかはわたしたちの感じる能力を超えており、またいくらかは、ただ案内役が必要だっただけだ。世界は匂いに満ちている。だがわたしたちにはそういう豊かな世界（スペクタクル）がない。そこで犬がわたしたちの眼鏡（スペクタクル）として役立ってくれる。

それによってわたしたちはまた、自分と世界についての、ひょっとしたらもっと原始的な、いわゆる「動物の状態」がもたらした知識をふたたび手に入れられるかもしれない。テクノロジーと実験室でのテストが作る文化のなかですっかり忘れられてしまった知識だ。動物のあとをついていくことによって、わたしたちはみずからの存在にもっと敏感になる。犬たちのあとをついていくことによって、わたしたちはもの言わぬ忠実なパートナーの日々の経験を理解し始めるのだ。

2　匂いを嗅ぐ者

そのバタつきトーストの匂いは、いかにもはっきりした言葉で、ヒキガエルに話しかけたのでした――暖かい台所のことを。霜のおりた晴れた朝の朝食のことを。冬の夕方、散歩を終えてスリッパにはきかえた足を炉格子に乗せてくつろぐ、いごこちのいい居間の炉端のことを。満足そうにネコがのどを鳴らす音を。眠そうなカナリアたちのさえずりを。

――ケネス・グレーアム『たのしい川辺』（石井桃子訳、岩波少年文庫）

動物がどれくらい匂いを嗅ぐのか、わたしたちにはほとんどわかっていない。このことを思い出させてくれるものが、わが家の本棚にはたくさん詰まっている。わたしの本棚ではない。六歳の息子の本棚だ。すぐれた児童文学作家たちの何人かは匂いにきわめて敏感だった。ロアルド・ダールの物語に出てくる子供の匂いを嗅ぐモンスターや甘い匂いのチョコレートのお城は、ウィリアム・スタイグの作品中の動物の主人公たちと肩を並べる。スタイグのドミニックは、放浪の旅にあこがれる冒険好きな犬で、納屋暮らしの犬仲間たちに別れを告げ、世界を探検する旅に出る。「みんなを抱きしめて匂いを嗅ぐよ、愛をこめて」と、犬らしい別れの言葉を残して。旅するドミニックを導くのは、その「すべてを知る」鼻だ。彼は悪者のキツネを嗅ぎだす――「キツネが一年前にちょっと触っただけだって、ドミニックにはその匂いがわかっただろう」。お茶、砂糖、ミルクを嗅ぎ出しておやつにする。彼の鼻は病気のブタ、ワニの魔女、そして見知らぬ町の住民たちを見つけ出す。「ドミニックはいつも最初に匂いに気づく」とスタイグは書いた。ケネス・グレーアムの『たのしい川辺』に住む動物たちが気づくのは、「あたたかそうで、おいしそうな、色とりどりのにおい」であり、それが「もつれあい、からみあい、ついに完全無欠な、えもいわれないにおいになって、ただよって」いるのだった。「それはまるで自然が、じぶんの心をじぶんの子供たちによくわからせようというので、女神の形をとってあらわれたかのよう」だった。

これでもまだ動物たちが気づくことの半分にもならない。

わたしは家で、犬の鼻の鋭敏さを見せつける二匹の四足歩行の連中と一緒に暮らしている。ずいぶん前に赤ん坊の皿から飛んでいったごく小さな食べ物のかけらを彼らが見つけるのを見て、わたしたちは驚く。だが明らかに彼らの嗅覚の鋭さはそんな程度ではすまない。わたしが日々気づくのがその程度というだけのことなのだ。

犬の鼻の鋭さを科学的に計測するのが難しいのは、犬の鼻のせいというより、計測器具の能力のせいであり、その器具で計測されることに犬があまり興味を示さないためでもある。ペットの犬も追跡犬もさまざまな閾値検出タスクをやらされている。徐々に匂いを薄めていき、どの時点で犬が気づかなくなるかを見るタスクだ。たとえば、バナナ（酢酸アミル）の匂いのついた容器を、匂いのついていない複数の容器から選び出させるタスクがある。匂いが一兆分の一か二に薄められるまでは、犬はその容器を見つけだす。一兆滴の水に酢酸アミルを一、二滴落とした割合だ。一匹のきわめて協力的なフォックステリアを使った初期の実験で、その犬は一億立方メートルの空気中から一ミリグラムの酪酸（くさいソックスの匂い）をきちんと検知できた。もちろんあなただって、寝室でパートナーが脱いだばかりのくさいソックスには気づくだろう。そのくさい寝室内の空気の量は、だいたい四〇立法メートルくらいだろうか。だが犬は、フロリダのNASAケネディ宇宙センターにある巨大なスペースシャトル組み立て棟よりも大きな部屋でだれかがソックスを脱いだとしても、それがわかるのだ。どんな犬でも、四〇〇万立方メートルのスペースセンターに入って、汗臭い宇宙飛行士をつきとめられるだろう。

爆発物検知犬は、TNTなどの爆発物がごく微量であっても匂いに気づく。わずか一ピコグラム――一兆分の一グラム――でもつきとめられるのだ。一ピコグラムの匂いに気づくというのはどんな感じなのだろう？　火薬探知犬は自分が探している匂いについて、とても好ましい連想をもつようになっている。ではわたしたちにとって好ましい連想をもたらす芳香といえば……そう、キッチンで焼いているシナモンロールがある。ふつうのシナモンロールにはおよそ一グラムのシナモンが含まれる。人間の鼻はそれをとらえる――家のドアを開けたとたんにとびこんでくる匂いだ。では、一兆個のシナモンロールだったらどんな匂いになるか、想像してみよう。それが、家のドアを開けたときに連れていた犬が嗅ぐ匂いだ。

犬の鼻の鋭敏さは、その行動を見るだけでも測ることができる。狩猟犬や追跡犬は当たり前のように、以前に通りすぎた獲物や人びとの匂いの跡をつける。ときには嶮（けわ）しい山地に残された数日前の匂いまで嗅ぎつけるのだ。以前見たディスカバリーチャンネルのビデオでは、パーソナリティがブラッドハウンドの「裏をかく」ために川を横断し、消臭剤を体に噴霧し、犬の気をそらすためにソーセージを撒き、さらに戻ってまた別の道を行くという作戦をとっていた。だがその犬はパーソナリティが走った道をたどり、川を横断し、ソーセージを見つけ（だが無視し）、それから逆戻りして、簡単にその人物を見つけだした。

分かれ道に出くわしたときでも、追跡犬はわずか五つの足跡を嗅ぐだけで、足跡の主がどちらに行ったのかわかる。二秒たらずの間に付けられたその五つの足跡は、どれもその人物の匂いを一定量とどめている。しかも第一の足跡から第五の足跡まで、少しずつ匂いが強くなっているため、犬には答えがわかるのである。その道を他の人が走ったり、他のトレイルと交差したりしていても、犬は追っている人物を見つけることができる。

このように、犬は人を追跡するうえできわめてすぐれた能力を発揮するから、オランダやドイツ、ポーランドなど、いくつかの国では、犬による匂いの面通しが裁判での証拠として認められている。匂いの面通しというのは、言葉そのままの意味ではない。人間の場合の面通しのように、容疑者と無実の人びと（フィラーと呼ばれる）が並ぶ前で、犬がそれぞれの匂いを嗅いで査定するというのではなく、*犬は容疑者とフィラーが触れた一列の金属のバーを嗅いでいき、犯罪現場の匂いと合致する匂いを選びだす。それが真犯人の匂いというわけだ。

たった今あなたのそばにいる犬もまた、日々、みごとな嗅覚パフォーマンスを見せてわたしたちを驚かせ、時に警告を発している。そうした行動の多くはわたしたちにとってお馴染みである。お馴染みでないのは、その背後にある匂いなのだ。

犬の鼻の鋭さを発見するために、まずは犬が一日のなかで何を嗅ぐことができ、実際に何を嗅いでいるのかを見てみよう。わたしたちの犬はわたしたちの足もとで、わたしたちのかたわらで、わたしたちといわば足並みをそろえて暮らしている。犬がわたしたちを見つめたり、あるいは遠くで吠えている犬に目をこらしているように見えるとき、わたしたちは彼らの目をのぞきこみ、何をどんなふうに見ているのか知ろうとする。だが実のところ彼らの行動の大半は鼻に、世界を嗅ぐことに関係しているのだ。

あなたの匂いを嗅げてうれしいです！

好き勝手にさせておけば、たいていの犬は不審者の消えた足跡を追ったりはしないし、金属バーの列を順々に嗅いでいこうともしないだろう。犬が好きなのは他の犬の匂いを嗅ぐことだ。一方、人間が好きなのは他の人間を見ることである。部屋に一人でいても、動いている人だろうが静止している人だろうが、とにかく人の映像を見たがる。犬に犬のピンナップ写真を見せても喜ばないが、近所のやせた白黒ぶちの子犬の匂いを瓶詰めにできたら、ひとりで退屈している犬にとってはよい気晴らしになるだろう。

このへんはたしかに飼い主がみんな目にしているところだ。それにしても犬が互いに嗅ぎあうのは意味などなくて、ただのくしゃみにすぎないなどと思わないでほしい。一方の犬がくしゃみをしても、相手の犬はしない。だが二匹の犬が出会うと、お互いに相手を嗅ぐ――そして相手にも嗅がせる。本物のコミュニケーションだ。他の犬を嗅ぐのはどうやら楽しいことらしい。わたしたちに見えないのは、このとき犬の間で交換されている情報である。彼らの匂い嗅ぎにはリズミカルな流れがある。お互いに同時に嗅ぐこともあれば、礼儀正しくかわるがわる嗅ぎあうこともある。いずれも相手の毛のなかに鼻を突っこんで匂いを嗅ぐ。毛には匂いがついている。皮膚腺からの匂いだ。そしてこの匂いが鍵なのである。匂いには、それを放出する動物の情報が詰まっている。

雄犬と雌犬がお互いを嗅いでいる様子を観察した研究者たちは、雄犬が最初に好んでめざすのは、研究者たちが行儀よく「尻尾エリア」（＝尻）と呼んでいる部位であることを発見した。皮膚腺が肛門をとりまいて匂いを分泌しており、肛門のどちら側にも――ある本では「四時と八時の位置」と教えている――犬の強い匂いを生み出す肛門嚢がある。もっと正確に言えば、この匂いは犬がストレスを受けていることを示しているようだ。犬が不安なとき、嚢はひどい悪臭を出す。嚢からの

＊容疑者にとってはどれほど怖ろしいことか！　事実、これは効果抜群なのだ――たしかに容疑者はあらゆる汗腺から証拠となる匂いの分子を放出しているのだから。怖いのは容疑者だけではない。気の毒にも、嗅がれる順番を待ちながら、この奇跡の犬がどんな秘密を暴くのか心配しているフィラーたちにしても同じことだ。

分泌液はまた、ウンチのトッピングとして役に立つ。そのため何人かの研究者は、この匂いを犬の「署名（シグネチャー）」と見ている——匂いを嗅ぐ者のために作られたＩＤカードだ。四〇年前、モネル・ケミカル・センシズ・センター（モネル化学感覚研究所）のジョージ・プレッティ博士らは、何匹かの（ある程度）協力的なビーグルから肛門嚢の内容物を絞り出した。「ぼくはパイオニアだったんだよ！」と彼はわたしに言ったものだ。「あとに続く人はいなかったがね」。ふつうの人の鼻にはその匂いは同じように——そして不快に——思われるものの、成分を調べてみるとサンプルごとに非常に異なることがわかった。個体のマーカーになるのにぴったりだ。犬の研究者は、自分の被験者について知るためなら（どうやら）何でもやってのけるから、そのおかげでわたしたちは今こんなことまで知っている——個々の犬の分泌物が出す匂いの違いは、人間にも知覚できるほどで、「いくぶん中立か、わずかに快い、犬のような匂い」から、「鋭いツンとする」匂いまで、幅があるというのだ。匂いを嗅いでくれた科学者のみなさんにお礼を言わなくては。

イヌ科の動物にはまた、尻尾の付け根にはっきりした尾腺がある。雄犬がはじめて会った相手を嗅ぐ様子を見れば、その場所はつきとめられる。尻尾が尻と出合う脂っぽい毛の部分だ。腺からの分泌物のせいでとても脂っぽくなっている。キツネの場合、この尾腺は、人間の鼻でも気づくほどの匂いを出す。アカギツネの尾腺はほんの少しスミレの匂いがするし、ハイイロギツネはジャコウの香りがする。尾腺は性ホルモンのレベルと関わっている。したがって、その雄犬が相手の犬の尻尾の付け根を必死で嗅いでいるのも、ひとつにはもちろん、相手がだれかを知るためもあるが、彼女に交配する用意ができているかを知りたがってもいるのだ。

雌犬の場合、最初に顔を嗅ぐことが多い。オオカミもまた、お互いの頭や鼻づらの匂いを熱心に嗅ごうとする。飼い主の耳に鼻を突っこんだり、鼻や目のまわりを突っついたりする犬もいる。その犬は飼い主を、文字どおり犬として扱っているのだ。犬の耳には大量のアポクリン腺と皮脂腺、およびその分泌物があり、鼻にはエクリン腺がある。ひょっとしてこの行動は、交配に関係があるというより、健康や栄養状態を知る意味のほうが大きいのかもしれない。唾液はどこについていても匂う。犬の場合、唾液は顔と鼻面のまわりそこらじゅうに広がっている。

十分近くに寄れば、あなたの犬に特有の匂いを嗅ぐことができる。たぶんその匂いは、犬の体全体に分布しているアポクリン腺の分泌によるものだ。肉球にもその犬だけの匂いがある。自分の犬の足をまだ嗅いだことがないって？　どうか今すぐ嗅いでみてほしい（犬のほうは間違いなくあなたの足の臭いを知っているのだから）。腺は肉球全体に分布し、指のあいだに隠れる。この匂いは犬ごとにはっきり違っているから（とりあえずそれを嗅ぐ犬たちにとっては）、犬がよく見せる不可解な行動のひとつもこれで説明できるかもしれない。犬はよく糞や尿をしたあと地面を引っ掻く。なかには狂ったように走った直後とか、素敵な匂いのする犬が通りすぎたときなど、興奮して猛烈な勢いで地面を引っ掻いて長い筋をつける犬たちもいる。まるでその場面に感嘆符をつけるみたいだ。引っ掻くたびに匂いのしずくが放出されるとすれば、この行動はおそらく、他の犬たちを匂いの主鉱脈まで導く道しるべの役目をしているのだろう。匂いの主鉱脈とはつまり、引っ掻いた者があとに残した糞や尿である。

他の犬を嗅ぐという行為は、その犬が何者なのか教えてくれるが、他の情報もまた教えてくれる。

もちろん相手の下腹部をじろじろ見ればわかることだが、そんな下品なことはしなくてもいい。犬はその初対面の犬が雄なのか雌なのかを見るために陰部を見たりしない。匂いがそれを教えてくれるからだ。他にも、交配する用意があることや、最近病気したこと、さっき食べたばかりだということも教えてくれるかもしれない。犬の匂いは年齢を表わす。年齢は代謝プロセスであり、化学現象にすぎない。そして化学現象は匂うのだ。風呂に入ったこと、入らなかったことも匂いが教えてくれる。おしっこしたばかりだということ、あるいは今おしっこしたくてたまらないことも。犬の匂いは自分自身を、自分のステータスを、そしてたぶん、怖がっているか、幸せか、不安かも知らせるのだ。

おしっこメール

散歩中に鼻を突っこむ相手と出会わなくても、あなたの犬は悲嘆にくれるわけではない。うれしいことに、犬たちは匂いのついた迷惑な名刺を道すがら残しているからだ。しみ通りやすい表面に残されたどの足跡も、匂いを残す。飼い主がブラシでとった毛の束は毛嚢からの脂と分泌物を含んでいる。友人を訪ねて帰宅したわたしたちの体には、友人が飼っている犬の匂いがついてくる。店の外につながれた哀しげな犬は、喜んで耳をこちょこちょさせてくれるし、歩道で出会った人なつこい子犬たちは、ころころ転げまわってわたしたちの体によだれをなすりつける。

それからおしっこがある。犬たちが集まる草の茂った小高い丘や芝生の上で何時間も過ごしたことのある人ならだれでも、そこで起こる悲劇、「人間マーキング」を目撃していることだろう。自分の犬がはねまわっているあいだ、飼い主のほうはちょっと気を抜いて、ああ疲れたとばかり草の上に腰をおろす。突然、警告もなしに一匹の犬が遊びの輪から外れ、彼女の横や背後に近づき、足を上げ……おしっこをする。

その人は「マーク」されたのだ。そのますますわっていたら、まもなく他の犬にカウンターマークされただろう。彼女はすわったままではいない。すぐに立ち上がる。まわりのみんなは気の毒がり、笑いながら犬たちを叱る。だがもちろん犬のほうは、これが悪いことだとは思わない。この行動はずっと昔から続いているものだ。犬はそれをやる。ミツバチもやる。カバだってやるのだ。

匂いによるマーキングとは、尿や体の分泌物を石や切り株、茂みなど突出した物体に残すことである。町の通りにある消火栓。農村地域ではトラクターの車輪。マークされたものは、いつでも嗅がれる用意のできた匂いの標柱(ポスト)となる。マークした者の情報をたくわえた嗅覚の旗印だ。

匂いによるマーキングは、テリトリー(縄張り)を主張するためだというのが定説になっている。そう、ほとんどの動物ではそのように考えられてきた。マーキングの媒体と置き方は、人間が新しい領土に旗を残すよりもはるかに複雑である。マスクラット(ニオイネズミ)は草の葉の上に脂の香りを残す。ビーバーは岸辺に集めた池の泥の山のてっぺんにはっきりした黄色っぽい脂を残す。これがカストリウム、海狸香(かいりこう)だ。カワウソはそれより一枚上手で、水際全域に匂いのテリトリーを作る。斜面をころがり降りて匂いづけし、おまけに糞をするのだ。カンジキウサギはなんとお互いにマークしあう。求愛のとき、それぞれがパートナーの体にバレリーナのように跳び乗って、匂いを噴霧するのだ。ディクディク〔アフリカのレイヨウの一種〕は共用の糞塚を前足で引っ掻き、そのあとその道を踏んで匂いづけする。ブチハイエナは肛門腺だけでなく、足指のあいだから匂いを出す。彼らは自分たちのハイエナの町の端にある公衆便所を使っている。ネコは柱や杭を顔面で「頭突き」し、顎と頬の上にある腺からの匂いをまき散らす。カバとサイはともに強烈な尿のマーキングをする。サイときたら、まず茂みを角でばらばらにしてからそこに尿を噴射するという念の入れようだ。アナグマは地面に尻で匂いを押しつける。マングースと雄のブッシュドッグは逆立ちして、尿や肛門腺の匂いをまき散らす。

匂いのポストが社会的動物のテリトリーの端にあるとき、そのポストはテリトリーを示していると言ってもいいだろう。テリトリー、つまりしょっちゅうパトロールして守っている地域エリアのことだ。所有地をフェンスで囲えば、フェンスの中に踏みこむ人はだれでも不法侵入者とみなされる。他のどんな標識も必要とされない。だが動物のテリトリーの内部に多くのポストが残されることはない。ポストのほとんどは新しいエリアを歩くときや、分かちあう社会的スペースのなかにある。いわゆる「けもの道」や共同で使っている小道、踏み分け道にあるマークは、その小道について権利を主張するというのではない。こうしたケースでは、おそらく、だれがそこを通っていったか、それがどんな種類の動物だったかについて社会的情報を伝えているのだろう。

最初のマーキングのあと、種によってはカウンターマークが見られる。他の個体が残したマークの上に尿をかけたり、身体をこすりつけたりするのだ。「ブチハイエナのオーデコロン」はそよ風に乗ってうまく運ばれるが、ほとんどの動物はマークの場所まで出向き、まずは綿密に調べるだろう。すべてのカウンターマークは、テリトリーの持ち主へのチャレンジか、社会的情報を残した者への一種の答えである。ぼくもここにいるよ！というわけだ。カウンターマーキングは単にテリトリーの意味合いだけではない。そのあとかならずしもテリトリーへの挑戦や放棄が起こるわけではないからだ。そこには社会的競争の意味もある。ハツカネズミの間では、一番上にカウンターマーキングする個体がしばしば群れのなかでもっとも人気がある。

それでは犬はどうなのだろう？　野生の犬もイエイヌも、いずれもこれみよがしにマークし、またカウンターマークする。ふつうこれをやるときは、体操のような「足上げディスプレイ」が見られる。頭文字略語を作りたがる発作に駆られた科学者たちがＲＬＤ（Raised Leg Display）と呼んでいるものだ。三本の足でバランスをとりながら四番目の足を高く上げるディスプレイである。このＲＬＤは雄でも雌でもするが、尿の向きを垂直かそれに近い物体にかかるようにしているのだ（うまくかかるかかからないかは別として）。大切なのは、ただもう手当たり次第に尿をするのがマーキングではないことだ。尿マーキングとは、ここにちょっぴりしずくを残すか、それともそっちに霧をちょっぴり残すかなのである。[*]

びっくりするのは、イエイヌが他のマーキング動物と違って、テリトリーのためのマークをしないことである。嘘ではない。犬は「テリトリーのためのマーキングをしない」のである。どうして

＊物理学者らは、動物が膀胱を空にする排尿時間に整合性があるのを発見し、それを「排尿の法則」と名づけた。犬からモグラ、そしてゾウに至るまで、すべての動物は、膀胱を空にするのに二一秒かかる。それに比べて、マーキングは、一秒から三秒である。

それがわかるかって？　簡単だ。犬がどこにおしっこをするか――そして、しないか――を見るだけでいい。飼い犬は彼らの家の周囲にマークしない。アパートに住む犬は、壁や敷居に沿っておしっこをしない（あなたの犬はするって？　それは別の問題だ……）。フェンスで囲った郊外の庭に住んでいる犬も、庭の境界を熱心に線引きなどしない。インドで多数の野犬群（いわゆる野良犬だが住むためのテリトリーがあり、そこには他の犬が入りこむ可能性がある）の調査でわかったのは、その野良犬たちもまためったにテリトリーの境界にマークしないことだった。他の犬が集まる公園や小道を散歩する犬は、たまたまそこを占有しているだけで、そのエリアを自分の「テリトリー」とはみなすはずがない。そして実際、その小道が「自分のもの」だと感じていることを示す行動はまったく見せない。

そのかわり、犬は通りすがりにマークすることにかけては天才的だ。あなたの犬はどこにおしっこをかけるか。歩道沿いの街灯の下、田舎道のそばの小さな茂み、車寄せの端のゴミ容器（昨日はそこになかった）。犬たちはまたたっぷり時間をかけて、ありとあらゆるマーキングサイトを嗅ぐ。だが、そのすべてにカウンターマークするわけではない。ひと嗅ぎしたあとすばやくあたりを見まわし、地面を引っ掻き、ときには尿中のホルモンの匂いに反応して歯をカチカチさせることさえある。

それでは犬は、消火栓におしっこを重ねづけすることによって、お互いに何を話しているのだろう？　いちばん考えられるのは、そこに社会的情報が残されているということだ。これを「おしっこメール」と呼ぶのは当たらずといえど遠からずである。犬たちはお互いに自分がだれなのか言いあっているが、それだけではない。意図的だろうとなかろうと、おびただしい他の情報も暴露している。雌か雄か、発情期の雌犬か、何を食べたか、どんな気分か、健康状態はどうか。犬がどのようにして、またいつマークするかについて調査した研究はわずかだが、それによると去勢していない雄犬は、去勢している雄犬や、また雌犬よりもマークやカウンターマークの頻度が高く、また歯をカチカチさせることも多いという。いずれにせよ、どの犬も例外なくマークし、カウンターマークする(もっともなかには「隣接」マークをする犬もいる。意図的かどうかはわからないが、ターゲットからひどくそれた場所にするのだ)。好きにさせておけば犬は長い、長い時間をかけて匂いを嗅ぐ。それを見れば、マークがどれほど多くの情報を保持しているかがわかろうというものだ。

だが、犬の匂いマークは見たところ完全な落書きだ。それがもつメッセージの謎を解くには、秘密の鼻のキイをもたなくてはならない。これまでのところ、人間の研究者はマークの解読に成功していない。理由のひとつは、わたしたちが犬に尋ねていないからだ。きちんとした文章で行動についての質問に答える動物はほとんどいないが、その行動のあとで何をするかが、答えになってくれる。もしホタルが三回光を点滅させたあと、一二匹の雌のホタルが彼と交配しようと飛んできたとしたら、わたしたちは「三回の点滅」がだいたい何を意味するのか、かなりわかるわけだ。

わたしがニューヨークシティ公園管理局に対して、公園での研究許可の申請をしたのには、こうした理由があった。実施するのに一銭もかからないし、生息環境や動植物を乱しもせず、景色を損なうわけでもなかったが、まあ、その、たしかに変わった提案ではあった。提案というのは、リバーサイドパークに「おしっこポスト」を設置して、何が起きるかを観察するというものである。何匹の犬がおしっこのかかったポストの匂いを嗅ぐだろう？　どれくらいカウンターマークするだろう？　狙いはどのくらい正確か、そしてどのくらい高いところまでいくか？　彼らは自分のやった作業を見に戻ってくるだろうか？　ポストを嗅いで、おしっこをしたあと、犬たちは何をするだろう？

六週間後、受け入れの知らせがあった。わたしは公園のプラタナスに登り、迷彩色を施した人感センサー付きカメラを据え付けた。カメラは下のおしっこポストに向けてある。ポストは、金属フェンスの支柱の半分くらいの長さの杭で、目につくように犬の散歩道のそばに置いた。

調査は一週間周期で行われた。その間このポストは好奇心あふれる鼻たちを引き寄せ、カメラはそれをすべて目撃した。写っていたのは、マークに残された情報を取り入れ、他の犬のためにマークを残し、だがめったに最後まで見届けることのない犬たちの姿だった。犬たちは道のかたわらのマークを嗅いだあと、しばしばあたりを見まわして、マークを残した者を探した。マークした犬がまだ近くにいるときは、その犬を追いかけたそうな様子を見せた。だが自分ではなく人間によって散歩ルートを決定されている者の悲しさで、たいていはその良い匂いのする相手のもとへ行けないのだった。カウンターマーキングは、驚くほどまれだった。嗅ぐほうがマーキングよりも多かった。犬がマークする様子は、まさにコミュニケーションそのものだった――きみを嗅ぐことができないから、きみのためにぼくの名刺を残しとくよ。だがどの犬も――リードをつけていない犬でさえ――、自分のメッセージにだれかが返事を書いたかどうか見るために戻ってきたりはしなかった。匂いの柱にたちまち点々とつけられたマークの掲示板の上に、犬が何を読んでいるのか。それはまだ謎のままだ。守るべきテリトリーもないまま、彼らはいまだに匂いのついたちっぽけな旗を立てている。だが、その旗にだれが敬礼しているのか、チェックすることは決してない。

匂いのなかでころがる

匂いのマークが地面に動物の匂いを残すように、匂いのなかでころがったり、体をこすりつけたりすることで、地面の匂いが動物につく。正確に言えば、どこでころがっていようと、とにかくその匂いがつくわけだ。犬は匂いのなかでころがる——ためらいもなく、反省の色も見せずに。しかもその匂いたるや、たいていはとてつもなく臭い。この点で犬たちは、他の哺乳動物と好みが一致している。好きなもののリストには、「肉(新鮮でも腐っていても)、吐瀉物、腸の中身、チーズ、エンジンオイル、香水、殺虫剤、他の動物の糞」が含まれる。別の研究者たちは、「干しぶどう、カブトムシ……タバコの吸い殻、かたいキャンディ、人間の枕、そして人間の目や鼻では検知できない物があるたくさんのスポット」を犬がころがる可能性のある場所のリストに加えている。

ふつう犬は匂いにすっかり入りこんで——腐ったものや糞の場合そこまではしない——それを嗅ぎ、それから頭と肩、ついで首と背中をなかに突っこむ。仰向けになって大喜びで身もだえすることもしょっちゅうだ。猫が大好物のキャットニップ(イヌハッカ)で恍惚となっている姿と同じで、遊び、セックス、そして食べる快感に関わる神経回路が一度に刺激されているみたいだ。こうして犬も猫も恍惚となってころがりまわり、匂いにむかって噛みつき、引っ掻き、そのなかで顔をこすりつける。

どうして犬がこんなことをするのか、科学者にも飼い主にもはっきりしたことはわかっていない。考えられる理由のひとつに、「カモフラージュ」理論がある。体の匂いを環境の匂いにマッチさせれば、テリトリーのメンバーとして見られやすくなるというのである。リカオンの雌は、加わろうとしている群れ（パック）の雄たちの尿のなかをころがりまわる。彼女の匂いがパックのメンバーにとって馴染みがあるものなら、たやすく受け入れられるだろう。もうひとつの理論は、「ポピュラリティ」理論である。猛烈に臭く、しかも群れにとって望ましい匂いで体を覆えば、社会的立場が強まるというものだ。肩のところに腐肉の匂いをつけたブチハイエナは、樟脳をばらまかれたハイエナよりも、群れのグルーミングをたくさん受けた。最後に、「快楽」理論がある。要するにただもう楽しいからだというのだ。腐りかけた動物の芳香で身を飾っておけば、あとになってもその香気を楽しむことができる。新しい匂いがある場所はとくに興味深い。犬をあなたの香水みたいな匂いにしたいと思ったら、草の上に少し振りかけたらよい——何日も前の猫の糞のとなりに。


いま挙げたのは、犬が嗅覚を使うときのごくありきたりな例にすぎない。だがその一方で、どうやらありきたりでない犬もいる。検知犬は、尿マーキングをやめさせられ、今やプロの匂い嗅ぎになっている。わたしたちには見えないばかりか、しばしば想像さえできないものの匂いを嗅ぐのだ。

検知犬は何から何まで、それこそ何でも見つけだすように訓練されている。爆薬、ガソリンや灯油、地雷。死体も見つけるし、まだ生きている行方不明者も見つけだす——地上でも水底でもだ。

ドラッグや密輸品を嗅ぎだす。刑務所に持ちこまれた携帯電話や、スーツケースに入ったフカのヒレも検知する。シロアリ、ヒアリ、そしてヤシオオオサゾウムシ。これは観賞用やデーツ収穫用のヤシの木を殺す害虫である。ラセンウジバエ、回虫などの線形動物、ナンキンムシ、モンタナの侵入植物であるヤグルマギク、そしてグアムの侵入生物であるミナミオオガシラヘビ。海中ではタイセイヨウセミクジラ、地上ではアムールトラなどの希少動物。アメリカグマ、フィッシャー（テンの一種）、ボブキャット、タテガミオオカミ、ブッシュドッグ、カメなどの糞。風力発電の風車に巻きこまれて死んだ鳥。発情期になった牛たち。匂いがあるものなら、犬はなんでも嗅ぎだす。今日では、行方不明になった犬を見つけるために使われる犬もいる。

並はずれた行動ではあるが、やっているのは必ずしも並はずれた犬ではない。これからそれを見ていこう。どの犬でも匂いを発見し、見分けるという驚くべき能力をもっている。ただ一部の犬だけが、行方不明者がどこに行ったのか、あるいは旅行者がグアバを一個もって国境の向こうに行こうとしているのか、わたしたちに知らせてくれる。彼らはハンドラーとのコミュニケーションを通じて忍耐強く訓練された犬たちだ。だがどんな犬でも、彼らと同じ資質の鼻をもっている。犬は匂いを探す。匂いのなかでころがる。そしてわたしたちが頼みさえすれば、匂いにもとづいて行動するのだ。

それでは犬の生活のなかで、他にどんなものが匂いを通じて存在するのだろう。姿を見せる前に匂うものたち。匂いをもつようには見えないものたち。（わたしたちには）匂わないと思えるもの。わたしたちが思っているようには（犬には）匂わないもの。世界を鼻から先に見るというのがどんなことかについて、わたしたちに新しい絵を見せてくれるものたち。

わたしたちの匂い

youtube の動画のなかでもっとも楽しいジャンルのひとつは、家に戻ってきた兵士に向かって犬が大はしゃぎで挨拶する短いシーンだ。ご主人の留守が長かろうと短かろうと、犬はこらえきれない喜びを全身で表わす。はねまわり、気が狂ったように尻尾を振り、くんくん鳴き、ころげまわり、仰向けになって体をくねらせ、歯をむきだして喜び、その兵士の脚の下や腕のあいだに無我夢中に入りこむ――ときにはそれを全部一緒にやる。犬が自分の飼い主を覚えていたこと、愛していたこと、いない間とてもさびしがっていたことは疑う余地がない。

だが、いくつかの動画では、犬は最初のうちはこれほどはっきりわかっていないみたいなのだ。飼い主が到着し（制服を着ていることが多い）、家に入ると、犬は吠え声をあげ、警戒するような足取りで近づく。尻尾は下に垂れ、耳は後ろに寝かせている。犬はこの人物を知らない。そのときふいに魔法の瞬間が訪れる。ビデオを注意して見てほしい……犬が警戒しているときの画面を静止させ、その鼻を見てみよう。どの犬も空中に鼻を上げ、そよ風に乗って吹いてくる匂いをとらえている。それとも、くんくん嗅いでいるのかもしれない――最初は差し出された片手を、それからもう一方の手を。一瞬のうちに、知らなかった人物は変身する――犬が知っていて、ずっと会いたかった人に。

犬にとって、わたしたちはみな匂いの雲で包まれている。わたしたちが鏡に映る自分の姿をよく知っているように、犬は「わたしたちの匂い」をよく知っている。犬にとって「わたしたち」とはわたしたちの匂いである。別にシャンプーの匂いではない。犬は並んだ人びとの列からやすやすとあなたを選び出す――あなたがたまらなくなって声をかけ、かがみこみ、頭を撫でてやるよりも先に。犬が選び出すのは、オレイン酸、パルミチン酸、ステアリン酸のミックスであるあなたという特別な人間の匂いの花束だ。訓練された犬なら、そのミックスのそれぞれの成分がせいぜい数マイクログラム程度であっても気づく。

犬が飼い主の帰宅する時間をわかっているとか、どうやら予知しているように見えるというのも、これで説明できる。犬は飼い主が家に帰る時間を予知し、家が揺れだす前に地震を予知する……そうした感覚は人間にとって無縁のものだから、これを見て犬が超能力をもっていると考える人がいてもおかしくない。だがじつは、わたしたちが出す匂いと音は匂いのカウベルであり、大音響のスカンク・スプレーなのである。犬にとって、わたしたちは到着する前に到着する。そしてわたしたちが去ったあともとどまるのだ。

飼い主が帰ってくる時間を「知っている」犬を見ると、多くの人はその犬の特別なスキルに感嘆する。わたしはむしろ、それは匂いの特別なスキルなのだと思う。数年前わたしは、犬が飼い主の帰宅を知るためにどのくらいの匂いが必要かを調べる思考実験を工夫した。わたしの考えでは、犬はドアを通して飼い主の匂いを嗅いだり、音を聞いたりしているわけではない。そこにはふたつの要素の強力なコンビネーションが働いている。第一の要素は、犬にとってわたしたちの匂いがきわめてはっきりしており、他とは完全に区別できる匂いだということである。そして二番目の要素は、犬がわたしたちの習慣をやすやすと学んでしまうことだ。わたしたちが家を出る時間も帰る時間もたいていはほぼ決まっている――必ずしも完全に同じではないにしろ。では、なぜあなたの子犬にあなたが帰る時間がわかるのだろう――太陽が沈む時間は毎日違うのに。それはこういうことかもしれない。毎日、わたしたちが家を出るとき残していった匂いは、同じ割合で減っていく。出かけてから数時間もすると、家の中のわたしたちの匂いはだんだん少なくなっていく。これをテストするには、飼い主の「新鮮な」匂いを持ちこめばいいとわたしは考えた。それで、犬が飼い主は出ていったばかりだと考えたとしたら、そこに飼い主が帰ってくればさぞびっくりするだろう。

結果は思ったとおりだった。被験者は、飼い主の帰宅時間を知ることにかけては魔法のような予知能力をもっているという犬である。飼い主のカップルの協力を得て、わたしたち科学チームはカップルのひとりから汗まみれのTシャツを提供してもらい、彼が家を出たあと何時間かしてから家に持ちこむようアレンジした。つまり犬にとって、その時点で飼い主の匂いはそれまでより強くなったのである――ちょっと前に家を出たときのように。

そしてどうなったか。飼い主が入ってきたとき、犬はいつものようにドアのそばで待っていなかった。犬はカウチでいびきをかいていた。そうだよ、ご主人が戻るまでにまだ何時間もあるはずだ。あの強い匂いが空気中にあるのだから。

犬自身の匂い

犬は自分の匂いを知っているように見える。それだけでなく、どうやらその匂いが好きでもあるようだ。シャンプーされ、ホースで水をかけられた犬が、そのあと泥のなかでころがりまわるのを見たことのある飼い主なら、犬が「シャンプーの匂いのしない自分の匂い」がとても好きだとわかるはずだ。だがどうなのだろう。犬はそれが自分の匂いだとわかっているのだろうか——それともたんに、あなたが選んだ緑茶シャンプーが嫌いというだけのことなのか？

言い換えれば、犬には自分自身についての感覚——自分がだれであるか——があるのだろうか？動物の認知科学では、この「自己認知」はかなり複雑な認知能力だとみなされており、それを証明するには風呂のあとでころがりまわる姿を観察するだけではすまない。動物の自己認知について、信頼できる唯一のテストとして従来使われてきたのは、かの有名な「ミラーマーク」テストである。鏡の中の自分の映像を見たとき、そこに映った自分の顔や体が微妙に変わっていたり、しるしがついていたら、あなたはそのマークを調べようとするだろうか？　おとなの人間ならばふつうはだれでも調べるだろう——ほうれん草やケシの実のベーグルを食べたあとではとくにそうだ。そうは言っても人間は生まれつき自己認識をもっているわけではない。だが生後一八か月くらいの幼児になると、鏡を見て、おとながこっそりおでこに貼っておいたステッカーを取り除こうとする。彼らはテストに合格したのだ。チンパンジーも合格する（額につけられたインキ）。ハッピーという名のゾウも合格した（目の上にバッテンに貼られたテープ）。飼育されているイルカも合格する（反射ガラスに映ったインキのマークを調べようと身体を回旋させる)。

犬はしない。犬の顔にステッカーをたくさん貼って鏡を見せても、犬はまったく関心を示さない。人間にとって変に見えるものでも、犬にとっては何でもないのだ。だがこれで、犬がテストに落第したと考え、彼らが自分についての感覚をもたないとするのは当たらない。ひとつには、犬は霊長類のように自分を身づくろい(グルーミング)しないし、外見のメンテナンスにほとんど興味がない。だから別に、顔にへんてこなマークがついていても取り除こうなどとは思わないだろう。そのうえ犬の場合、霊長類と違って視覚は重要ではない。鏡のテストは動物によっては適切だが、犬にとっては難しい課題だ。だいたい彼らは鏡にほとんど関心を示さないのだから。

ただいくつかのリサーチからわかるように、もし一種の匂いの鏡のようなものが工夫されたら、犬もこうしたテストに受かるかもしれない。彼らの匂いと似ているが、少しばかり違った匂いのするもの。わたしの同僚のマーク・ベコフ博士は冬、コロラドの丘で犬を散歩させながら、雪の上にあるたくさんの「黄色いスポット」が犬のジェスロにとってどれも同じように興味があるのかと疑問に思った。ベコフは犬がどこでおしっこをするか、どこを嗅ぐか、気をつけてみた。それから黄色くなった雪を少しだけ新しい場所に持って行き、何が起きるか見てみた。するとどうだろう。ジェスロは自分の尿を嗅ぐのを避け、他の犬の尿を嗅いだのである。雪の上に書かれた一種の自己認識だ。どうやらジェスロは自分の匂いを認識しているようだ。わたしは、この仮説を正式なテストで確認することに決めた。どんな犬も自分の「映像」を嗅いで、あ、これぼくの匂いだ、と思うのだろうか。

それを知るために、わたしは研究室の仲間と一緒に、一種の匂いの鏡を作ることにとりかかった。反射する鏡のかわりに、匂いがしみ出る缶を使う。鏡を見れば自分が見える。缶を嗅げば……そう、自分が匂うのだ。テストでは犬自身の本当の匂いと、改訂版「匂いのイメージ」（変えられた、つまり「マークをつけた」匂い）の両者が使われた。はたして犬にその違いがわかるかどうか——そして「マークをつけた自己」のほうにより興味をもつかどうか。わたしはそれを知りたいと思った。

こうしてわたしたちはおしっこを集め始めた。

犬の尿を扱うとか、調べるとか、とりわけそれを犬に提示するなど、ふつうは思いもよらないかもしれない。だが奇妙に聞こえるかもしれないが、おしっこは人間と犬が一緒に暮らす生活の中心をなしている。おしっこは犬同士の偉大なコミュニケーション手段だが、それだけでなく犬と人間の関係において大きな割合を占めている。アパートで犬と暮らしているなら、一日に何回か散歩に連れ出さなければならないし、最低限、外に出しておしっこをさせなくてはならない。仕事で日中家に戻れない場合は、ドッグウォーカーを雇って、犬を連れ出してもらうかもしれない。一戸建てなら、時間を見はからって犬を出してやるか、犬が自分で出られるような工夫をする必要がある。

若いころ、わたしの社交生活は、家に帰って犬のパンパーニッケルを外に連れ出す必要があったため、いろいろ制約を受けていた。もちろんおしっこのためだけではなく、ベッドを暖めてくれるわたしの忠実なコンパニオンに犬同士の交わりや必要な運動を与えるためでもある。そうは言っても、排尿のためだけに連れ出すケースもあったのは確かだ。

おしっこをさせて、それからどうするかって？　もちろん立ち去るだけだ。犬が尿をする。そしてわたしたちは文字どおりそれを放っておく。

尿を取る必要があるときは別だ。犬がしゃがみこんだらこちらも腹の下にかがみこむか、上げた足のまわりに手をのばすかして、黄色い流れの中に小さなカップを突きだす。採尿完了だ。

わたしたちがやったのはまさにそれだった。もし尿が犬にとって重要ならば、犬の科学者にとっても重要なはずだ。

皮膚と糞を仕切るのは薄いビニール袋一枚だけという状態で、いつも子犬の温かいやわらかなウンチを拾っている犬の飼い主にとっては、おしっこを集めるのはささいな仕事だ。そうは言ってもやはり慣れる必要はある――人間にとっても犬にとってもだ。わたしは、研究室の室長をやっているジュリーと一緒に一連の手順を考案した。彼女はこの仕事の達人になった。被験者はフィネガンである。ジュリーとわたしはフィネガンを散歩に連れ出し、そのあいだふたりでずっと彼を見張っていた。ジュリーがラテックスの手袋をはめ、オレンジ色の蓋をはめた殺菌済みのプラスチックカップを手にしているのを見ても、フィンは気にかける様子もなかった。フィンを何千回も散歩に連れだしている飼い主のほうは、フィンがおしっこをしようとする瞬間を、完璧に予想できた。どんな飼い主も、自分の犬が排泄に先だって見せる一連の行動について、奇妙な知識をたくさんもっている。そこでフィンが狙いを定めるやいなや、わたしはジュリーに眉を上げて見せる。ジュリーが流れの中ほどにカップを突きだす。そら、採ったよ。

やっていくにつれて、いろいろ考えなければならない問題が出てきた。第一に、プラスチックのカップを犬の下に差しだすときの理想的な方法を工夫する必要があった。カップを持った手にお腹の下を採られても、犬が驚かないようにしなくては。なかには吠える犬たちもいる。おしっこを採られるなんて！　これまで何年ものあいだ惜しげもなくふるまっていたのに、とつぜん「所有者の権利」にめざめたのだろうか。採るのがへたくそだと、腕が陰部に触れそうになるし……。

つぎにわたしたちは、犬に嗅がせるのにどのくらいの量のおしっこで十分か、決めなくてはならなかった。はじめ、わたしたちはひどく過大に考えていた。小さな脱脂綿の玉をおしっこにひたして、わたしはフィネガンを呼び、手袋をはめた手の中のそれを見せた。フィネガンはまっすぐ駆け寄ってきた。反応はすみやかだった。これまで犬の「嫌悪の表情」を見たことがあるだろうか？まさにそれだ。判定ははっきり下された。

少しずつ減らしていって、しまいにわたしたちはぴったりの分量にたどりついた（きわめて少量だ）。同時に、わたしたちは飼い主たちを招集して、研究の「材料」集めをしてもらった。実験サイトで彼らからその材料を渡してもらい、第一サンプルを作成する。彼らの犬のおしっこを少量、空気孔のあいている密閉容器の中に入れるのだ。第二サンプルは、これに死んだ犬から採った死んだ組織を少し加える（獣医科大学の検死解剖室から特別に手に入れた）。さらにそれぞれ、未知の犬のおしっこ、友だち犬のおしっこ、そして死んだ組織だけのサンプルも用意した。容器は二個一組にして部屋に置かれた（第一サンプルと他の四つのサンプルのそれぞれを組み合わせたほか、第二サンプルと死んだ組織だけのサンプルを組み合わせた）。人にしろ物に

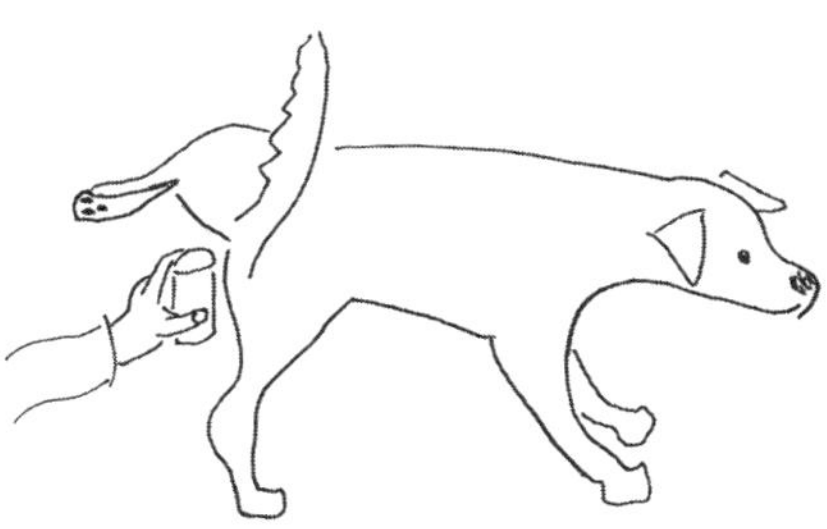

しろ、視覚的手がかりはいっさいない。犬はこれらの匂いを同じように嗅ぐだろうか？

全部で三六四、尻尾を振ったきわめて協力的な犬たちとその飼い主が、このきわめて奇妙な実験に参加してくれた。わたしたちはさまざまなアングルからビデオを撮った。鼻孔のピクっとした動き。驚きや警戒で眉毛が上がる様子。犬たちが嗅いだ時間の長さも測った。どのくらいの時間、そして何回、嗅いだのか。もう一度見ようとして戻ってきたか。さて、結果はどうだったろう？　犬たちはテストに合格した。被験者たちは、マークのついた自分の匂いのイメージを嗅ぐのにより長い時間を費やした——歯の間に何か変なものが入っていたときにいちばん長く鏡を見るように。たしかに犬たちは自分（純正のおしっこ）を見た（嗅いだ）けれども、その匂いが何か変えられていたときほどではなかった。他の犬の匂いもまたたくさん嗅いだ——だれか他の人があなたの肩越しに覗きこんでいるときのように。そう、ふりかえって見るように。

どの実験でもそうだが、被験者のなかには、もともとの実験デザインの厳密な範疇からははずれた行動を見せる者もいた。チンパンジーに鏡のマークのタスクをやらせると、彼らはその鏡を使っていつもは見られない自分の体の部分をチェックしようとする。口の中、後頭部、鼻の穴。鏡にむかって顔をしかめたりもする。わたしたちの犬も同じことをした。容器をひっかいたり、なめたり。それから失望や興奮の表情を浮かべて飼い主のもとに戻り、この不思議な匂いのニュースを訴えるのだった。そうそう、ときどき容器にむかってカウンターマークする犬たちもいた。もちろんどんな犬認知ラボにも、犬のおしっこのために大量のペーパータオルや消臭剤が置いてある。それにしても彼らは他の犬の尿の容器にだけおしっこをかけた——自分の尿にではなく。犬はみな自分自身を見たのだ。

新しい日の匂い

形あるもの、つまり自分自身や飼い主を認識するだけでなく、犬の鼻は抽象的なものもとらえる。そう、犬にとって、新しい日には匂いがあるのだ。

朝、あなたの犬との散歩はルートが決まっているかもしれない。まず角を曲がり、それから公園へ、そして道路を渡って、家に戻る。こんなふうに犬を毎朝散歩に連れていくのは、わたしたちがすっかりそれに馴染んでいて、いつも決まった結果が得られる習慣だからだ。わたしたち人間は習慣の動物である。そしてわたしたちは犬も同じように習慣的であり、同じ習慣を経験していると考える。

決してそうではない。犬たちにとって家から出ることは、つねに新しいシーンをもたらす。一度も訪れたことのないシーンだ。毎日、毎時間が、新しい匂いの風景（スメルスケープ）をまとう。人びとが通りすぎる――彼ら自身と食べた物の匂いをまき散らしながら。車が通りを暖め、塵(ちり)の粒子でいっぱいにする。高い山の湖からやってきた雨雲がそのシーンを覆う。風はマンハッタン島の南の繁華街から北の住宅街に向けて匂いを運び、あるいは森から平地に種を運ぶ。虫から鳥から犬まで、動物と名のつくものすべてがそこを通り過ぎ、足跡を、排泄物を、そして皮膚を残していく。ドアから一歩出ると、外の世界は変えられている。犬にとって「新鮮な空気」などというものはない。空気は濃厚な匂いに満ちあふれている。そのからみあった匂いを、犬の鼻は一生懸命ほぐしていく。

時間の匂い

犬にとって毎日が新しい匂いをまとうように、日々の時間も匂いを変えていく。犬は時間を嗅ぐ。過去は足もとにある。地面に降りて休んでいる昨日の匂いだ。朝の最初の風に運ばれて、それとも夜行動物の背中から剥がれ落ちて、メッセージは折りたたまれた新聞とともに戸口に置かれている。未来の匂いは、すぐ先から運ばれる。わたしたちが目を向ける前に、それは犬の鼻孔に届く。犬にとって、匂いはゴムのように時間を引き寄せ、過去と未来のいくらかを現在へと引っ張りこむ。

情報の多くはそよ風に乗ってくる。車の窓から突きだした頭。空気の上昇気流に乗ってはためく耳。犬は風の中に入る。*わたしたちは風景に風を見る――スカートや髪の毛がひるがえり、気まぐれな風が旗を吹き上げる。そのため風がもたらす情報に注意がいかないのだ。だが犬は内部から風を経験する。風が運ぶメッセージと、遠くの土地からもってくる物語を、犬は読む。それはわたしたちの鼻よりも先に犬の鼻に到達し、嵐の到来を知らせる。低気圧がやってきて、地上の空気がとくにゆったりとふくらんで感じられると、地球はそれまで抑えていた匂いの手綱をゆるめ、大気中に芳香を排出しはじめる。犬は連想が得意だ。飼い主が無意識に訓練したおかげで、「リードを手に取る」が「散歩に行く」に先立ち、「飼い主が皿をこそげる」のが、「おこぼれをもらう」になることなどすぐにわかってしまう。だから地面からの匂いの花束が「嵐が起ころうとしている」のを意味していることなど、簡単に覚えてしまうのだ。

そのすべてを嗅ぐ

犬の鼻はものの細部をとらえる。相手が嵐でも、ナンキンムシでもそうだ。あなたがとらえる家の匂いは、犬の鼻がとらえるものとは違う。そう、家自体、特有の匂いがあるのだ。ほぼ例外なく、どの家具も、本も皿も、椅子に置かれたクッションも、テーブルに置かれたランプも、すべてそれぞれの匂いがある。どれもわたしたちが見る視覚世界に存在しており、それが占めるスペースと周辺のスペースの境界ははっきりしたエッジだ。だが匂いの世界では、エッジはぼやけている。そこには雲がかかっている。その雲は、ランプからウサギの形へ、そして電車の形へと姿を変える——触れられ、動かされ、電球で暖められ、あるいは消されて冷えていくにつれて。

犬が自分のまわりのどの分子でも嗅ぐことができると言っているのではない。あえて誇張しなくても、彼らの能力は十分に素晴らしい。だが薔薇（ばら）の匂い成分のなかの「薔薇らしさ」は、犬にとっては、他の匂い成分、たとえばシトロネロールとローズオキシド化合物（金属や尿の匂いに似ている）ほど重要でもなければ、意味があるわけでもなく、知覚しやすいわけでもない。それにしても

＊「盲目の人はじかに吹きすさぶ風の中に入っていく」。盲目であるというみずからの経験に基づいて、ジョン・ハルはこう書いた。

鼻だけで部分を全体から、そして現在から過去を区別できるというのはどういうことだろう。

犬はどうやってそれをするのか？　どうやって匂いがその心に入りこみ、考えの中身を形成し、飼い主がドアに近づいてくるのを察知して頭をもたげさせるのか。その物語は、彼の「トチの実」——鼻——から、そう、彼のドアノッカーであり嗅ぎ煙草入れである鼻ッ先から始まる。さあ、これから犬の輝かしい鼻の内側を紹介することにしよう。

3　颪を嗅ぐ

アプトンは空気の匂いを嗅ぐ犬だ。何分間もぶっつづけで立ったまま、風の匂いを嗅いでいる。頭を誇らしげにもたげ、目は遠くを見つめ、息を吐きだすたびに頬がかすかに引っ張られる。粘液を浴びて湿った鼻が、遠くから呼んでいる匂いの言葉をとらえているのが見えるようだ。

どうして犬はそんなことができるのか。それを理解するためにはまず、その鼻をたどっていく必要がある。犬の経験は、嗅いでいる匂いから作られる。わたしたちが心のなかで映像を見るように、犬は匂いにちらっと目をやる。わたしたちが言葉で話すように、犬は匂いの霧でコミュニケーションをする。

あなたは犬の鼻を旅したことがあるだろうか？　空気の渦巻きに乗って暗い丸天井の中へ入り、

いくつものカーブにぶつかり、そよ風をとらえて小部屋に上がっていく。そこでは匂いの分子が湿地の中に落ち着き、脳への神経をくすぐり始める。

わたしは旅したことがある。そして、その旅は少なくともわたしの好みに合った。吸いこまれた匂いの分子になって、鼻の中へ降りていくというシミュレーションだ。このとてつもないビデオには、ブレント・クレイブン博士が作った気流のモデルが使われている。博士は数値流体力学の研究をしており、犬の嗅覚そのものには関心がない。流体と空気の動きについての彼のリサーチは主に基礎科学で、動物システムの理解に向けられている。この気流モデルは、しばしば軍事目的の人口鼻形成に使われるのだ。

クレイブンと彼のチームがモデル化した鼻気道は、じつは東部ハイイロリスのそれである。ハイイロリスはきわめて素晴らしい嗅覚をもっているうえ、モデルとして「はるかにシンプル」だからだという。だが、これより複雑な犬の鼻の内部構造のＭＲＩ画像を頭の中で思い描きながらこの匂いのシミュレーションに重ね合わせていくと、それがどれほどとてつもなくガタガタ道の複雑な旅かがわかってくる。

あなたは匂いの分子に乗っている。小さな石けんの泡のように、ごくわずかな風の流れに乗って、楽しげに弾けて飛んでいる。小さく、軽やかに、そして気まぐれに。あなたは犬の鼻の近くにいる。ふいにぐっと引き寄せられる。鼻の孔が広く開いて近づいてくる。匂いの泡は中に吸いこまれる。そのスピードは猛烈だ。あのすさまじいローラーコースターはきっと、長い鼻をもった動物の鼻腔の最初の部分をモデルにしたにちがいない。すばやく上昇したあと、道がけわしくなるにつれてスピードを落とし、匂いは頂上に到着する。心臓が止まりそうな眺めが広がる。目の前は空気だけだ。それからふたたび猛烈な下りが始まる。カーブがあちこちにあり、一瞬遅くなったかと思うと、またスピードが出る。新しい突起が壁から飛びだして、匂いはそこに向けて疾走する。あなたの体は横向きにはずみ、頭は天井にぶつかり、内臓が飛びだすほどの強打を受けて落ちる。回旋状のカーブがあり、危険なエッジがある。その間ずっと重力に逆らって、どんどん奥へと押されていく。一〇分の一秒後、(シミュレーションでは二〇〇倍遅くされている)、あなたはふいに湿地の上に置かれる。兵隊のように立っている湿った草が一面にそこを覆って、あなたの到着を待っている。

これがあなたが脳に行く前にたどる旅のすべてだ。

素敵な鼻孔!

フィンはわたしの顔のすぐそばで鼻を鳴らしてわたしを起こす。わたしはしぶしぶ片目を開ける。視野いっぱいにフィンの右の鼻孔が迫っている。わざと馬鹿げた表情をするときのように、ぐにゃぐにゃゆがんで動いている。わたしも顔をゆがめて笑いだし、起き上がってフィンに挨拶する。

何が起こっているのか? 基本的に嗅ぐという行為は、匂い物質のわずかな分子を検知することから始まる。検知するのは鼻である。微量の匂いでも吸いこむ強力な電気掃除機だ。わたしもここから始めるとしよう。

もしあなたの近くに犬がいたら（いつもそうだろうが）、かがんで犬の鼻をよく見てほしい。顔を近づけて――そう、最悪の場合、ご機嫌な犬に有無を言わさず鼻のてっぺんを舐められるくらいの近さまでだ。

犬の鼻というと、ふつうわたしたちが見るのは、毛の生えている鼻づらである。上は目のほうに伸び、下は斜めに顎へとつながる。問題はその長さだ。匂いを検知する役割はこの部分にはないし、嗅ぎ入れる行為（スニッフィング）そのものを担当しているわけでもないが、鼻づらは嗅いだ匂いがころがっていくうえで、上手にデザインされた玄関口なのだ。

鼻づらとともに、わたしたちはまた毛のない先っぽ、鼻先、いわゆる鼻鏡も見る。アクションが始まるのはここだ。犬の鼻先は魅力的である。指紋のようにそれぞれ違っていて、個人情報に満ちている。これが鼻紋だ。たいていの場合、犬の濡れた鼻先は表面がジャリジャリしている。オパールのような光沢のある黒い多角細胞だ。濡れているのは、できるだけたくさんの匂いをつかまえて鼻の中に吸収できるようにするためである。ここにはまた、香りを運んでくる涼しい風にそれを向けることができる温度センサーもついている。

鼻先にはふたつのぽっかり開いた鼻孔がある。その鼻孔のすごさときたら！　その三センチから一五センチ上から特別な組織で覆われた本当の鼻が始まるのだ。自分の犬の鼻孔なんてとくに興味がないって？　そんなことは、鼻孔をきちんと見てから言ってほしい。知らない人にとって、それはたんに「鼻の前についている穴」でしかないが、犬がいかに嗅ぎとるかを知った人にとっては、それは「統合された空気力学的引き入れ口」なのだ。ふくらんだ形は大量の空気が流れこむのを容易にするためである。鼻孔をとりまくのは、発達した鼻翼の筋肉だ。鼻孔が匂いを嗅ぎ入れるうえできわめて活発な役割を果たせるのはこの構造のせいである。犬によって鼻孔の形はすさまじく違う。多くはキュッと丸まったコンマか、円盤の形をしている。太いフェルトペンであわてて書いたみたいに、ただの平べったい丸い開口部だけのものもある。鼻紋を個体識別に使っている国もある。安上がりのマイクロチップだ。鼻の先の薄い外層にインクをつけて、紙に押しつけるのだ。犬の鼻紋は新生児の足型と同じである――親たちがそれを眺め、子供の未来をそれで占うような。

犬は左右の鼻孔を別々に、また違ったやり方で使うことができる。なにか新しい「嫌ではない」匂い――ニュートラルな、もしくは好ましい匂い――を嗅ぐとき、最初は右の鼻孔から嗅ぎ、つぎに左の鼻孔へと移る。匂いに浸した綿棒を犬に端から端まで嗅がせ、ビデオにとって分析した研究では、その匂いがレモン、食物、雌犬の分泌物の場合だと、この右から左への嗅ぎ方になることがわかった。だがアドレナリンだとか、獣医師の汗の臭い（科学の発展のために脇の下を綿棒で拭いてくれた）に直面した場合、犬は右の鼻孔でしか嗅がなかった。この鼻孔の選り好みは、関わっている脳が右側か左側かによると考えられる。右の鼻孔は、脳の右半球（嗅覚では、他の感覚とは違って同側である）につながる。日常的な刺激を処理する左半球と違って、右半球は恐怖もしくは攻撃的行動に関わることが多い。犬が右鼻孔だけであなたを嗅いでいたら、何かあなたに対して警戒心をもっているのかもしれない。

鼻孔のまわりのあの筋肉に戻るとしよう。外のやわらかなそよ風の中、わたしはアプトンが鼻（鼻先だけ）を右と左にめぐらすのを見つめる。鼻というものがこんなに曲がるなんて、信じられないほどだ。この鼻の体操で、鼻孔をそよ風に向け、乱気流を拾い上げ、匂いをかっさらい、それから鼻孔の開口部を広げて、中に引きこむ空気の量を最大にするのだ。匂いは望遠鏡の先端すなわち鼻孔の中をのぞきこみ、そして目を閉じてローラーコースターに乗る準備に入る。

嗅ぐ者

家に戻ると、わたしはフィネガンの上にかがみこみ、わたしを嗅がせてやる。嗅いでいる音が聞こえる。フンフン嗅ぐ様子はほとんどコミュニケーションだ――陽気な文章の糸に織られた鼻による音素なのだ。

匂いが犬の鼻の奥に到達したとき、そこからどうなるか。それについてわたしたちが知っていることは、ほとんどがクレイブンのかつての教授で機械工学が専門のゲイリー・セトルズ博士の仕事によるものだ。セトルズは、今はペンシルベニア州立大学名誉教授だが、流体力学――なめらかに飛ぶ飛行機のデザインにかかわる分野――を鼻の研究に導入した。うれしいことに、セトルズが研究しているのはスニッフ、つまり嗅ぎ入れることである。彼のチームは、特別にデザインしたマズルを犬に装着し、素敵な匂いのするものを与え、犬の嗅ぎ行動の流体力学数値を計測している。

セトルズは犬の鼻を、伝統的な「可変空力サンプラー」と見る。サンプラーとは採取装置のことだ。このサンプラー（鼻）が蒸気の雲（匂い物質を含んだ空気）に近づき、その雲を内部のセンサーチェンバー（鼻の奥にあって神経化学のマジックが起こるところ）に取りこむ。

このプロセスを起動するのがスニッフィングだ。この「嗅ぎ入れる」という行為は、これまで長いこと軽視されてきた。見えない匂いを引きこむ見えない手段というわけだ。そのうえ、視覚では光が目に「当たって」見えるのに対して、匂いは鼻に当たるだけではなく、中に入っていく。そのため、匂いは侵入してくるような感じである。人間は生きている以上、嫌でも匂いは嗅がざるを得ないとは、よく言われる。ひと呼吸ごとに空気が鼻に吸いこまれ、さまざまな匂いを運んでくるというのだ。だが、どうだろう。鼻ひとつ分の空気のなかに匂いの成分があるのは本当だが、生きて鼻をもっているだけで、匂いを感じるというのは事実ではない。匂いを嗅ごうとするには、それを嗅ぎ入れる必要がある――呼吸するだけでも、鼻孔を開いてすわっているだけでもなく。一九世紀なかば、自己実験に基づく科学的発見が全盛期を迎えようとしていた時期に、*近代実験心理学を作り上げた生理学者のエルンスト・ハインリヒ・ヴェーバーは、はじめてこのスニッフィングの重要性を実証した。ヴェーバーはみずから横になり、水とコロンを鼻孔に注ぎこんで、動かずに待った。まさにボランティア泣かせの実験だ。このときヴェーバーは、いつもは芳醇なはずのコロンの匂いを検知できなかった。受け身で鼻に導入されただけでは、匂いは嗅げなかったのである。

ヴェーバーが鼻にコロンを流しこんだのは、匂いが気体の形で運ばれる必要があるのか、それと

---

*コカインについて広く実験を行ったフロイトのほか、多くの医師が怪しげな物質（放射性物質を含め）をみずから摂取した。ウイルスや未完成のワクチンを自分に点滴、あるいは投与した研究者たちもいた。

も液体で検知できるかどうかを知るためだった。彼の出した結論は決定的とは見なされなかった。それから一〇〇年後、研究者たちはどうやって匂いを嗅いでいるか、新方式で実験を行った。何人かはヴェーバーと同じく、あおむけになって鼻に匂いを注入する方法をくりかえした。また何人かは、トランペッターのように被験者の前方から強烈な匂いをその唇に吹きこんでいった。さらにまた何人かは、睡眠時無呼吸の人の呼吸と呼吸の間をねらって、静脈内に匂いを注射した。これらの研究にはひとつの共通の要素があった――どんな場合でも、実験のその時点において被験者は嗅ぎ入れることができないという点である。結果はどうだったか。困惑した被験者たちのだれひとりとして、どんな匂いも検知しなかった。正常な呼吸では、人が吸いこむ空気のうち鼻を上って匂いを処理する細胞のある部分までたどりつくのはごく微量にすぎない。匂いを感じるには、精力的に空気を嗅ぎ入れなくてはならないのだ。

そう、嗅ぎ入れなくては！　このスニッフィングとは呼吸のうちの吸気部分である（入れるのだ、出すのではない――出すのはむしろいびきである）。しばしば音が出て、また少々の努力を要する。あまり知られていないが、動物界では、きわめて多種多様なスニッフが見られる。ゾウは長い鼻を潜望鏡よろしく、匂いの上にもたげ、あるいは空中に上げて嗅ぐ。アレチネズミは、鼻をぴくぴくさせてすばやく嗅ぐ。カメは、その反対にスローモーションだ。首を伸ばし、頭を下に向け、鼻孔を開く。吐きだすときに小さな空気のひと吹きが見えるかもしれない。ニューギニアシンギングドッグは「吐く－吸う」のコンビネーションまでやってのける。モグラなどの獲物を追跡していると き、穴の中や草木の下で、鼻から息を力強く吹きだしてから強く嗅ぎ入れるのだ。

今から数千万年前のいつごろか、イヌ科の動物が最初にあらわれたとき、彼らの「スニッフィング」を可能にしたのは「ふいご」、つまり肺であった。おそらくかなりまっすぐな鼻を通してだろう。魚、カエル、そして爬虫類の場合、鼻づらはその中で水と空気が直接嗅覚細胞に打ち寄せる洞窟にすぎない。それでも現在の無脊椎動物に比べればずっと複雑だ。無脊椎動物もたくさん匂いを感知するが、嗅ぎ入れるのではない。彼らは体の外側、たとえば触覚の上などに匂いの感知器官をもつ。したがって匂いの元に直接入っていかなくてはならないのだ。たとえばロブスターなどは感覚器官を前に伸ばす。またあるものは、飛んだり、体をくねらせたりして、空気や水を体に当てて匂いを感知する。

犬はそんな原始的方法は使わない。犬は嗅ぐ。それもさまざまな速さ、さまざまな目的をもったスニッフィングだ。そればかりか犬には、その匂い嗅ぎを助ける独創的な空気の吐きだし方がある。セトルズは犬が吸いこむ空気の流れ（彼はこれに「イヌ式鼻孔気流」という趣きのある名前をつけている）を観察し、犬がどのようにスニッフするかを発見した。何匹かのペット犬と検知犬が集められ、観察され、記録された。ゴールデンレトリバーもいたし、エアデール、ラブラドールレトリバー、シェパードなど、訓練されているのもそうでないのも含め、あらゆる種類の鼻がそろった。研究者たちはさまざまな対象物を置いた。おいしそうな食べ物、食べられはしないが新奇な匂い、少量のTNT火薬やマリファナの甘い匂いまであった。これらは犬の真ん前に、あるいは離れたところに置かれた。あらためて問われるまでもなく、大喜びの被験者たちは匂いを嗅いだ。対象が麻薬でもペットフードでも、検知犬もペット犬も同じように嗅いだ。両者ともに二種類の嗅ぎ方をした。匂いのあるものが遠くて届かないとき、犬は「長いスニッフ」をする。狙いを定めて空気を引っ張りこむのだ。これは二秒続く。この長いスニッフのとき、犬の鼻孔は広がり、鼻翼が開く。口はわずかに開いているかもしれない。丘の上に立つ堂々とした大型犬を想像してみるとよい。胸は前に、鼻は風に向けている姿だ。これこそ「長いスニッファー」である。ふつうはその前に一連の弱めのスニッフをしたあと、このとてつもなく長いスニッフとなることが多い。実際、鳥猟犬訓練を受けたあるイングリッシュポインターなどは、格別長いスニッフィングをやってのけた。この「サー・サタン」――被験者のなかでセンサーを鼻孔の中に固定されるのを喜んで我慢した唯一の犬だ――は匂いを追って風の中へ走りこみながら、四〇秒間ずっと匂いを吸いこんでいた。

一方、匂いが近くにあって、地面から来ているような場合、犬は連続的なスニッフをくりかえす。まず表面を入念に調べる。犬が草地の中のオモチャを鼻で探しているとき、オモチャの真上にいるのに気づかないように見えることがある。別に鼻に欠陥があるのではない。犬はそのエリアを調べているだけなのだ。人間が目で風景をスキャンするのと同じである。たいていの場合、犬はオモチャのところまで歩いて行き、その上で立ち止まり、少し鼻を鳴らし、それからまた歩みを続ける。そばにいる視覚に依存した二足歩行の生きものは考える――どうやらこの子、オモチャを見つけられなかったみたい、ちょっと間抜けだね。だがそうではない。犬はオモチャのところに戻ってくる。たんに近くのすべての匂いの強弱を調べ、一番強い匂いの元を見つけようとしているのだ――ブランチ・ビュッフェに並んだ食べ物をひととおり目で調べて、最後にベルギーワッフルに焦点を合わせるのと同じである（はじめからこれが欲しかったんだ！）。その間、犬は毎秒五回から一二回、すばやく「短いスニッフ」をする。想像するだけで過呼吸しそうだ。このスニッフの速度は、犬のパンティングとほぼ同じ速さである。一秒に五・三回舌を出すのはエネルギー効率がよい。彼らのスニッフもそうなのだろう。

一〇センチ離れた場所の空気が引き上げられ、引き入れられる——この距離は鼻の「リーチ」と呼ばれる。どんな飼い主でも知っているように、犬はチャンスさえあればそのリーチを一センチまで減らし、あわよくば完全に接触しようとする。ときどきわたしは、震え上がった飼い主から聞かれることがある——犬の匂いの感覚がそれほどすぐれているのなら、どうしてここから嗅ぐことができないのかしら。つまり礼儀正しい、安全な距離から、というわけだ。みんな犬の鼻を自分たちの鼻ととりちがえている。犬の鼻は、匂いを検知するつもりなどまったくない。ただその匂いの輪廓（りんかく）を見つけ、その特徴のすべてを取りこみ、その匂いを測定しようとしているのだ。

事実、匂いのある空気が一番早く引きこまれるのは一センチの距離である。この距離だと、犬はそれぞれの鼻孔から違った匂いのサンプルを得ることができ、左右両側の嗅覚像（ヴィジョン）が手に入る。一種の「ステレオ」嗅覚である。人間では、左右の目からのイメージが、世界の三次元のイメージを作り上げるが、それとまったく同じように、それぞれの鼻孔が吸いこむ匂いのイメージの強さの違いは、犬が空間の中で位置をつきとめるのに役立つ。匂いの元ははたして自分の左にあるのか、右にあるのか。前に、それとも後ろにあるのか。

こう考えると、なぜ犬が鼻を相手の犬の尻に突っこむのかという理由もわかろうというものだ。結局それは、あなたがゴッホの《星空のテラス》を鑑賞するときに、隣の部屋からのぞくよりも、近くで――それこそ絵筆の跡が見えるくらい間近で――見たいと思うのと同じなのである。*

犬式エアジェット

だが、犬のスニッフとわたしたち自身のスニッフをくらべて、もっとも大きな違いは、犬が息を鼻から出すときの仕組みだ。人の場合、吐いた息は入ったドアから出ていき、新しい空気を押しやって、それが入ってくるのを邪魔する。ひどい悪臭を鼻から追いだしたいときにはすばらしく役に立つが、同時に良い匂いも、入ってきたとたんに送り出してしまう。だが犬が排気するときは、セトルズの魅力的な表現で言えば、「荒れ狂うイヌ式鼻孔気流の排出」を作りだす。鼻孔と空気の動きの高速ビデオを通して、セトルズが見いだしたのは、犬が真正面から排気するのではなく、鼻の両側のスリットを通して排気し、それによって小さな風の流れを作りだしているということだった。この戦略は、セトルズの言う「サンプルブローオフ（試料吹き飛ばし）」、つまり吐く息で鼻先の匂いが霧消するのを最小限にするためである。鼻翼が広がり、発射準備オーケイとなる、そして排出された空気はサイドの出口をこっそり通って出ていく。これは匂いを押しのけるだけではない。排出された空気のひと吹きはより多くの匂いの粒子を表面からもち上げ、次なる鼻一杯の匂いを鼻づらの内部へとせきたてる吸引力を作りだす。排出された鼻孔気流は、小さな回転する漏斗雲のように、オズの魔法使いのドロシーと家と小さな犬さながら、まっすぐ鼻の中に引き入れてしまう。

あなたの犬が、探しているオモチャの上でちょっと立ち止まって考えている――これはいわば一瞬の時間停止である。このとき犬は自分の「排出されたエアジェット」を匂いの源に送りこんでいる。そうすれば、もっとたくさんの匂いの粒子がそのオモチャと地面から立ちのぼるわけだ。排出されたジェット気流は、基本的に鼻のリーチを増す。こうして鼻は吹き、また同時に吸いこむのである。

わたしが会ったある科学者は、この種の嗅ぎ行動を木管楽器や金管楽器奏者のやる循環呼吸〔鼻から空気を吸いこみ、ほおを膨らませて口から息を吹く呼吸法〕になぞらえた。いわば句読点なしのスニッフで、これによって犬は世界をたえず読みつづけることができる。わたしたちがまばたきしながらも世界を連続して見ているのとまったく同じだ。

セトルズはシュリーレン撮影法によって撮られた特別なビデオを使って、このジェット気流によるスニッフィングを観察した。このビデオでは、鏡とスローモーションカメラを使って気流の映像をとらえる。映像では、暖められた空気は鼻と口から発散するぼやけた雲として見られる。このスローモーションのシュリーレンビデオで見る犬の鼻づらは、何かをつかむかのようにリーチし、またしりぞいて、空気を動かしている。波打ち、揺れて、海底で体をゆらゆらと押し進めているクラゲのようだ。そのいくらかは裸眼でも見られる。埃っぽい地面を犬が嗅ぐところを観察するだけでよい。何か見えないものを夢中になって嗅いだあと、くしゃみをして空気を排出する。そのとたん泥と埃と匂いの雲がぱっと立ち上り、

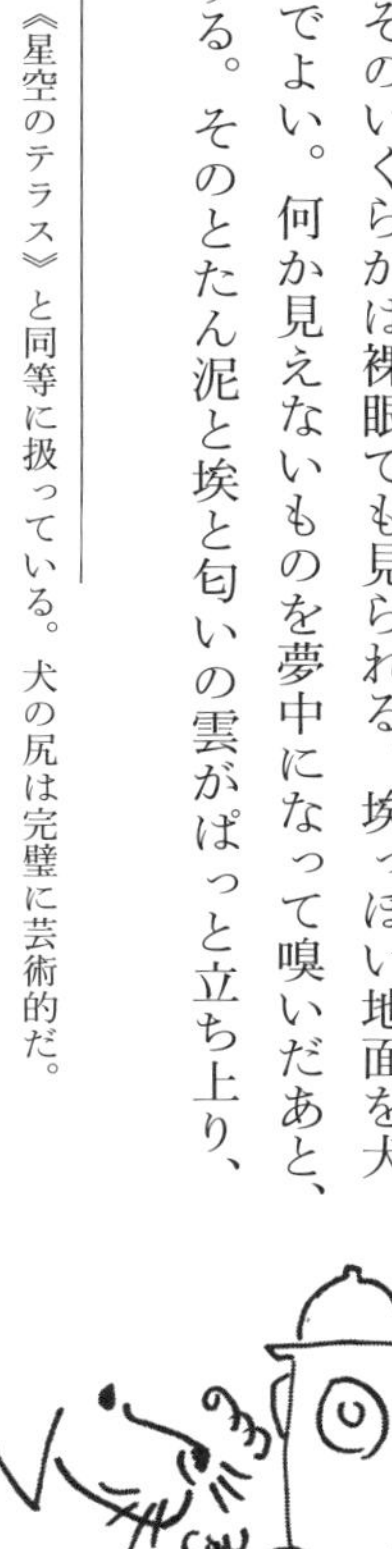

＊そう、わたしは犬の尻をゴッホの《星空のテラス》と同等に扱っている。犬の尻は完璧に芸術的だ。

空気のなかに、そして犬の顔のなかに押しこまれていくのが、簡単に見られるはずだ。

　ではスニッフは、ほんとうに犬のもつ鋭い嗅覚の為せるわざなのだろうか？　たしかにそれはいくつかある鍵となる要素のひとつである。犬が鼻を使えなくなったときどうなるかを見ればこれがよくわかる。つまりパンティングしているときだ。暑い犬（ホットドッグ）はあまり匂いを嗅ぐことができない。犬には皮膚の毛穴を通して熱を発散するための汗腺がない。犬にあるのは、波打つ舌だけだ。彼らはあえがなくてはならない――そう、パンティングである。前述のシュリーレン映像見ると、パンティングしているときは大量の空気を口から排出しているため、匂いのする空気が鼻にたどりつけない。匂いをよく嗅ぐためには、口を閉じなくてはならないのだ。

　フィネガンのスニッフには音がある。独特のハアハア、ウーウー、ブッブッ、といった音のコンビネーションだ。外に出ると、彼は地面に鼻をつけて歩き、草のなかの見えない物語のあとを追う。犬たちに人気のある木の幹に近づけば、あの急速なハアハア、ブッブッ音と荒々しいジェット気流の排出からなるセレナーデをそこに捧げるだろう。リードの向こう端で、鼻を匂いのなかに突っこみ、体を地面に固定して、自由気ままに匂いを嗅ぐ。わたしは立ち止まらざるを得ない。アプトンのほうは、フィンから匂いを嗅ぐことを学んだ――この家では、匂いの場所に来たら踏ん張って足を止め、その匂いをじっくり観察してから歩きだしても許されるのだということを。

鼻づら

人間の場合もっとも有力な感覚が何かを知りたかったら、何分間か観察するだけでよい。人間は、知覚したいと思うもの、調べたいと思うものがあったら、すべて目の前にパレードさせる。体の横に何かがあるって？　わたしたちは顔をめぐらせ（耳そっちのけで）、直接目がそこに行くようにする。頭の上か足もとでなにかの音がした？　別に上の音に耳をすましたり、足もとの匂いを嗅いだりしない。わたしたちは目をそこにやる。人の顔は、目のまわりに保護する工夫がたくさんなされている。眉毛、上下のまつげ。それにくらべて鼻や口はまことにお粗末な扱いだ。鼻は、よく見るための大きな眼鏡の止まり木としてのみ使われている。「わかる？」と聞くのに、わたしたちは Do you see? と尋ねる。Do you smell?（匂う？）でもなければ、Do you taste?（味がする？）でもない。わたしたちにとって「見る」ことはつまり、「わかる」ことなのだ。会うときは目で挨拶する。相手を見ないのは失礼な行為とみなされる。異常だとさえ思われるかもしれない。角を曲がるときは、足がそこを曲がる数秒前に頭を――そして目を――そこに向けている。

そこでまた犬の鼻だ。素晴らしいのは体の上のそのシンプルな位置で、これによって微調整されたスニッフィングが可能になる。鼻づらははっきり突出している。これが頭の先端にあるのは偶然ではない。きわめてフレキシブルな首のおかげで、犬の頭は地面まで届く。地面こそはほとんどの匂いが横たわっている場所だ。犬は木のてっぺんを嗅ごうなどと悩まない。犬たちが嗅ぐのは、地面から放出される匂いであり、地面の上に着陸した物の匂いだ。お互いの体のなかで一番好きな場所も、だいたい彼らの鼻の高さにある。

犬の鼻づらが長いのには理由がある。進化がその解剖学的資源の多くを投入するのは、それがきわめて役に立つときだけだ。毛と上皮に覆われた鼻づらの内側は、洞穴のような湿った円蓋になっており、エアフィルター、加湿器、暖める道具でいっぱいである。暮らしのなかでかなりの時間を犬の尻や、腐りかけたリスの死体を嗅いで過ごしているならば、高機能のエアフィルターが欲しいはずだ。吸いこまれた空気は鼻の奥に到着する前に、清浄にされ、調整される。拝謁する前に身なりを整えなくてはならない。そう、鼻の奥で待っているのは、直接脳に旅する王者、神経細胞（ニューロン）である。

「さあ、きみは鼻孔につかまえられた」とクレイブンが言う。これからわたしは、あの果敢な匂いに乗って鼻づらの内部へ向かうのだ。「鼻前庭の部分では空気流量がかなり多いよ」。鼻前庭というのは、匂いが鼻孔に入ったあとの控えの間だ。犬の肺が鼻咽頭を通して空気を引っ張りこみ、空気は渦をまいて乱れている。そのあと、鼻の中に分かれ道がある。吸いこまれた空気は、ふたつの道のどちらかを行くことになる。呼吸ルートか、嗅ぐルートのどちらかだ。呼吸ルートを行くなら、あなたは暖められ、加湿され、肺へと進む。だがもし犬に嗅がれようとするなら、あなたはまったく別のルートをとることになる。嗅覚領域へ向かう高速ドライブだ。空気の流れが迷路を勢いよく進む。曲がりくねった小道が一連の薄いカーブした骨を通りすぎていく。これが甲介骨だ。甲介骨の横断面は見たところ脳に似ており、渦巻き型に枝分かれして、小さい空間のなかにたたみこまれている。甲介骨もまた洗浄システムの一部だが、奥のほうのいくらかは匂いを嗅ぐのに役に立つ組織で覆われている。甲介骨が作りだすローラーコースターに乗って、匂いは旅をしていく。

空気は、鼻の奥に向かう長い嗅覚ロードにそって片道通行で流れるから（匂いはそのあと呼吸ルートを通じて排出されるか、酵素によって分解される）、そこで犬はとほうもなく素敵なことをやってのける。飛びこんできた匂いをグループ別に選り分けるのだ。ある匂いは他の匂いよりもすみやかに吸収されるため、鼻を通るルートのなかで感覚細胞につかまえられるのも早くなる。たとえば、爆薬のTNT――DNT――のある成分は、他の匂いよりも早くつかまえられる。見たところ犬が簡単にそれを見つけられるのも、なかばこのためかもしれない。その成分は、たとえばアミルアセテート（バナナの匂いがする）のような分子よりも溶けこみやすく、鼻の中で早く溶解する。アミルアセテートのほうは、リモネン（レモンの匂いがする）よりも溶けこみやすい。このリモネンは、他の多くの種類の匂い同様、粘液に吸収されず、しがみつくべき受容体を見つける前に、鼻の奥の「オルファクトリーリセス（嗅陥凹）」に行く。わたしたちはめったに犬にバナナを見つけるように頼んだりしないが、させようと思えばできるわけだ。* 鼻の中にひしめくさまざまな異なる感覚受容体の配置によって、犬は脳が関わってくる前でさえ、鼻の中の匂いを識別し、区別できるようになるのである。

奥に向かっていくうちに、匂いはふいにスピードをゆるめる。ここでは甲介骨は嗅上皮に覆われ

＊事実、今ではバナナを見つけるように訓練された検知犬が多数存在する。彼らはバナナだけでなく、国境もしくは州境を越えて不法に持ちこまれた農産物を検知する。

ている――感覚細胞をもつ茶色の組織で、空気から匂いをとらえる。「匂い」から「あなたが嗅ぐ匂い」への魔法の変換が起こりはじめるのがここだ。細胞は粘液で覆われている。

そのあと、「ある地点に来たら、きみはこの気道を覆っている粘液によって降ろされ、吸収される。それからゆっくりと拡散するんだ」とクレイブンが怖い顔をする。言葉で聞くと不気味だが、じつはそれほどではない。およそ一〇ミクロンの厚さの薄い粘液層が、外の空気を中のニューロンへと移行させるのだ。あなたが乗っている匂いは、一〇分の一秒でこの粘液を通っていくことになる。嗅ぎ入れた空気が鼻孔から鼻の奥に旅するのにかかる時間とほぼ同じだ。だが、さしあたって今、あなたはリラックスできる。

匂いのための休憩場所（リセス）

鼻づらのいきどまりに到着した。ここはオルファクトリーリセス（嗅陥凹）と呼ばれ、鼻のもっとも奥まった部分である。両目の真ん中、頭蓋に一・三センチほど入ったところだ。このリセスにきた匂いは、何回もの吸排気のあいだそこにとどまり、すりつけるための感覚細胞を探すことができる。こうして犬は空気を急いで出ていかせる前に、嗅ぎ入れた匂いを反芻（はんすう）するチャンスを手に入れているのだ。

このリセス――その途中の骨のいくつかもまた――は、前に述べた上皮組織で覆われている。新聞記事に、犬の嗅覚は人間のそれの一万倍、もしくは一〇〇万倍、あるいは何千万倍もすぐれていると書かれているとき、一番引用されている解剖学的証拠のひとつは嗅上皮の量である。匂いを嗅ぐことに特化した細胞をもつ広がりだ。比較の数字は疑わしいけれども（匂いによってもきわめて異なる）、たしかに犬の嗅覚細胞は人間にくらべてとてつもなく多い。もし犬の嗅上皮をその体表に広げたら、体をすっかり包んでしまうだろう。人間のそれは、肩のほくろをやっと覆いかくすくらいである。

嗅上皮は、繊毛――感覚ニューロンから伸びる髪の毛のような細い枝――でできた厚いマットで覆われている。ひとつの神経から数ダースの繊毛が伸びて、それぞれが数十の、嗅覚受容体（レセプター）というたんぱく質でコーティングされている。レセプターは文字どおり、匂いを受け取る。そのためにレセプターは鼻の粘膜の中でしっかり固定されている。嗅ぎ入れた匂いの分子をつかまえるための完璧なデザインだ。

犬が鼻づらの中に詰めこんでいる「嗅覚力」は、あらゆる点で人間のそれをはるかに超えている。各ニューロンには多くの繊毛があり、一本一本の繊毛に人間のそれよりも多くのレセプターがある。さらに、どの犬でも、匂い物質を検知するのに使われる嗅細胞は、人間より何億も多い。犬の嗅細胞の数は、犬種によって違いはあるものの、人間の六〇〇万とくらべて、二億から一〇億である。犬の場合、鼻の体積が大きければ大きいほど、匂いについての情報を解読できるレセプターの種類も多くなる。八〇〇種類を超えるほどだ。

この数――八〇〇と少々――は、研究者をうろたえさせる。嵐のあと、雲を一掃する日没の輝きを伝えるわたしたちの目は、その色彩豊かなシーンを頭の中に描くのに、三つのレセプターしか使わない。八〇〇種を超えるレセプターをもつ犬にとって、その匂いの風景がどんなものかは想像を絶する。犬が検知できる匂いの数は、理論的には「何十億となりうる」と、コロンビア大学で嗅覚を研究している神経科学者のスチュアート・ファイアスタイン博士は書いている——ただし、「実際のところ、その質問はおそらく妥当ではない。ちょうど、人間にとってどのくらい多くの色が見えるかと聞かれてもほとんど意味がないように」。

匂いはレセプターに到着したときも、秘密に包まれている。鼻はそれが何か、知らない。犬たちが台所のカウンターの上に嗅ぎつけるスティルトンやチェダーチーズによって活性化する「チーズ」レセプターなどというものはないのだ。犬たちがいとも気軽に公園で不運なリスの死体を見つけだすにもかかわらず、「死んだリス」レセプターというのもない。要するに、それぞれの匂いが多くのレセプターを動かすのであって、ひとつの匂いに対してレセプターはひとつではない。

匂い受容の仕組みがどんなものかについてはまだ解明されてはいないが、もっともポピュラーな理論は、「鍵と鍵穴」のたとえを使うものである。それによると、レセプターはさまざまな形と長さをもった鍵穴であり、匂いを作りあげるさまざまな分子が鍵だというのだ。これに似てはいるが、匂いの受容は鍵穴と鍵ほど厳密ではなく、むしろそれは「ポケットの中の鍵」に近く、多くの違った形の鍵がレセプターに結合して、ニューロンを発火させるという考え方もある。ポケットの中身を嗅ぎつけるのが得意な犬にはぴったりのたとえではないか。

生物学者のリンダ・バックとリチャード・アクセルが嗅覚についての研究でノーベル賞をとったのは、嗅覚レセプターをコードしている遺伝子を見つけた業績による。驚いたことに、嗅覚遺伝子は哺乳類のゲノムですこぶる大きな比率を占めている。犬はおよそ一一〇〇の嗅覚レセプター遺伝子をもっており、そのうちの八〇〇ほどが機能している。* あなたの犬のゲノム――魅力的なくるっと巻いた尻尾から黒い表情のある目にいたるまで、その体全体を作るための青写真――は一万九〇〇〇をちょっと超えた数の遺伝子からなっているのだが、そのゲノムの五パーセント近くが匂いのレセプターだけを作るのに使われているのだ――世界への鍵を嗅ぐためのおびただしい種類の鍵穴である(あるいはポケットか)。

匂いの能力は犬種によって違いがある。それはたぶん、機能する嗅覚遺伝子の数が違っているからだろう。ボクサー(短い鼻で、鼻甲介の詰まった鼻づらが押しつぶされている)は、プードル(長い鼻でまずまずの嗅ぎ手)よりも機能する遺伝子がわずかに少ない。このトピックについては、研究はまだ始まったばかりだが、特定の遺伝子が特定の匂いの検知につながっているかもしれないという証拠が出ている。爆発物検知の仕事があまりうまくない犬の遺伝子を調べたところ、小さな遺伝子変異が見られたのである。

もし遺伝子の違いが検知能力の違いと結びついているとすれば、特定の犬種が遺伝子的にすぐれた嗅ぎ手になると言えるのだろうか? 犬の遺伝子のなかで、まだ確定されていないなんらかの部

*残りは「偽遺伝子」である。これらは突然変異の結果、もはやレセプターの発達をもたらさない。つまり本来の機能を失っているのだ。犬の場合、彼らの嗅覚レセプター遺伝子の二〇から二五パーセントは偽遺伝子である。人間の場合は五〇パーセント以上である。

分集合が原因となって、他の犬が嗅がない匂いに気づくことがあり得るかという質問なら、答えはイエスだ。だが、嗅覚力の遺伝子的違いが、犬種の遺伝子的違いによるものかどうかは、また別の問題である。まだそれには答えが出ていない——今のところは。

匂いがファンにぶちあたる

これだけ頑張ってレセプター細胞に到達しても、匂いはまだ感知されていない。死んだリスの匂いにしろ、他のどんな物質にしろ、その匂いの成分が、レセプターサイトにもぐりこみ、ニューロンを発火させ活動電位を伝え、鼻を去り、鼻の脳、つまり嗅球に入ったそのときに、はじめて発見されるのだ。何千万ものニューロンが数千の束に収束し、骨の中の小さな隙間を通って、脳に入りこむ。かなり前には、脳が匂いを嗅ぐと考えられていた。鼻はただの導管だというわけだ。二〇世紀になってからでさえ、脳をコンピューターにたとえるのが盛んになるとともに、鼻はたんに脳という巨大なスーパーコンピューターの送風機(ファン)にすぎないとよく言われていたものだ。今わたしたちは、それがもう少し電気系の送風機だということを知っている。サンティアゴ・ラモン・イ・カハルは、初期の神経科学に大きな影響を与えた解剖学者だが、一九世紀の末ごろ、鼻から脳への道筋をマップし、嗅がれた匂いの言葉を運ぶ神経が脳に入るのであって、匂いそのものが入るのではないことに気がついた。

嗅球は鼻のちょうど後ろ側に位置し、前頭葉の下に押しこまれている。鼻は、脳への最短のルートだ。犬の毛がふわふわ舞い、夕食の匂いが漂う居間の暖められた空気から、ひとつのニューロンが出発し、高度に調整された脳内環境へと到着する。嗅球を前にして、ニューロンが「知って」いるのはただひとつ、自分が発火していることだ。嗅球では、同じ種類のレセプターから来た何千ものニューロンからの軸索がすべてたったひとつのターゲットサイトに収束し、そこが活動であふれかえる。これでどうやら匂いの感覚が継ぎ接ぎされるようだ。匂い分子がレセプターにつかまえられ、ばらばらにされ、その多くが発火する、それが今度は嗅球の地形をなす層で再建されるのである。多くの細胞から出された証拠のわずかな痕跡は、あなたの犬が発見した悪臭を放つ死体の匂いの感覚へと翻訳される。

こう聞くと、犬の嗅球はやたら大きいのではないかと思うかもしれないが、そうではない。それでも脳全体の二パーセント、脳が一ドル銀貨とすれば二セントである（人間の場合はほとんどなきに等しい。一セントの三〇分の一以下である）。ここは重要である――嗅球はこれらのレセプター細胞の発火を、匂いの経験に似たものへと転換する場所なのだ。

嗅球から、匂いの情報は犬の脳を勢いよく進んでいく。認識のための、大規模な、そしてあっという間の捜索だ――その匂いについてどう感じるか、どんな記憶を呼びさますか、そしてどんな行動を引き起こすか。嗅球はこれらの決定のいくつかを行うために嗅皮質にまっすぐ接続するとともに、直接皮質下大脳辺縁系とも接続する。これで匂いに情動のトーン――恐怖、興奮――が付け加えられる。

匂いに対して脳がどう反応するかという問題についての研究には、昔からつねにひとつ、共通の要素がある。被験者に、何か本当に臭い物を提示し、その結果を測るというものだ。脳の反応を研究した初期の研究者に、生理学者のエドガー・エイドリアンがいる。彼は性質の穏やかなハリネズミに、「腐ったウジ虫の匂い」をはじめ、さまざまな匂いを嗅がせた。ハリネズミが強い反応を示したのは、「ミミズを中で腐らせたままにしておいた水」だった。

時代がくだって現代の研究者たちは、ウサギに市販のシャープチェダーチーズを提示し、雄牛とバッファローの尿を混ぜたものでツェツェバエをおびき寄せ、イタチとアカギツネ（ともにネズミの捕食者）の肛門腺分泌物をおびえたネズミに嗅がせ、さらにごく最近では、犬の鼻の下に飼い主の脇の下の臭いを突っこんでいる。

話を戻そう。神経科学者は、機械を使って心についての大きな疑問に答えるのが好きなようだ。MRIの中にいるとき、あるいはその画像を見ているとき、表面的にせよその器械で心を読まれているような気がするかもしれない。fMRI（機能的核磁気共鳴画像）検査で、被験者はきわめて強力な磁場の壁でかこまれた台の上に横たわる。この磁場の攪乱（かくらん）を通して、脳内の血流の画像（ニューロンの活動を示す）がとらえられるのだ。横になり、おばあちゃんのことを考える。そうすると、ゆがんだ笑顔と眼鏡、タルカムパウダーの匂い、子供のあなたに作ってくれたオモチャといった郷愁に満ちた記憶が保管されている脳の場所が、コンピューターの画面上に映し出されるだろう。

そうした記憶があるということ、あるいはおばあちゃんの匂いが甦（よみがえ）るというのが**どういうことである**のかという問題に、MRIは決して答えてくれない。脳の部位の映像は、タルカムの匂いがなぜわたしに、あの暗い、家具のたくさん置かれた居間にすわっていたおばあちゃんを思い出させるのか、説明しない。そのかわり、その器械は離れたところから活動を見ることを可能にする──宇宙の謎はさておいてペルセウス座流星群を観察するようなものだ。そんなわけで、いくつかのリサーチプログラムがＭＲＩを使って犬の脳を見始めている。この場合、犬は器械の中で完全に目ざめていながら、しかも完全にじっとしていなくてはならない。人間にとっても犬にとっても不可能ではないにしろ、訓練と忍耐が必要だ。ある初期の研究は、飼い主の匂いによって犬の脳のどの部位が引き金をひかれるかを見た。

ここでいう「飼い主の匂い」とは、「飼い主の脇の下の臭い」である。脇の下をこすったガーゼを、ＭＲＩの磁場の中にいる犬の前に振ってやるのだ。その結果、脳の尾状核と呼ばれる部位が、脇の下の臭いのガーゼによる興奮で活性化するのが判明した。研究者たちがその部位に注目したのは、ＭＲＩで視覚化するのが簡単なうえ、そこが報酬に関わっているためであった。

嗅覚の情報が脳の中でどこに行くのかを知るために、わたしが勧めたいもうひとつのアプローチがある。それはあなた自身の犬を見ることだ。もし犬と一緒に暮らしているのなら、犬の脳が死んだリスを識別したあと、何が起こるか知っているだろう。おもむろに立ち止まって、次に何をすべきか考えるような犬はいない。

犬はそのなかで転がる。

これはスチュアート・ファイアスタインが主張する理論と一致する。「ものすごくクレイジーな考えだがね。聞きたいかい？」もちろんわたしは聞きたい。「思うんだが、嗅覚対象の認知（匂いを経験しているという感覚）ってのは、運動皮質にきわめて近いところか、あるいは実際にその中にある何かにヒットしてはじめて起こるんじゃないかな」。ファイアスタインは言う。「なぜってわれわれが嗅覚を使ってやることは、ほとんどが意思決定に緊密につながっているからだよ。これを口に入れるか、避けるか、放っておくとかさ」

事実、嗅球からのいくらかの信号は運動皮質にまっすぐ行く――動きをコントロールする脳の部分だ。それは足の筋肉に指令して優美に曲げさせる。匂いのあるものに頭を完全に突っこむための正確な角度、そして仰向けになって匂いを背中にこすりつけるのに必要な強さをも指示する。リスの死体に体を投げだし、匂いのなかで激しく動きまわって起きあがった犬がすぐさまやりたがるのは、もう一回体を投げだして嗅ぐことだ。

鼻の中の鋤（すき）

彼は舐める。彼はわたしの膝を舐める。わたしの顔を、わたしの耳を。わたしに近づきながら、舌をわたしに向けて伸ばしながら、彼は空気を舐める。わたしのことが大好きなのね、とわたしは思う。そしてわたしは微笑する。だが彼は建物の角も舐める。とても臭そうな草の茂みを、そして――ああ――猫の尻も舐めるのだ。

たいしたものではないか、この鼻というやつは！　だが犬では、そして多くの哺乳動物でも、嗅覚システムは鼻だけではない。犬には一種の「第二の鼻」がある。口蓋の上、両方の鼻孔を分かつ骨のすぐ下、ふたつの軟骨の渦巻きの中に、いわゆる「鋤鼻器（じょび）」と呼ばれるものがおさまっている。英語ではvomeronasal organ、名前を縮めたがる研究者にはVNOと略されているが、じつはこれが鼻と同じように匂いを嗅ぐ部分なのだ。嘔吐（vomit）のイメージを連想させるこの名前は、じつは器官の形からきている。vomerとはラテン語で鋤先、つまり鋤の刃の部分を示す。鼻の下に隠されているため、たんに嗅ぎ入れるだけでは匂いはそこに届かない。匂いがそこに到達するためには、組織に溶けこみ、内部に吸いこまれなくてはならないのだ。この「汲みあげ」メカニズムは直接分子に触れるか、あるいは「フレーメン」と呼ばれる愚かしい顔をするかのどちらかによって起動する。ウマが上唇をめくりあげて、顔をしかめ、少しふるえているように見えたなら、それは典型的なフレーメンの表情だ。そうやって匂いを鼻の組織に押しこんで吸収させているのである。フレーメンをやるときのブタは口を大きく広げる。猫は口を少しだけ開けて、面食らったような表情を見せる。ヘビの二股の舌はちらちら動き、匂いをつまみ上げて鋤鼻器のそれぞれの側へと送る。

たいていの犬は、典型的なフレーメンとされる唇めくりはやらない。犬には犬だけのやり方がある。ときどき何かを嗅いだあと、犬は鼻に皺を寄せてはっきりしたしかめつらを作り、歯をカチカチさせる。これがフレーメンの犬バージョンだ。だがもっとよいのは、舐めることだ。犬の派手な長い舌は、ピーナッツバターの瓶の底にも届くし、あなたが運動したあとの足の汗を舐めとるのにも都合がよい。だがそれだけでなく、犬の舌は調査のために鋤鼻器に匂いを送りだす完璧なメカニズムなのである。地面を舐め、鼻を舐め、そして匂いを嗅ぐ。

鋤鼻器で犬が検知できるものは、ふつうの嗅覚ルートでは検知できない種類の分子である。もともとフェロモンとは、同じ種の二個体間で交わされる信号としての匂いとして定義された。その信号は、受け取った相手の側に、きわめて特異な行動や生理的変化を引き起こす。雄ブタによって作りだされるアンドロステノンを受けとった雌ブタは、いくぶん自動的に、交尾の姿勢をとる。ボンビコールは雌のカイコガが放出するフェロモンだが、それを触覚で検知した雄は相手を探しにいく。フェロモンを使っている生物は、牡蠣(かき)やウサギから、アリやバクテリアまで、信じられないほど多種多様である。

鋤鼻器がフェロモンを検知できるのは、それらが基本的に水溶性の化学物質であり、不揮発性で、低分子量の分子だからである。たとえばホルモンや、その動物のアイデンティティとか帰属する特定の族や集団に関する情報をもつ「シグネチャー・ミックス」がそうだ。鋤鼻器のレセプターは、匂いを広く受け入れる鼻の中の嗅覚レセプターとは違って、特定の対象のみ受け入れ、また感受性が高い。犬同士で尻と顔をくっつけあう匂い嗅ぎダンスは、相手の性別、交配の用意ができているかどうか、健康状態——そしてまたお互い相手がだれなのか——について知るための化学的コミュニケーションである。どちらの犬も、尿と唾液には同じ情報が含まれているのだろう。

くしゃみをする者

顔の上の注目のプレイヤーである鼻づらは別格として、犬が匂いを嗅ぐのに役立っている体の特徴や行動は他にもある。ブラッドハウンドの耳があれほど特徴的なのも意味がないわけではない。この犬種を描いたジェイムズ・サーバーの有名なスケッチは、どれも頭と同じくらいの大きさの耳を描いている。この犬種がきわめてすぐれた嗅ぎ手なのは、この耳のおかげでもある。鼻を下に向け、もっとよく匂いを嗅ぐために、彼らはその長い耳で——例外的だが三〇センチを超えるようなすごいのもいる——地面から匂いを掃きとる。ブラッドハウンドの耳は、匂いを嗅ぎ手に向けるために顔についた二連の送風機だ。口から垂れるよだれもまた、鋤鼻器に取りこんで検討できるように、匂いを上のほうに運ぶのに役立つ。

わたしは犬たちを観察していて、犬が匂いを嗅ぐときにごくふつうにやる行動を他にふたつ発見した。わたしの犬認知研究室でのリサーチプログラムは、通常の環境下、たとえば公園など人や他の犬たちがいる場所で犬の行動を観察することを基本にしている。わたしは数えきれないほどの時間をかけて、犬たちが一緒に遊んでいるところを一秒三〇コマのビデオで撮り、それを一コマずつ再生して、犬たちの行動を解読しようとした。このように超スローモーションでビデオを解読するのは、リアルタイムではわたしたちが見失っているものを見るためだが、他にもうひとつ利点がある。そのペースで見るビデオの中の犬は、いつものよく知っているペットではなくなるのだ。犬たちが遊んでいるのを見るのは素晴らしく楽しいことだが（これが本当に学術研究だということを論文審査委員会に納得させるのは難しかった）、そのせいでわたしたちは遊びを見るだけで満足してしまい、何が実際に起きているのかを見ないという傾向がある。聖書に言うとおり「目があっても見えない」のだ。

わたしたちは犬を見ながら、彼らが何をしているのか、先走って判断してしまう――「ああ、友だちが来た」、「見て、あの子一緒に遊びたがっている」、「あの子、シャイなんだ」。そのため、実際に犬たちが何をしているのか、調べるところまでいかないのだ。

わたしが驚くべき観察をしたのは、そんなふうに外で犬を見ていたときだった。犬ははじめての犬と会うとき、あるいは知っている犬と挨拶するときも、尻尾をいっぱい振る。

いや待て、とあなたは言うだろう。そんなの今に始まったことじゃないじゃないか！　もちろんそうだ。わたしたちは犬の尻尾振りが何のためか知っている。ゆったりと高く尻尾を振るのは、親しみを示すサインだ。小刻みに低く尻尾を振るのは、不安を表す。どれも本当だ。だがそれを知っているだけでは逆に、この行動が他に何を意味しているのかを知るのが難しくなる。じつを言うと尻尾振りには匂いを広げる意味がある。意図的だろうとなかろうと、犬が尻尾を振ると、肛門嚢からのとても魅力的な匂い（犬にとって）が、体のまわりに花開くように広がる。その犬は他の犬たちに向かって、自分がどう感じているかを知らせているばかりではない。自分がだれなのかを匂いで知らせているのだ。

匂いを広げるために尻尾を振る行動は、他の動物にも先例がある。カバは排尿や排便をしながらその短い尻尾を気が狂ったように振り回し、うまく匂いを霧状に噴射する。リスなど齧歯(げっし)類の一部は、交配できそうな相手が近くにいると尻尾を振る。シンリントナカイの尻尾は、麝香(じゃこう)のような匂いを出す汗腺で覆われており、彼らはそれを、警告の匂いをばらまくための「匂いブラシ」として使っている。そんなわけで、犬がたんに楽しげに尻尾を振っているように見えたとしても、じつはこうも言っているのだ――「匂いを嗅ぎにおいでよ」、「これがぼくだよ」、と。

もうひとつ、ある日フィネガンと散歩していたとき、これまたよく見かけるものの、決してふつうではない行動に気づいた。道の向こうから、ぴっちりしたリードをつけた背の高い黒いプードルが跳ねるような足どりで飼い主と一緒に歩いてきた。すれちがうとき、二匹の犬は、お互いに見つめ（嗅ぎ）あった。ふいにそのプードルは、歩きながら全身を揺すった。彼女のくるくる巻いた毛から、ふわふわした匂いの雲がたちのぼり、フィンの鼻に覆いかぶさるのが見えるようだった。フィンは固まっていた。彼女はわざと体をふるわせたのだろうか？　わたしがだれかに口説かれて、髪の毛に指をからませ、ちょっと高価なシャンプーの匂いで自分を包みこんだりする――これはそのドッグ・バージョンだったのか？

馴染みのある犬の行動を新しい目で見ていくうち、くしゃみについても学ぶことがあった。くしゃみはくしゃみにすぎないって？　たしかに。異物など、鼻を刺激する物を排出するための反射的手段だ。犬のくしゃみは鼻からだけである。人間のくしゃみは口と鼻を使う。鼻だけのルートだからこそ、犬のくしゃみには二番目の興味深い役割がある。つまり、望ましくない匂いを鼻からどかすのである。わたしの確信では、犬はひとつの匂いを嗅ぐセッションに区切りをつけるため、意図的にくしゃみをして、違う匂いのセッションへと移行する。あなたの犬が、曲がり角のところで、さっきつけられたばかりの強い匂いを嗅いだあと、歩きだす前にくしゃみをしないかどうか気をつけてほしい。追跡犬のトレーナーたちもまた、犬たちがときどき追跡していた地面から頭を上げて、匂いのついていない空気を取り入れ、鼻をクリアしているのに気づいている。それは休憩でもなければ、嗅ぐのに失敗したわけでもない。追跡にとって、これはどうしても必要なステップなのだ。

結局のところ、犬の鼻をこれほど鋭敏にしているのは、嗅球そのもののサイズではない。レセプターの数でもなければ、犬がスニッフする特別なやり方でもない。鼻の長さだけでもない。その全部だ。犬のやり方で吸いこまれた匂いは、犬のもつ鼻を通り、犬の鼻が収容している多くのレセプターの中へ、そして犬が進化させてきた脳へと向かう。その結果は驚異的だ。

眠っている犬を見てみよう。まぶたがぴくぴく動き、足先がダンスしているように動き、閉じた口からはくぐもった吠え声が出る。夢を見ているようだ。たしかに犬はREM睡眠を経験する。わたしたちが一番夢を見るときである。したがって犬もまた夢を見ているということはありそうだ。その踊る足先で何かを追いかけているのか。そのくぐもった吠え声で何かを知らせているのか。今度あなたの子犬が眠って夢を見ているとき、忙しそうに動くその鼻孔を見てほしい。鼻の生きものはたしかに眠りながら匂いを嗅いでいる——道の反対側にいる友だちの匂い、たった今ボウルに山盛りにされた夕食の匂い、あるいはドアの下からやってくる面白そうな匂いを。

もう一度あなたの犬の鼻を見てみよう。わたしは犬の目を見るのが大好きだ——見つめあうまなざしには、わたしはフィンのもの、フィンはわたしのものという理解と合意があふれている。犬はわたしたちを見る。原始時代、村のはずれにうろうろしていた犬の祖先から、膝の上にすわり、あなたを見て尻尾を振る犬へと変わっていくうえで、これこそが第一歩だった。

けれども今、わたしは犬の鼻も見る。その全体を。そしてとくにその濡れた先端を。わたしの心もまた躍る。この鼻が世界についてどれほど深く知っているか。それがわたしを感動させるのだ。

人間を対象とする心理物理学者や脳科学者に聞いてみれば、こう言われるだろう——犬が人間よりもはるかによく匂いを嗅ぐというのは神話だ、と。それでは彼らに、今日何を嗅いだのか尋ねてみよう。答えは「別に何も」から、詩的なものまでさまざまだ——「草の茂る草地、プレーリーの草」。これは匂いの科学者で著作家のエイヴリー・ギルバートが、コロラドの新しい家について話してくれたときの言葉だ。なかなかよろしい。では犬に尋ねてみよう。犬が話せるなら、何時間もかけて叙事詩を歌ってくれるだろう。人間がよい鼻をもっているのは事実だ。ただ、たいていの人はわざわざ匂いを嗅がない。ある晩わたしは、フィネガンの毛の匂いを嗅ぎながらこのことをじっくり考えてみた（そのとき嗅いだ匂い——新鮮な川の流れ、岩の上を泡だって流れる水）。ふうむ。やってみようじゃないか——わたしの鼻を犬の仲間にふさわしい鼻にしてみるのだ。

4　嗅ぎながら歩く

たいていの犬は、ナンキンムシを発見したり、癌を検知したりするような仕事についていない。ほとんどは飼い主にコントロールされた匂いの環境のなかで暮らしており、頼まれる匂いの仕事といったら、赤ん坊がハイチェアから落とした食べ物を見つけて片づけることくらいだ。そのうえ、彼らが住んでいる室内世界では、木のフローリングやカーペットの上に積もるその日の匂いは定期的に掃除機で吸い取られ（その頻度は一緒に住んでいる住人が埃をどれだけ我慢できるかによる）、鼻にとって無礼きわまる物質でごしごし磨かれる。この世界では、人の股間を嗅ぐのは顔をしかめられ、腕や口をペロッと舐めるのだって、やっと我慢してもらえるだけだ。衣服にしみこんだあの心をそそる素敵な一日の匂い――人びとの存在を思い出させる匂い――は、大きな、音をたてる奇妙な機械の中でぐるぐる回転し、熱処理され、何も心に思い出させるもののない「新鮮な」匂いに変えられて出てくる。ひどくついていない日には、人間が排泄する部屋（トイレつきバスルーム！）につれていかれ、ツルツルすべる桶に放りこまれてびしょ濡れにされ、タクシーの空気清浄剤のような匂いをつけられるのだ。

だが「散歩」の時間は別だ！　このとき匂いのシーンは変わる。大いなるアウトドアの世界では、地面の上に、そして風にも、刺激があふれている。通りすぎたもの、通りすぎていくもの。毎回、玄関のドアを開けるたびに、新しいシーンが到着する。さっき起こったこと、いま起こっていること、そして道の先で起こっているかもしれないことも少しだけ。犬は目を使わないわけではない。だがどう見てもわたしの犬たちの散歩は、視覚のランドマークから成り立ってはいない。建物から二、三歩出て歩道を右か左に曲がる前に、すでに犬の鼻は地面から一メートルほど上の気流のなかだ。ときどき高く上げて匂いを嗅ぎいれている。しばらく行くと、ローム質の土の植え枡がある。鉄のレールはその日通りすぎた犬たちのせいで汚れている。駐車した車の間から、道路工事現場の硫黄の匂いが漂ってくる。突然ガレージのドアが開いて、人の動きと空気の流れをもたらす。小鳥の群れがアパートから低い木の枝までせわしなく飛んでいく。歩道には鳥たちが落とした木の実がつぶれている——口から落としたのか、それとも尻からか。曲がり角にある建物の角では、ビル風が吹きあげる。下の大理石の階段の滑りやすい感触——ここは慎重に歩かなくては。前の晩、浮浪者が眠ったベンチには、ゴミと汚れた服の臭い匂いがこぼれている。

犬にとって匂いがどれほど中心的存在かに気づいたわたしは、犬たちと足並みをそろえて「匂いの散歩」をすることに決めた。この散歩では急ぐ必要はない。犬たちが気をそそられ、とほうもなく長いあいだ離れようとしないあの場所でも、わたしは我慢して、無理やりリードを引っ張ったりしない。他の犬の尻に興味津々でいても、苛々しない。逆にうれしいくらいだ。歩くのを急がせることもない。家に帰るときも、どこかに行くときも、どこへでも犬たちの鼻が導くところへ向かう。匂いの散歩では、行かなければならない場所などないし、何時までに戻らなければならないということもない。すべては犬たちがどのくらいの時間、またどのくらいの量、匂いを嗅げるかによって決められる。この散歩には、歩かない時間もたっぷり含まれる。立ったまま鼻を地面に埋めたり、あのメッセージを残した犬を見つけようと頭を動かさないまま鼻孔を回したり、鼻を空中高くに上げてごろんとさえすることも。

この匂いの散歩ルートは、人間が犬のために作りあげるルートやペースなどとはほとんど関係ない。多くの飼い主と同じように、わたしもまた犬の散歩に向かうときは、よく四角形のルートを取る――出発点から南東北西と角を曲がって効率的にもとに戻るのだ。人間の基準では、散歩にはタイムリミットがある――「仕事に出かけるまでね」、「ウンチとおしっこをすませるまでよ」、「(犬か人間のどちらかが)疲れるまでだよ」。犬の基準では、散歩は環境に決定されるほうがはるかに多い。コースは不規則だ。引き返したり、突然振り向いたり。いつまで続くか見当もつかない日も多い――そしてふいに目的地にたどりつく。

ここでわたしは思いついた――もし本当に犬の感覚的経験を把握したかったら、犬の散歩から始めるのが理にかなっている。もちろんこれまでも、わたしは犬と散歩仲間だった。犬が歩道や、道路のへりや、公園の小道にそって、匂いを嗅ぎながら歩くとき、飼い主は暗黙の――何も知らされていないにせよ——共犯者になっている。あとどんなことをすれば、犬たちが嗅ぐものをそれなりに経験できるのだろう？　犬を連れ出してちょっとそこらへんを歩かせれば、消火栓だの、夜のうちに落ちた木の枝だの、新築の建物の足場だのに、猛烈な興味をもつことに気づく。これまでに飼ったたくさんの犬たちとの、それこそ数えきれないほどの散歩のせいで、わたしは犬が何に興味をひかれるか、予想するのが上手になっていった。犬たちの鼻をたどればすぐにわかることだ。「あのフェンスの支柱はまだ濡れて間もないみたい」——わたしは自分がそう考えているのに気がつく。「あらら、あの葉っぱの山はかなり魅力的だわ」。もちろんこんなのは、犬の匂いの経験のなかでごくわずかにすぎない。犬が目をやる（ように見える）ものはどれも、鼻で嗅がれている。通行人、車のドアが開いて流れ出す空気、公園のベンチまわりの地面、そよ風に乗ってふわりと浮かび上がるビニール袋。ヘリコプターのようなカエデの種が飛んでくる。わたしはそれを見る。でも、あえて嗅いだりはしない。

「犬が嗅いでいるものを嗅いだことがあるかい？」鼻を使うのが上手になるにはどうしたらいいかと聞いたとき、エイヴリー・ギルバートがまず言ったのはこの言葉だった。「ものの匂いを嗅ぎたかったら、できるだけ地面近くにいかなくちゃ駄目だよ」と言ったのはスチュアート・ファイアスタインだ。「分子があるのはそこなんだから」。それはわたしも頭ではわかっていたが、ギルバートが言うように実践してはいなかった——「そこにかがんで匂いを嗅ぐんだよ」。

実際のところ、わたしたちはそのものがなんであれ、ふつうは匂いを嗅がない。そこでわたしは嗅ぐことに決めた。犬たちがするように、近所の匂いを嗅ぐのだ。

犬が嗅いでいるものを人間は嗅がない。その理由が、基本的には単純な自衛本能とサバイバルのせいだということは、わたしにもわかっていた。路面には、不快で、不潔で、とてつもなく臭い匂いがある。どうやら人間が強健で繁栄した生物であるらしいのは、そこらへんにある「食べられない」ものを食べないからだろう。だがこれについては、わたしは自分でも驚くほど心配していなかった。それよりも実行計画に思いをめぐらせた。どうやったら匂いにたどりつけるか？　まずはじめに、制限の多い二足歩行の体型のいくぶんかを捨て去る必要がある。直立であるために鼻が地面から遠くなり、匂いを嗅ぐのに邪魔だというのなら、よろしい、四足歩行でいこうじゃないか。わたしの犬が鼻を木の根っこに突っこもうとするなら、わたしも鼻を突っこむとしよう。もし草の中の見えないスポットにおおいに興味を引かれるようなら、わたしもつきあおう。もし道行く人のズボンの折り返しの中身を調べるなら、わたしもやってみるとしよう。その人が許してくれればだが。

わたしは固い決意のもとに出発した。涼しい夏の朝、フィネガン、アプトン、そしてわたしは、アパートの建物の階段から出発した。フィンはすぐさま、ツリーガードに向かった。ニューヨークシティの街路樹を保護しているおそまつな短い鉄製のフェンスだ。フィンがフェンスの端を調べる――壊れた時計の内部を診断する時計職人さながら念入りに。フェンスはどうやら最近濡らされたらしい。フィンがひと息入れ、わたしが代わった。わたしはひざまずかねばならなかった。不器用に、片手でリードの輪をにぎり、別の手でフェンスのレールをつかんで、そこにかがみこんだ。そう、とても近く――近すぎるくらいまで。フィンがそのスポットをくまなく調査したのに勇気づけられて、わたしはたっぷりと嗅いだ。強くて派手な匂いがわたしを打った。わたしはまた嗅いだ。

フムフム、尿ではないな。たんにフェンスのペンキからくるひんやりしたシンナーの匂いだ。頭を上げると、犬たちはかたわらに立ってわたしを眺めていた。丘をのぼってきたカップルが、大きくよけて通りすぎた。わたしはふいに、自分の姿が人にどう見られるかが気になった。わたしは立ち上がり、膝をはらい、フィンに引きずられて歩きはじめた。

「犬が自分の環境の匂いを嗅いでも、だれも疑いをはさまない」とケイト・マクリーンは言う。イギリス出身の自称「マルチ感覚」アーティストで、都市の匂いを追求している。わたしがツリーガードを嗅ぐのに、犬の資格証明をもっていなかったのは、わたしにとっても他のだれにとってもあまりにも明らかだった。あの短い「歩道嗅ぎ」遠征のあと、わたしは勇気をなくした。それでもやはり虚勢を張りたくて、わたしは勇者に従うことにした。この場合、勇者はマクリーンだ。彼女はそれぞれの都会で見つかる独自の匂いの雲を描き出そうと、勇敢に町の匂いを嗅ぐ旅を続けている。

このときマクリーンはニューヨークを訪問中で、ブルックリンのウィリアムズバーグで開かれる「スメルマッピング・プロジェクト」にわたしを招いてくれた。暖かい九月の夕方だった。歩道で待っていた彼女はつばの小さな黒い中折れ帽（フェドーラ）をかぶり、少し上気していた。ほっそりした美人で、顔には穏やかなほほえみが浮かんでいる。靴は、何マイルも「鼻歩き」をしたために、履き古されていた。イギリス式「ツアーコンダクター」よろしく、傘を手にして、彼女はまわりに集まった匂いに関心のある二〇人ほどの参加者に挨拶した。マルチメディア、写真、そして匂いの作品に関わっているアーティストたちもいたし、回顧録筆者やサイエンスライターもいた。あとは二、三人の興味をもった野次馬たち。そして「PCS（プロフェッショナル・チルドレンスクール）」の生徒もふたり参加していた。マクリーンによると、これからわたしたちのやることは、六ブロックか八ブロック歩きまわり、その間ただ匂いを嗅いで、気がついたことを記録するだけだという。

だが、事はそれほど簡単ではなかった。

「匂いといっても、たくさんの違った種類があることに注意して」と彼女は言った。「たとえば一時的な匂いというのがある。一瞬のうちにうつろっていく匂いのことね。通行人、喫煙場所からの隙間風、風に乗ってくるトラックの匂いとか。とくに曲がり角で多くなる。だから角に来たら立ち止まって、まわりの匂いを嗅ぐのよ」

漂ってくる匂いとは別に、停滞した匂いもある。材質の中に吸収されてしまった匂いだ。「だから壁を嗅ぎ、木や草にさわり、店には入ってみるの」。みんなの顔に微笑がゆっくり浮かぶのを眺めながら、彼女は言う。二、三人は眉を上げて視線を交わした。

また「匂いの空白」もある。これも同じように重要だと彼女は言う。わたしたちは匂いに慣れてしまうから、いつも注意して、自分がいま何も嗅いでいないことに気づかなくてはならない。匂いの感覚を取り戻すのにマクリーンが勧めるのは、自分自身の匂いを使うことだ。鼻を自分の皮膚に潜りこませれば、レセプター細胞は一瞬休止して再充電し、ふたたびまわりの匂いに注意を向け始める。

マクリーンはわたしたちにルートを記した手製の折りたたみ式地図を配る。地図には「ノーズポイント」が記されている。立ち止まって嗅ぐ場所である。そこに立って、高く、低く、間近に、そして深く、嗅ぐのだ。通りすぎてゆく匂いと、ずっとそこにある匂いを吸いこむ。各ポイントで五つの匂いを記録しなければならない。五つとは！　話を聞きながら、わたしは鼻から息を吸いこんでみた。何も匂わなかった。だがツアーが終わるまでに、わたしの走り書きのメモはページにあふれ、隅からはみだして、他のメモの下にもぐりこんでいるだろう――ちょうどわたしたちが追いかけている匂いのルートのように。

マクリーンは、世界中を旅しながら「スメルマッピング」をしている。アムステルダムからパムプロナ、グラスゴーからロード・アイランド州ニューポート、ミラノからエディンバラ、パリからシンガポール。どの町でも彼女は、歩いた者たちの記録を美しいマップに翻訳した。匂いのもとと広がりを記す彩色された地形図タイプのマップだ。色のついた点の流れは、移動する匂いを示している。彼女によれば、どんな都市にも背景となる特別な匂いがある。春のアムステルダムのそれは、「砂糖をまぶしたワッフルの粉っぽい甘さ」と運河の水だ。そしてどの都市にもそこにしかない特有の匂いがある。たとえばエディンバラのマップには、フィッシュ・アンド・チップスの匂いや醸造所から麦芽（モルト）の匂い、そして「小学校の男子用トイレ」の匂いが入っている。どうして彼女が小学校の男子用トイレの匂いを知っていたのかは、神のみぞ知る、だ。

以前ニューヨークに来たとき、マクリーンは、「この町で一番匂うブロック」をマップした。ロウアー・イースト・サイドのデランシーの南、アレン通りとエルドリッジ通りの間だ。町のこの部分は多様な歴史をもつ――一部は工場地帯、一部はみすぼらしい住宅地域だ。それが最近では何百万ドルもするコンドミニアムが林立し、地域の品質向上に取り組んでいる。それでも最終的な匂いのマップには、おがくず、カーオイル、塵芥（じんかい）、キャベツ、さらに干し魚と安物の香水の長い帯が描かれている。

地理学者のJ・ダグラス・ポーティアスは、マクリーンがマップしているような匂いの景観（ランドスケープ）を「スメルスケープ」と呼んだ。都市はそこがもつ匂いによって見分けがつくというのだ。焼きたてのバゲットが現代のパリを想起させるように、町の特徴的な匂いは通りで売られる食べ物やスパイス、町の通りを満たす海からの空気、さらにはおびただしい住民の廃棄物からやってくるのかもしれない。たしかに、何千年も前から有名無名を問わず、「スメルスケープ」は存在した。古代、寺院の建築家は、ミルクとサフランを漆喰に混ぜた。モスクは麝香（じゃこう）とローズウォーターを漆喰に練りこんで建てられた。雨に濡れ、あるいは太陽に温められると、建物は良い香りを発散した。多年にわたり、曜日によって決まった匂いがあった——洗濯物の暖かい濡れた匂い、シーツやテーブルクロスにかける熱いアイロン、「パンを焼く日の匂い」。

スメルスケープという考えは、近年都市デザイン分野で関心を集めている。推進している人びとは、町の住人の匂いの経験を大事にするとともに、さらにそれを高めようとしている。プログラムのいくつかは楽しくもまた風変わりである。オランダの歩行者用広場には、憩いと健康増進に役立つとされる植物が植わっている。日本の環境省は二〇〇一年から、全国の町から「かおり一〇〇選」を定め、その維持に努めている。国の歴史と文化と生活にとって、視覚的ランドマーク同様に重要なランドマークだ。そのなかには、「金華山に生息する鹿の匂い」、「張り子の人形の彩色に使われたにかわの匂いのする家」、「一望できる一〇万本の桃の花盛り」、そして日本で一番大きい都会にある「神田の古本屋街」などが含まれる。*

時代の趨勢（すうせい）がこのように匂いをデザインし、愛でる方向へと変わる前には、都市の匂いは長いあいだ人びとの不満と悩みのもとだった。大きな原因は、それがぞっとするほど不快な悪臭だったからである。

マンハッタンの通りがグリッド状にデザインされたのは、道を探すのが楽というだけでなく、匂いを通す目的があったからだ。どういうことかというと、匂いを出ていかせる必要があったからである。実際、たとえばパリやロンドンなどヨーロッパの都市の曲がりくねった狭い通りは、悪臭をはぐくむ温床になっていると広く見られていた。「パリは到着する五マイル〔約八キロメートル〕前から匂う」と言われた。イタリアの都市をとりまく空気は、ニンニクの匂いがしみこんでいた。一九世紀のパリについては「耐え難い」という描写がある。「ぞっとする」と言われたロンドンの町は、「排泄物、泥、腐りかけている動物、肉、野菜、そして血液がまき散らされて」いた。臭い匂いを出す鞣(なめ)し革工場や醸造所などが居住地域と接していた。ロンドンでもパリでも、「大悪臭」と言われる有名な事件が起きた。どちらも、当時広まってきていた下水道があふれたことが原因だった。**

川から川へ至るマンハッタンのグリッド状の街区が作られたのは、そうすれば匂いが町の通りを

---

*「パルプと紙の科学」誌に論文を発表している科学者や、「材料劣化」の研究者たちにとって、最近の研究トピックは、「古本の匂い」が解体されているという事実である。古本の匂いに、バニラ、マッシュルーム、ナイロン、そして酸っぱさを含んだ草のような匂いが重なっているようなのだ。古本の匂いは、文字どおり紙、インク、製本、糊の劣化である。したがって東京の古本屋街が今後一世紀のあいだ同じ匂いでありつづけるかどうかはわからない。

**当時（一八五〇年代）のロンドンでは、住民による生活排水と糞尿でいっぱいになった建物の下の汚水溜めは、直接テムズ川に運ばれ、ただちにそこに捨てられた。一見、これはうまくいったようだったが、暑く乾燥した六月になると、川の水は枯渇し、汚水が川を占拠した。川は、「熟成され」て「強烈な刺激臭のピーク」に達し、暑熱がやわらぐまでの二週間、これが続いた。

巡って海に出ていくだろうという考えからだった。市の委員会は、これが「この都市の健康を増進」するものだとし、報告書のなかで「遮るもののない」とか「循環」といった言葉を誇らしげに使っている。

グリッドのデザインは町から匂いを取り除かなかった。そしてこの場合の「匂い」とは、ほとんどが「有害な、ぞっとする匂い」だった。一九世紀半ばのニューヨークの状態を考えてみよう。当時の主要な輸送手段だった馬は、あたりかまわず道路にたっぷりと糞を落とした。馬が倒れて死ぬと、そのまま放置されることもよくあった。窓からは予告もなしに寝室用便器の中身が降ってきた。ミアズマ（瘴気）への恐怖は激しかった。これは地面から発生する悪い気体のことで、コレラの伝染を引き起こすとして恐れられたのである。状況のひどさに、政府は「悪臭委員会」を召集し、鼻（たち）を使って悪臭のもとをつきとめる仕事にとりかかった。

悪臭によって汚染されるという考え方は、今もまだほんの少しだが残っている。まるで悪臭によって病気が運ばれるかのように、臭い匂いのする人を怖がって避けたりする傾向にそれが見られる。信じられなくなってから久しいものの、この不安は何百年か前に悪臭除去プロジェクトが始まったころに端を発する。とくに通りや歩道はミアズマの放出を抑えるために舗装された。臭い蒸気がにじみ出る壁は漆喰で覆われた。塗料用溶剤（わずかにバナナの匂い）や洗浄剤（石けんの匂い）をしみ出させる工場は、居住エリアから遠くに移動させられた。

現代の都市では馬もいないし、室内用便器の中身も降ってこないが、それでも町の居住者と物の匂いはする。通りを歩きながら気をつけていれば、開いた店のドアから出る匂いに気づくだろう。

内部で暖められ、客の出入りにともなってぱっと放出される匂いの流れだ。人びとは香水の匂いをまとい、香水をつけていない人は体の匂いを発散する。それにしても、アメリカの都会を何キロ歩きまわっても何ひとつ特別な匂いを嗅がないことがある。都市のすさまじい悪臭に対して、人びとが出した答えのひとつは、匂いを完全になくしてしまうか（脱臭という表現が暗示するように）、あるいは覆ってしまうことだった。至る所にあるチェーンストアが都市を均質化しており、ブランド化された匂い環境ビジネスが人気を集め、どの店も「車のショールーム」や「高級ホテル」などを思わせる匂いをまき散らす。その結果、都市からはその特徴的な匂いが消え失せていく。万が一パリからパン屋とゴロワーズのタバコのような匂いが消え、バンクーバーが海水のしぶきのような匂いをなくし、ミッドタウン・ニューヨークから腐ったゴミの収集車や食べ物の屋台の匂いがなくなったら、その町のいくぶんかは消え失せたことになる。

　イギリスの都市プランナーでデザイナーでもあるヴィクトリア・ヘンショーは、現在残っているスメルスケープの特徴をとらえること――そしておそらく記念に残すこと――を始めた人物である。都市の「サウンドウォーク（音の散歩）」というのは、都市の探索者が背景として都市の音を聞くのではなく、積極的に耳を傾けるというものだが、ヘンショーは匂いにまでその概念を広げようとする。受け身のようにたまたま匂いを嗅ぐのではなく、積極的に、そして意図的に、匂いを探るのである。大変な労力をともなうヘンショーの初期の研究から出発して、マクリーンは自分の鼻だけでなく他の人びとの鼻も使っている。

　ウィリアムズバーグの路上で、わたしたちはなかなか踏み出せずにいた。マクリーンは奮い立たせようと、用意してあった資料にわたしたちの注意を向けた。水分を補給すること、とそこには書いてあった。隠れた隅を見つけること。恥ずかしがらないこと。そして最後に、「公衆の面前で匂いを嗅ぐのは完全に法にかなっています」と付け加えてあった。

これは書く必要があると、彼女は思ったわけだ。それだけこのツアーが常軌を逸しているということなのだろう。

わたしたちはぶらぶらと歩きだした。だいたいは目的をもって足早に歩くニューヨークシティの歩行者にまじって、わたしたちのグループはなにかぼんやりと、まごついているように見えたはずだ。これが空気を嗅いでいる人間の特徴なのだろう。目は遠くのほうを見つめ、焦点が合っていない。頭はかしげるか、上げている。顔に浮かぶ表情は、「オーブンをつけっぱなしじゃなかったかな?」から、「昨日の晩見た夢ひどかったなあ——ズボンをはかないで運転してたっけ……」といったものまで、さまざまだ。通行人はわたしたちをよけて歩いていく。

最初の「ノーズポイント」で、わたしたちは立ち止まった。まさに鼻をズームオンする対象を嗅ぎまわっている挙動不審者の一団である。歩道の縁石を踏んだときに、最初の匂いの風がわたしの鼻をとらえた。つんとくる「清潔であって清潔でない」匂い。暖かい、モップでこすった歩道——汚物とたたかっている塩素だ。道の反対側で、屋台のトラックが、間違いようのないタコシェルチップスの匂いを発散させていた。フライドコーンと使用済みの油の匂い。夕暮れどきの今、町は暖かかった。暖かい日はたくさんの匂いが出てくる。熱い食べ物が冷たい食べ物よりよく匂うように、夏の日は冬の日よりも多くの匂いがする。暖かいとたくさんの物質が揮発しやすくなり、空中に浮遊する。匂いは浮かびあがって、嗅いでいる鼻に出会うのだ。

グループはなんとなくまとまり始めた。縁石のわきや建物のそばにかわるがわる立ち止まって匂いを嗅ぎ、メモをとる。つぎの通りに行くまでには、わたしたちの動きにはほとんど筋書きができていた。ふたり一組で群れを作り、その場所のランドマーク——街路樹、外に置かれたベンチ、換気扇——に集まり、そしていっせいに鼻を空気のなかに突っこむ。仲間の行動を見るのも、どこを嗅ぐか知るための手がかりとなる。マクリーンとともにイギリスからきた写真家のサム・ヴェイルが、軽食を売る店の前のベンチの下にかがみこんだ。わたしは彼の鼻に従った。歩道ではウィートグラス（小麦若葉）の匂いが幅を利かせていた（出どころはジュースショップ）。だがベンチの高さからだと、その葉っぱの髄の匂いは換気扇から漏れてくるはっきりした葉タマネギの匂いと混ざりあっていた。「すてきな匂いだ！」彼は微笑した。

わたしたちは夢中になった。わたしは木の根もとを嗅いだ。尿の匂いだ。通りすぎる人びとは芳香のカオスをもたらす。整髪料、ローション、香水。テイクアウトのバッグを持った人のあとからは揚げ物の匂いがついてくる。「他の感覚を使って導いてもらうのよ」。またマクリーンが言った。わたしは木の葉に触れ、つぶしてみる（フレッシュで快い匂い）。水滴をしたたらせるエアコンの室外機の音を聞き（湿っぽい地下室の匂い）、洗い終わったタオルが勢いよく振られてパタパタ空気をたたくときの音に耳をすませた（ドライヤーシートの匂い）。歩道で見つかったすべての新しい、あるいは変わったものが、興味をかき立てた。建築現場の仮フェンスにはのぞき穴があった（埃、コーキング剤、そして暖かい煉瓦の匂い）。フェンスの上にはポスターが貼られている（新しい紙と糊の匂い)。いつもだったら引き返すような場所にも、わたしは近寄っていった。ほんの一瞬ためらったあと、ゴミ箱の上の匂いの空間に頭を突っこむ。甘い匂いがした――実体のある匂いだ。噛み終わったミントガムの残骸の匂いが鼻を直撃した。いつもならむかむかするようなものが、今は町の情報のひとつに変わっていた。

ヴァージニア・ウルフは、エリザベス・ブラウニングの愛犬のコッカー・スパニエル、フラッシュの伝記を書いているが、そこでこのスメルウォーキングを文章の形でやってのけた。フラッシュはフィレンツェの通りにぶらぶら入りこみ、「さまざまな匂いが炸裂するのを楽しむ」――「荒々しい匂い、なめらかな匂い、暗い匂い、金色の匂い」。真鍮(しんちゅう)が打ち延ばされ、パンが焼かれ、髪が櫛(くし)けずられ、布が打たれ、そして男たちが唾を吐いているのを、フラッシュは嗅ぐ。

排水溝のまわりにたたずんで、巻き上がる空気をとらえようとしたとき、わたしはフラッシュが下水の「気が遠くなるような匂い」をつきとめたのを思い出した。気が遠くなるどころか、それはわたしを強打した。サルサ〔スペイン料理の調味料〕の匂いだったのだろうか? 鋭い匂いがわたしたちの鼻をつらぬいた。「中華料理」という声が上がった。写真家のヴェイルが排水溝にかがみこんだ。首を伸ばし、きょろきょろ頭を動かしている。まるで生まれたての動物の赤ん坊がよろよろと母親を探しているみたいだ。一瞬ののち、彼はただ一言、「ニンニク」と言った。みんな、いっせいに賛嘆のつぶやきをもらした。わたしたちにとって、排水溝から立ちのぼるニンニクの匂いを嗅ぎたいかどうかという問題よりも、それを見分けたという満足感のほうがはるかに大きかった。

夜のとばりが落ち始めた。すでに何時間も歩いていた。わたしたちはレストランから追い払われた。この一団が外の食べ物をあさってきたことくらい、離れたところからでもはっきりわかったのである。ツアーの最後のノーズスポットには、飾り気のない煉瓦の建物が立っていた。高い窓にかかっている古ぼけたネオンサインはバーの宣伝だ。たぶんよくある暗い、気の抜けたビールのような匂いのするバーだろう。だがわたしの鼻がとらえたのは、気の抜けたビールではなくて、ひどく楽しげな香ばしい匂いだった。その匂いは、目に見えない小さな空気の雲のなかに懸かっていた。それをとらえようとして、わたしは爪先で立ち、頭をもたげて鼻を上げた。歩道から足を踏み出したとき、それは何かもっと暗くて灰色の、ワックスのようなものの雲にとってかわった。この匂いの出どころはどこだ。わたしはすばやく見まわした。通行人のだれかが食べ物のプレートを持って歩いているのだろう。だが近くにそんな人はいなかった。「ちょっときてみて。つかまえたい匂いがあるのよ」――わたしは近くにいた優秀なスメルキャッチャーに合図した。彼はすぐにやってくると、歩道の端でわたしと向きあって立ち、一緒に嗅いだ。ガソリン？　タール？　違うな。それから彼は歩道から降りて、通りに駐車している車の真ん前にいくと、前屈みになって頭をラジエーターグリルにぴったりつけた。正面から車に頭をぶつけて脳振盪（のうしんとう）でも起こしたい人におすすめの場所だ。わたしも嗅ぎにいった。暖かい空気が顔に挨拶した。車だ。そう、少し前から駐車していたSUV。スモーキーな、ワックスのような匂いが、エンジンから立ちのぼっていた。おいしそうな匂いだ。

なぜおいしそうな匂いに思えたのだろう？　じつを言うと、積極的に匂いを探しても見つかる匂いは……あまりないのだ。匂いをとらえようと、心（と鼻）を開くだけでは、現実に何かを嗅ぐところまでいかない。しかも積極的に嗅ぐというのは、ひどく疲れる運動なのだ。たとえば今からかっきり三〇秒間、匂いを嗅ごうと努力してみようか。よし、終わったかな？　たぶん、途中でやめてしまったか、あるいはやめたいと思ったかのどちらかだろう。そのうえ、おそらく何の匂いにも気づかなかったことだろう。

したがって、とりあえず匂いをとらえること自体、気分のよいものなのである。だがここで、またもや見えてくるのが、人間と匂いとのお粗末な関係である。英語では、匂いを表す言葉のほとんどは、その出どころの名前だ。ソムリエや調香師ならば、さっきわたしが嗅いだ匂いを表すための語彙をもっているかもしれないが、ほとんどの人にとって別の何かが必要だ。その匂いに名前をつける――匂いを知る――ために、わたしたちはその匂いがどこからきたのか知りたいと思う。名前と出どころが同じでなかったら、満足のいくように解決しなくてはならない。マクリーンはだれかに、パリの町は全体にハチミツの香りがあるようだと言われたのを覚えている。別に養蜂が盛んな町でもないのに、なぜその香りがするのか？　彼女はその出どころをつきとめた。それはミツバチの巣でもなければ、それを欲しがるクマのプーさんでもなかった。その匂いの出どころは、寄せ木の床の多いこの町でよく使われている床磨き材だった。

昆虫学者がカブトムシを台紙にピン留めする。ここではカブトムシではなくて匂いだが、もしその匂いがピン留めする前に迷い出てしまったら、わたしたちの落胆ぶりは大変なものだ。匂いの出どころと名前がつきとめられたとき、はじめてその匂いは本当に見つけられ、とらえられ、収集されたと感じられる。車のグリルがおいしそうに匂ったのは、それが熱い金属の上の熱いオイルだと知ったからだ。わたしはその匂いに気づいていた。だが、その匂いの出どころが切ったばかりのエンジンだと知ったときにはじめて、それは確信となったのである。

気をとりなおしてわたしは、車の流れが一瞬とぎれた通りに足を踏みだした。またまたおいしそうな匂いがする――まだつかまえていない匂いだ。広い交差点の向こう側、バーから対角線の位置に店があり、夕方の薄暗い路上に明るい光を投げかけている。赤い縁取りのあるガラスのドアが開け放たれて、交差点に面していた。そうか、ここが匂いの出どころか。ベーカリーだ。出どころがわかったからには、当たり前すぎる匂いだ。ベーカリーからはカラメルとバターの匂いが発散していた。通りすぎる車がその匂いを散り散りにしていたが、それでもいくらかの匂いは生き残って、通りをうねうねと横ぎり、爪先立ちで立っているわたしの鼻先までやってきた。「わたし、あそこに行かなくちゃ」。グループのひとりが、漂ってきた匂いをとらえて明かりのほうに突進していった。わたしは行かなかった。わたしは出どころを手に入れた。その瞬間の喜びは何ものにも代えがたかった。

ツアーの最後に、わたしたちは感覚を変える試みをやった。マクリーンは塗料の色を選ぶための色見本帳を取り出し、各自見つけた匂いを色で表現するとしたらどんな色にするか尋ねた。わたしは、あの最初の匂い――洗った歩道の塩素――の色として、Pantone 1245Cを選んだ。少し緑がかった、あまり綺麗（きれい）でない黄褐色だ。「みんないつも黄緑色を選ぶのよ」と彼女は言った。だが別のひとりはカラメルの匂いに栗色をあてた。仲間と一緒に見つけたウィートグラスは明るいミント色がぴったりだ。ニンニクとタルマック（タールの補修剤）は灰紫である。ギルバートらは、色の名前と匂いの間につながりがあるのを発見している。バナナやライムのようにその匂いの出どころがはっきりした色をもたなくても、匂いと色の間には対応が見られる。ある研究では、麝香（ジャコウネコの肛門嚢からの匂いを人工的に作り出したもので、香水に使われる）ははっきりと「茶色」に感じられたし、もうひとつ、これまた人気のある香水に使われるベルガモットオイルはきわめて多くの場合、「黄色」と見られた。

帰宅するために、わたしは近くのベッドフォード・アベニュー駅の地下に入る階段に向かった。驚いたことに、入口に着く前でさえ、わたしはそこの匂いを嗅ぐことができた。もちろんいつだって地下鉄は匂っている。だがその匂いが手を伸ばしてわたしの意識をつかんだことは、これまで一度もなかった。わたしは階段をゆっくり降りていった。若さの匂い（濡れたシャンプーの匂いが、ティーンエジャーの子の体臭と混ざりあっている）、そして腐敗の匂い（蓄積された泥と水の下で、朽ちかけた壁が匂っている）。わたしは微笑んだ。

人が腐敗の匂いに気づいて微笑する場合、ふたつの可能性が考えられる。その人にきわめて変なことが起きているか、それとも本人と匂いの関係が変化したかのどちらかだ。このスメルウォークは、わたしたちを変え始めていた。匂いは避けたり、はねつけたりするものではなく、気づかれ、集められ、考慮されるべきものとなった。夏の地下鉄の根強い悪臭はたしかにひどい。だがときとして、ある匂いがひどいと感じるのは、場面と匂いが合っていないためだ。ゆで卵の匂いが漂う教室、トイレクリーナーが匂うレストラン。そして今、ふいに地下鉄の匂いは、ニンニクや車のグリルと同じように正直なものとして感じられるようになった。本来予想される地下鉄の匂いだ。本当に不愉快なのはそぐわない匂いである。場所のもつ本来のイメージと一致しない匂い。わたしたちにとってお馴染みの感覚は、意識というより経験から生まれるほうが多い。わたしたちは自分の家のもつ「音」を知っている。だからもしそれが「静かすぎる」ときは気がつくはずだ。野球の試合ではどんな音がするかも知っている。だからもしそれがゴルフのような音だったら不安になるにちがいない。見た目と味は合っていなくてはならない。だからこそ、オレンジジュースは紫では駄目で、あくまでオレンジ色でなくてはならないし、見かけと違うフレーバーの食べ物（バブルガム味チョコレート）はどれも、不快なのだ。

匂いも同じである。二〇〇五年、ニューヨークシティ全域がメープルシロップの匂いに見舞われたとき、住人たちは怒った。本来「メープルシロップ」はここの住民たちがもっとも好む匂いのひとつのはずだ。だが彼らの圧倒的な反応は恐怖だった。その匂いは、都会のジャングルではまったく理解を超えたものだった。やがてこれが、冬の冷たい夜と暖かい空気の「蓋」が、風に乗ってきた匂いを地表近くに閉じこめたために引き起こされたためだとわかり、出どころとして川向こうのニュージャージーにあるフレーバーメーカーがつきとめられると、住民たちは心置きなくその匂いを楽しんだのである。

少し歩いて考えたあと、ドミニックはグランヴィルの町を嗅ぎまわることにした。はじめて訪ねる町ではいつもそうするのだ。彼は大通りや路地をあちこちと走りまわり、いろいろな柱や、街灯や、建物の土台石や、木に体をこすりつけ、住民と町の歴史について聞いてみた――どんな動物たちがそれぞれ何匹くらいずつ住んでいるのか、赤ん坊の生まれる割合はどのくらいか、町が作られたのはいつか、だれが作ったのか、そしてなぜ作ったのか——。彼は町の一番古くて目立つ建物（ランドマーク）をいくつか見上げ、注意深くその匂いを嗅ぎ、それぞれの季節でどんな気候なのかを尋ねた。学校の先生の給料はいくらか、そしてミカンの値段がいくらなのかも……

——ウィリアム・スタイグ『ドミニック』

地下鉄の駅から家まで五分。歩きながらわたしは地下室の乾燥機から出る空気の渦をとらえた。肉のグリルを売っている屋台トラック。だれかが薪（まき）に丸鋸（まるのこ）を当てている。どこからともなく漂ってくる尿の匂い。通行人がすれ違いざまにタバコの煙を吐く。開いた窓から匂ってくるカレー。ジョギングする人の汗だらけの足からはメントールの匂い。言ってみれば、これがわたしの住むブロックの匂いなのだ。ある心理学の研究では、大学生たちに目隠ししたまま、匂い別に碁盤目状に分けた部屋のなかで目的地を見つけるよう指示したところ、全員無事、匂いだけを使ってたどりついたという結果が出た。わたしもまた、匂いだけで家に帰れるだろうか?

わたしが長い間一緒に暮らして、とてもとても愛していた犬のパンパーニッケルは一度、カリフォルニアの海岸沿いの町にあったわたしの家から迷い出たことがあった。夜遅くわたしが家に戻ると、玄関が開け放たれて、明かりが煌々（こうこう）ともれていた。家はひどく静かだった。明らかにパンプはドアを開け（かんぬき式施錠（デッドボルト）が一般的になる前の時代だった）、そして出ていったのだ。わたしは通りを走りまわって彼女の名を呼んだ。高まるパニックを抑えて、わたしは行動計画を練った。いつも歩く散歩のルートをたどるとしよう。町でドッグフードの店をやっている友だちに電話をかけ、わたしが車で探しているあいだ家にいてくれるように頼む。完全に好き勝手にさせてもらえたら、パンプはどこに行くだろうか。想像するのは難しかった。わたしは手も足も出なかった。

二〇分後、友人たちが車でわたしの家に到着すると、パンプが彼らのピックアップトラックから跳びだした。大喜びで跳びつく犬をかわしながら、わたしはどうやって見つけたのか訊ねた。ここにくる途中で自分たちの店に寄ったのだという。店の前にはパンプがすわって、店が開くのを待っていた。

それまで散歩のあいだ、わたしたちはその店に何度も寄ったものだ。家から二キロも離れていない。だがいつも同じルートで行くわけではない。いろいろな方向からそこに立ち寄るのだ。どうやってパンプはそこに着いたのだろう？　ユーカリの木のところで右に折れ、海に向かって進み、それからベーグルの店のところで左に折れたのか？　それとも直線コースをとったのか？　裏庭を横ぎり、裏通りを走り抜けて？　彼女は方角を嗅いだのだろうか？

自分の住むブロックの匂いのなかを歩きながら、わたしはパンプの嗅覚によるナビゲーションについて考えた。わたしたちにとって、だいたいの場合、匂いは曖昧に感じられるけれども、じつはそれぞれの匂いには個性がある。まさにランドマークになれるほどだ。船乗りは匂いを航海に役立たせる。「老練な船乗りは、霧、雨、風、そして雪の匂いを嗅ぐことができると言われる。凪(な)いでいて変わりやすい天候のとき、とくに岸近くでは、知識の豊富な船乗りはそよ風を嗅ぎあてて船を進ませる。匂いの違いを知ればだいたいのところはわかるのだ。沖からの湿り気は、海風や霧の到来を物語るし、刈ったばかりの干し草や干潟、あるいは豚小屋の香りは、最初のさざなみが見られる前に、風が陸から吹いてくることを警告する」。何百キロも離れたところから家に戻る鳩のスキルは、嗅覚を含め、さまざまな感覚をミックスして作られたもののようだ。犬も同じである。第一次世界大戦中、イギリス軍は前線の塹壕と野営地の連絡をするのに、犬を伝令使（メッセンジャー）として使った。彼らはおそらく、地域全体の匂いと自分の家（とされているもの）の匂いをもとに、いくつかのナビゲーション技術を組み合わせて道を見つけたのだろう。

わたしはカレーの匂いのところで左に折れ、階段を駆け上がり、家に戻った。家と前線を往復した最初の経験だった。

5　顔の真ん中の鼻のように明白

ウェスト・フィラデルフィアにあるモネル・ケミカル・センシズ・センターのビルは、まず間違えることはない。正面ドアのわきの壁から飛びだしているのは、巨大な金色の鼻である。いくら味覚と嗅覚を研究するセンターだとしても、大胆としか言いようがない。わたしたちの顔の真ん中にある皮膚と軟骨からなる三角のものは、あまねく賛嘆されているとは言えない。嗅覚の研究者と話すためにモネルを訪ねたわたしは、その鼻のところで立ち止まり、しばらく眺めていた。鼻というのはなんて奇妙なのだろう。鼻がなければ間の抜けた顔に見えるけれども、それがあ・っ・て・もかなり馬鹿げて見える。わたしたち人間は目を見つめ、口にはキスをし、食べ物を詰めこむのが大好きなくせに、その目と口の間にある器官を無視している。いや、まったく無視しているわけでもない。鼻の骨を折る。鼻の形成手術をする。鼻をほじる。鼻に日焼け止めを塗る。歩くときは顔の先頭に立ち、眠るときは寝室をいびきで満たす。

だがそれは特別可愛くもなく、だいたいにおいて愛されているわけでもない。子供が鼻の絵を描けば7の数字をさかさまにするだけだし、それで十分だ。それは顔の中の継子（ままこ）だ――もっと評価の高い解剖学的パーツの間にあって、見すごされるスペースなのだ。

これほど目立っている顔の造作でありながら、しかもまたそれを使った警句がたくさんあるにもかかわらず、鼻は驚くほどわたしたちにとって馴染みがない。ときにはキュートな上を向いた鼻にみとれたり、とてつもないだんご鼻をじろじろ見るかもしれない。春の花粉襲来とともに副鼻腔炎に悩むかもしれない。たしかに家のドアを開けたとたん、夕食の匂いに迎えられるのは楽しいものだし、逆に衛生局の車から流れてくる下水の匂いに苛々することもある。

英語には鼻を表す言い方がたくさんあるが、その匂い箱で嗅いだあと起こることについての知識は甚だ不足している。ほとんどの人は、自分たちの世界がもつ匂いについて知らないし、鼻が匂いをどのように取り入れるのかについても知らない。人間の脳の匂いシステムについてはもっと知らない。驚いたことに、科学者も同じように感じている。基本的に「人間の匂い」を研究しているモネルの研究グループのひとり、ジョージ・プレッティによれば、この分野は比較的手つかずなのだと言う――「どういうわけか、化学者はこれまでこの分野に取り組んでこなかったんだ」。同じ嗅覚研究者のレスリー・ヴォスホール博士もまた、これまで科学的に解明されたものは、それこそ「鼻をちょっと突っこんだくらい」わずかだと言う。「基本は簡単なのよ」と彼女はわたしに言った。「そこからが難問なの。これ［嗅覚の機能］については**手も足も出ない**」

「嗅覚についてわかっている人なんていないよ」。わたしがこれまでの四〇年とちょっとの人生で、あまり嗅ぐことに関心がなかったと告白したとき、スチュアート・ファイアスタインはこう慰めてくれた。わかっていないのは一般の人だけでなく、生物学者も、また自分のような嗅覚神経の研究者もそうだと彼は言う。人間の嗅覚はこれまで科学が立ち入っていない最後の感覚システムのひとつだった。それにくらべてはるかに人気があるのは視覚である――どれほど人間は目を愛し、讃えることだろう！　視覚に次ぐのが聴覚と味覚である――嗅覚の出番はまだまだ。だが、嗅覚というテーマは研究に値する。人間、犬、サメ、そしてモグラに鼻があるのは偶然でもなんでもない。鼻は、わたしたちが匂いを嗅ぐための特別な細胞を宿している――そして嗅ぐことは、世界についてより多くを見いだすための進化した戦略なのだ。

匂いを嗅ぐという行為は、大昔の単細胞の原核生物もやっていた。そのおかげで毒のあるものを避け、利益のあるものに向かうことができたのだ。今日、海でも空でも陸でも、ほとんどの生きものはなんらかの方法で匂いを嗅ぐことができる。* 匂いを嗅ぐというのは化学感覚、つまり化学物質（ケミカル）の検知である。そしてわたしたちはケミカルの世界に生きている。** そうであれば鼻はケミカルを「見る」ための器官であり、どれを追求し、どれを避けるかを区別するためのものなのだ。「生物学上の鼻は」とファイアスタインは書いている――「地球上でもっともすぐれたケミカル検知器であ

*クジラ目ははっきりした例外である。たとえばイルカには「鼻」はあるが、嗅球はない。

**天然の産物と人造あるいは人工の産物が区別されている現代において、注意すべきなのは、ケミカルという言葉がそのすべてを含むということだ。自然界のあらゆる産物は化学反応によって作られている。

る」。だが同時に彼は、嗅覚システムが「おそらく、進化が行う他のすべてのことと同じように、少し寄せ集めの性格をもつ」とも認めている。いくつかのシステムが鼻の中や周辺に全部放り出されており、多少なりとも同じことをやっているのだ——少しずつ違ったやり方で。

　匂いに関して、人間は問題を抱えている。匂いを使うことが少ないというのもそのひとつだ（他の多くの動物とくらべてごくわずかである）。人間も含め類人猿は、高度の嗅覚をもつ犬と比べて嗅覚不全だと考えられている*——匂いを嗅ぐ力が「弱い」ということだ（おそらく不当な評価である）。もうひとつは匂いについてのわたしたちの文化的感受性だ（人工的な匂いの「エアフレッシュナー」が皮肉だとも異常だとも考えられていない文化である）。感覚のなかで一番失ってもいいと人びとが思うもの、それは確実に嗅覚だろう。だがそれだけではない。わたしたちが嗅覚に反感をもつ根本的な理由は、匂いについての大きな誤解にある。わたしたちは匂いに不信感を抱く。見えない何かが鼻の中に入ってくるというのは、最悪の場合おぞましい感じだし、良く言っても異常と感じられる。わたしたちはあらゆる種類の食べ物を気軽に口の中に放りこむ。湯気の立っているもの、汁がたれているもの、そして奇妙な色がついているもの。だが鼻の中に入ってくる匂いに対しては、ときに当惑したり、警戒したり、あるいは嫌悪したりする。

　なぜなのか。理由のいくらかは、匂いが見えないことにある。わたしたちが自分から匂いを探すようなことはめったにない。たいていの場合、匂いは気がつかないうちにわたしたちのほうにやってくる。匂いとは実のところ何なのかもはっきりしていない。匂いとは何か。それは分子であり、空気中に漂っている。世界は分子からなっているから、匂いはほとんどあらゆるものからやってくる。気体、液体、あるいは固体（これもまた絶えず分子の靄（もや）を空気中に放出している）**。生物学者の定義によれば、匂いとは「小さな、低分子量の有機分子」だ。これらの分子はまたある程度揮発性をもっていなければならない。空気中に蒸発し、鼻にとらえられ、嗅覚細胞を気持ちよく刺激するためだ。何かを嗅ぐとき、わたしたちは現実にそれをある程度摂取している。分子は鼻の粘液層に吸収されているからだ。そんなわけで、嗅覚は視覚や聴覚など、それほど不安にならないですむ他の感覚とは違っている。見るもの（目の中に反射する光を通して）は、そこに残ったままだ。聞くもの（外耳道を打つ振動を通じて）は、耳の部分で終わる。感じるものは皮膚にもぐりこまず、かすめるだけだ。だが嗅覚の場合、匂いを出すものは少しだけわたしたちの体の中に入ってくる。

わたしたちおとなはほとんどが、匂いとはたまたま訪れるものであって、それもとても良い匂いか、悪い匂いかのどちらかしかないと見ている。嗅覚に対するわたしたちの無関心と闘っている神経生物学者たちは言う。「人間の嗅覚の中心軸は、匂いの快さに置かれる」——匂いが好きか嫌いか

＊たとえそうであっても、いくらかのヒト以外の霊長類は、脂肪族化合物の酢酸エチルの果物の匂いを、犬より少量でも検知できる。食肉動物を祖先にもつ犬にくらべて、果実食の——あるいは少なくとも果物が好きな——霊長類にとってはうなずける話だ（霊長類の動物たちが天狗にならないように言っておくが、インドゾウもまた果物の脂肪族化合物の匂い物質をとてもよく検知する）。

＊＊例外はある。たとえば金属は匂いをもたない。「お日様の匂い」が太陽そのものの匂いではなく、太陽によって暖められた物たちの匂いであるように、「金属の匂い」——手で触ったあとの鉄柵、手のひらの一ペンス銅貨——は実際には、わたしたち自身の汗に反応した金属の匂いであり、金属そのものの匂いではない。事実、これを発見した研究者たちは、金属の匂いを、「典型的な人間の体臭」だと述べている。

ということだ。無知な大衆ばかりでない。「世界最高とされる詩人たちでさえ」とヴァージニア・ウルフは書いた。「一方でバラの花を、他方で糞の匂いを嗅いだだけだ。その間に存在する無数の匂いのグラデーションは記録されていない」。フロイトは、おおむね「とても悪い（匂い）」のサイドから論を進め、人間の嗅覚の弱化を合理的な精神の出現と同一視する。「嗅覚の抑圧」は——と彼は主張した——「文明の要素である」。視界は情報である。匂いは判断の対象だ。「匂いがする」とは「臭い」ということにほかならない。わたしたちは、自分自身の社会的グループにふさわしい匂いのする人びとを好み、「臭い」人びとを嫌悪する。ジム・ドロブニックは、その著『匂い文化読本（*The Smell Culture Reader*）』でこう書いている。「臭いとは、不快の同義語である」

わたしたちは誰ひとり初めからこんな単彩の匂いを嗅いでいたわけではない。人間は匂いを嗅ぐ生きものとして生まれてくる。初期の発達段階で、鼻の化学センサーは、他のどの感覚システムよりも先に出現する。そもそもの最初からわたしたちは匂いと接触してきた——胎児のときは母親が食べたものの匂いを運ぶ液体の中にいる。生まれた時点では嗅覚神経は完全だ。母親の乳首とそれが約束する母乳の匂いを探すのに都合がよいからだ。乳首のまわりの小さな腺が、赤ん坊の鼻に信号を送る。

生まれて最初の数時間、そしてその後の何日か、わたしたちはちっぽけな、けれども嗅覚のすぐれた動物として、視覚よりも鼻を使って探索している。新生児は親から出る匂いの雲を通じて、相手を認める。視力はまだぼんやりしていて、はっきり見ることはできない。子供の安心毛布にしても、お気に入りのモシャモシャした片目のテディベアにしても、あんなに愛されるのはそれがもつ匂いのせいなのだ。洗ったが最後、それは変わってしまい、ときには嫌がられてしまう。おとなが震え上がるような匂いでも、子供の反応はあいまいだ。腐ったミルクやおならの匂いは、嫌なものとして学習する必要がある。赤ん坊は「スカンク」が悪い匂いだとは知らないし、「花」が素敵だということも知らない。

それにしても、これを読んでいるあなたは、今日何を嗅いだだろう？　もしかしたら、何も嗅いでいないかもしれない。何か嗅いだとしても、自発的に嗅いだわけではなかっただろう。家に入ったときの焼けたパンの匂い。昨日湖に行った帰りの車に充満したままのびしょ濡れの犬の匂い。だれかに向かって今日何の匂いを嗅いだかと尋ねると、しばしば探るような目つきが返ってくる。わたしたちはおとなになるまでに、匂いが発見の手段として発達したことをほとんど忘れてしまっている。わたしたちの祖先もそうだが、ほとんどの動物は、なんらかの目的のために匂いを使った。交配相手を見つけるため、おいしくて栄養のある食べ物を見つけるため、捕食者に気づかれる前にこちらが気づくため。もちろんわたしたちは、今に至るまでこのような重要な情報収集を、まったくおろそかにしてきたわけではない。だが、わたしたちは人を嗅ぐかわりにシャンプーを嗅ぐ。食べ物を野生の森で見つけるかわりに、わたしたちの鼻はシナモンロールやピザ屋を嗅ぎつける。危険は嗅ぎつけないかもしれないが、鼻をつくタバコの匂いは知っているし、天然ガスに添加された匂い（腐った卵のようなメルカプタン化合物）にも気づく。

匂いをその正当な地位に戻すためには、シンプルな三段階のプロセスが必要だ。第一の段階は、匂いに気づくことである。匂いを嗅ぎ、鼻の温かい粘膜の中に落ち着かせ、受容細胞に抱きよせなければならない。第二には、その匂いを他の匂いから区別しなくてはならない。その違いに気づき、それを記憶するのだ。そして最後の段階は、その匂いに名前をつけ、その出どころをつきとめるのである。

まずは鼻について、はっきりさせようではないか。

鼻

鼻のある動物の種類はすさまじく多い。軟体動物は触手で匂いを嗅ぐ。雄のカイコは羽根のような触覚で嗅ぎ、単純な線形動物は身体の先端近くの開口部を通じてケミカルを検知する。ゾウはその長い鼻のおかげで潜望鏡のようなスニッフィングができる。この鼻はまた、対象物を調べ、他のゾウを愛撫するのにも使われる。ブタの鼻は広がって、地面を掘って探しまわるのに理想的な、愛らしい道具になった。ホシバナモグラは、華々しく肥えた鼻をもっている。そこには二二個の放射状の付属器がついているが、あくまで触覚器官で、嗅ぐ機能はまったくない。トガリネズミのような半水生動物は匂いをとらえるために空気の泡を吹き、それからその泡をふたたび吸いこんで匂いを嗅ぐ。ロックフェラー大学のレスリー・ヴォスホールらは、蚊の忌避剤ディードが、蚊の「鼻」に働くことを発見した。鼻、つまり触覚にある受容器だ。忌避剤は「分子の擾乱（じょうらん）を起こし」、近くにいる温血のターゲットについての情報をかき乱す。

鼻のある動物の世界は、隠れた鼻をもつ動物と、ひどく目立つ鼻をもつ動物に分けられる。わたしたちはもちろん後者の生きものである。類人猿の間でも、これまた二つの鼻のタイプがある。ひとつはカーブした鼻（曲鼻猿類）である。驚いたような目と房状の耳をもったキュートなキツネザルがよい例だ。もうひとつは単純な鼻（直鼻猿類）である。人間を含む大部分の類人猿がこれにあたる。カーブした鼻には、犬や猫に見られるような濡れたむきだしの鼻鏡がある。単純な鼻であっても、鼻孔の方向によって、下向きの鼻（ヒト上科や旧世界の類人猿）もしくは平たい鼻（新世界の類人猿）に分けられる。そんなわけでわたしたちは、ひどく目につく、単純で、下向きの鼻をもつ生きものというわけだ。

人間の鼻は、解剖学的には軟器官である。皮膚層と筋肉からなり、内部の軟骨と脂肪によってのみ支えられている。外側は皮脂腺に富み、内側は粘液で覆われている。湿って、オイリーで、やわらかく、かさばった容器だ。

そう、それは大部分、ただの容器なのだ。「人間においては」、とアイザック・アシモフは書いた。鼻は「主として通気孔であり、とくに変わった用途をもたない」（正確には、人が何を嗅ごうとするかによるかもしれない）。「顔面中央領域における突起」（なんとも謎めいた表現だ）と呼ばれるこのむきだしの部分は、じつを言うと匂いを嗅ぐ鼻ではない。犬とまったく同じように、匂いは鼻の暗い深みへと吸いこまれていき、見えている鼻の大部分は、奥にある嗅覚組織への道中にある洞窟と加湿チェンバーにすぎない。

鼻の中で、匂いを嗅ぐ部分は洞窟の最奥部にある嗅上皮である。そこで匂いが受けとめられ、神経信号へと翻訳されて、それが脳に「ケーキ！」あるいは「キムチ！」と言わせるのである。鼻の奥、だいたい外側の鼻が平たい額へとつながるポイント――両目の間の中央――に、嗅上皮の区画がある。大きさは切手くらいだ。「指を入れても届かないよ」。スチュアート・ファイアスタインが警告する。わたしが試そうとするとでも思っているのだろうか。わたしの前にすわっている彼の顔は、面白がっているようでもあり、疑わしげなようでもある。その表情を崩さずに、ぼさぼさの白髪の頭をおどすように突きだすけれど、まったく怖くない。わたしの指は両膝の上に置いたままだ。だが思わずもじもじしてしまうのはどうしようもない。わたしはメモをとる。六歳の子供にこれを話すのはやめよう。

それにしても、このピラミッドのような盛り上がった通風孔の大切さを忘れてはいけない。そこが詰まれば副鼻腔が腫れ、一時的に嗅ぐことができなくなる。風邪をひくと嗅覚を失うことが多いが、そうなると味覚もなくなる。宇宙飛行士用に考案された食べ物は、たっぷり香辛料が利いて、味が濃くないといけない。飛行士たちはずっと鼻が詰まっているからだ。重力がないため、頭の中の液体はうまく爪先までしたたり落ちることがない。鼻が詰まった彼らは、地球では大好きだった食べ物を楽しむことができないのだ。

人間の鼻の外見は、内部の構造を映してはいない。大きな鼻が小さな鼻にくらべて嗅ぐための組織が多いということはない。どちらも嗅覚の切手は鼻全体のほんのわずかな部分なのだ。人間がおおむね匂いを嗅ぐのが下手なのはそのためである。人間の場合、嗅覚細胞にあてられるスペースは、犬のように高度の嗅覚をもつ動物よりも少なく、したがって匂いの感受性も低い。「こんなちっぽけな鼻だしね」とファイアスタインは言う。「そのうえとてつもなくぎゅうぎゅう詰めなんだよ」

鼻中隔は、鼻を左右に仕切って、入口である鼻前庭をふたつ作っている。奥に行くまでの待合室の中でもっともおざなりの部分だ。それぞれの前庭は、一日二リットルまでの粘液を生産する特別な腺で覆われている。このソーダボトル一本分くらいの粘液が、空気を湿らせ（呼吸のためにも、匂いを嗅ぐためにもよい）、また、大きな分子や刺激的な分子が鼻の組織にとびこんでくるのを防ぐ。なぜなら一回たっぷり嗅ぎ入れるごとに、空気が一分間に二七リットルの割合で鼻を流れのぼってくるのだ。強風警報なみの速さである。

犬と人間、似た者同士？

人間の嗅覚システムは、わたしたちがふつう思っているより発達している。だが、はたしてそれは犬のレベルに近いのだろうか？　解剖学的に見れば、両者の違いは明らかである。わたしたちの鼻は犬より小さいし、スニッフも犬のほうが複雑だ。人間のスニッフは、古代のイヌ科動物のそれと似ていなくもない。ふいごのように、雑で不正確なやり方で空気を出し入れする。現代の犬と違って、わたしたちの嗅ぎ方は長くてゆっくりだ。一回分、普通サイズのソフトボール一個分の空気を吸いこむのでさえ、一秒半かかる。人間には嗅覚細胞をコードする遺伝子が半分しかなく、そのうえ機能しない細胞のほうが多い。匂いを嗅ぐためのスペースも少ない――上皮組織はわずか一〜二平方センチである。嗅覚レセプターの数も、犬のそれより何億も少なく、レセプターの種類も犬の半分しかない。匂いを検知する領域が少ないのだとしたら、たとえ匂いが鼻に着陸できたとしてもそこで行き止まりだ。匂いがあることには気づくかもしれないが、それを見分け、つきとめ、あるいはそれに反応することさえできない。匂いはそのまま消散し、それでおしまいだ。

造形的には、犬の鼻が現代建築とすれば、わたしたちのそれは子供の積み木のタワーである。同じような材質でできてはいるが、はるかに単純で、もっと雑な構造だ。ともに甲介骨はあるものの、人間の場合はわずか三つの小さい骨しかなく、犬に匹敵するほどの嗅覚組織を支えてはいない。人間の鼻の甲介骨は、ミニマリストのモダンアートのようだ。犬の鼻が枝分かれした立派な木だとしたら、人間のそれはまさにミロ描く単純きわまる形でしかない。そして残念なのがもうひとつ、人間には「オルファクトリーリセス（嗅陥凹）」なるものがないのだ。犬の鼻の一番奥にあって、他の場所から部分的に隔離された凹(リセス)みである。この違いは重要である。人間の鼻には、空気が腰を落ち着け、くりかえし嗅がれるような場所がない。科学者のなかにはこう主張している人びともいる――人間の目が頭の前方に向かって動くようになったため、鼻の奥に小部屋(アルコーブ)を作るスペースを失ったのだと。その結果、わたしたちは吸いこんだ匂いを、すぐさまレセプターのやさしい抱擁からこすりとって外に戻してしまう。嫌な匂いを追いだそうとして必死に鼻をかむと、うまくいくことがあるのもこのためである。

人間に完全に欠けているもの、それは犬の第二の匂い嗅ぎルートである鋤鼻器だ。人間の場合、この鋤鼻器は生まれる前に退化して消える。わたしたちにある鋤鼻器は偽遺伝子であり、もはや機能しない。細胞も、レセプターも生産せず、脳への接続もしない。どうやら人間はまったくフェロモンを検知しないようだ。「残念ながら」とトリスタン・ワイアットは書いている。彼はフェロモンに関するエキスパートだ。「人間の場合、フェロモンを出して潜在的パートナーを夢中にさせるという十分な証拠はない」*

心理学的にも、人間は犬とは違っている。わたしたちは自分の鼻よりも目を信頼する。この二つの感覚が一致しなかったら、視覚が勝つ。緑色をしたサクランボジュースはライムの味がするし、白ワインに赤く色をつけたら、醸造学の学生でも赤ワインだと感じる。人間の場合、鼻に匂いの空気が入ってきてもたいてい気がつかないばかりでなく、自分から嗅ぎ入れることもあまりしないため、意識にのぼるのはいつもと違う強い匂いだけだ。幼児のころあれほど匂いに注意を向けていたのに、その関心はすみやかに捨て去られる。メアリー・ローチはあるモネルの研究者が言った言葉を引用している――「赤ん坊は匂いを嗅ぐが、母親は何も言わない」。そうなると赤ん坊は、次の匂いが来てもそれを無視する。人の脳は、匂わないものに基づいて発達するが、犬の脳は、匂いに基

＊だからといって、わたしたちが他のなんらかのやり方でお互いの生理現象を暗黙裏に検知しないと言っているのではない。研究者たちは、「痕跡アミン関連受容体」がおそらくバクテリアの存在の検知に関わっていると見ている。もしそうであれば、ファイアスタインが言うように、「みんながフェロモンのせいだと言っていたようなタイプのこと……潜在的交配相手やライバルの健康具合を判断すること」は、これらのバクテリア受容体によってなされるのかもしれない。

づいて発達する。犬は鼻に入る匂いのほかは、すべて無視する。長々と匂いを調べている犬を、引き離そうとしたことのある飼い主なら、犬がそこにすさまじい注意を向けていることを知っている。「アテンション」のラテン語の語源は「ストレッチ」である。認識を対象に伸ばすことだ。犬の鼻はあらゆる方向に伸びていく。

そのうえ人間は匂いとの密接な関係は好まない。そばにいる相手の匂いがわかるようだと、近づきすぎだと感じる。「西欧文化ではほとんどの人は社会的距離内でも匂いを避ける」とジョージ・プレッティは言う。自分の体が匂うのも、相手の体の匂いを嗅ぐのも駄目なのだ。わたしたちは自分が考える「適切なパーソナルスペース（アメリカでは四五センチ）」に合わせて、体を洗っているようだ。社会的距離にいる相手と視覚や聴覚を使って交流するのは不作法にならない——安心してだれかを見たり聞いたりできるのだ。だが相手の匂いを嗅ぐのは、よく言っても出すぎた行為だ。わたしがプレッティによく人を嗅ぐかとたずねると、彼は笑って答える。「平手打ちをくらいたくないからね！」

だが基本的には、わたしたちの鼻は犬の鼻と同じように働く。犬の鼻のレセプターと同じように、ひとつの匂いにひとつのレセプターなどというものはない。「バニラ」専門のレセプターもなければ、「くすぶる葉巻」用レセプターもない——どちらもすぐわかる匂いなのだが。わたしたちの嗅覚感受性は均一ではない。匂いによってはきわめて少量で感知できるものもある。たとえば酢酸アミルのバナナのような匂いは〇・一ｐｐｍでも嗅ぐことができるが、この何千倍も濃くなくては気づかれない匂いもあるのだ。わたしたちはコーヒーの匂いにはとても敏感だ。たいていの食べ物や飲み物と同じく、コーヒーには数百種類もの成分が含まれるが、その多くについてわたしたちは匂いを感じない。動物のなかには二酸化炭素を嗅ぎ分けるのもいるが、人間には匂わない。なかでもわけのわからないケースにカルボンがある。テルペノイドと呼ばれる天然物化合物のひとつだ。これは、化学式は同じだが、互いに鏡像となる二通りの構造を取りうる。ひとつの鏡像体は、キャラウェイシードの匂いがする──デリで売っているライブレッドだ。もうひとつは、スペアミントガムの匂いがする。わたしたちの脳は同じ化学式を持つ分子を、まったく異なる匂いとして読む。どのレセプター処理モデルも、なぜ分子がわたしたちにこのように匂うのかを解明しようとしている。

人間の神経細胞(ニューロン)は、犬のニューロンと同じように働く──匂いが到着したというメッセージを脳に送るのだ。そうすると脳は大急ぎでそれが何なのかを知ろうとする。そのとき、そう、脳がそこに何かがあると知ったときに、あなたはそれを「嗅ぐ」のである。ある意味で、レセプター細胞も、その匂いが何かを「知っている」──それぞれのレセプターは特定の形をした分子を受けとめるという意味でだ。だが本当の意味ではそれは知らない。匂いを知るのは(あるいは知らないのは)脳である。長い冬の一日、外で遊んだあとのホットチョコレートの記憶がふいに押し寄せてきてうっとりするのは、そしてまた地下鉄で出どころ不明の尿の匂いにひるむのも、ほかならぬ脳なのである。

嗅覚ニューロン自体、かなり特殊である。すべての動物で、これらの細胞はだいたい三〇日ごとに再生する。あなたの夏のニューロンはラベンダーの庭の美しさと、温められた堆肥の悪臭を脳に運んだかもしれないが、それを手放して秋のニューロンを迎え入れるわけだ──林檎(りんご)が発酵し、コートから防虫剤が外される季節のために。この事実は奇妙である。年を重ねることは、たいていの場合、劣化を意味する。すべての感覚はダメージと細胞の喪失によって薄れていく。聴力は時とともに弱くなる――たんに生きていることによって（そして地下鉄を待ちながらヘッドホンで大音響の音楽を聴き、花火のすぐそばで立っていることによって）。ごくふつうの生活を送っていても、歳をとれば眼鏡をかける。やがて老眼鏡、そして遠近両用の眼鏡となる。だが匂いは違う。太陽を見つめる、ヘッドホンのボリュームを最大にする、熱い鉄鍋にさわる――他の感覚では劣化の原因となるこのようなことは嗅覚には存在しない。見る、聞く、触れるためのニューロンは損傷によって永久に失われるかもしれない。だが嗅覚は違う。鼻はつねにピカピカの新しい細胞を作り続けるのだ。

だれにでも好みの匂いが

犬と人間の鼻をくらべると、質的にも量的にもこれほどの違いがあるにもかかわらず、わたしが人間の鼻について調べているあいだ、いつも聞かされたのはさまざまな心理物理学者や神経科学者からのびっくりするようなコメントだった。人間の鼻は「きわめてすぐれている」と、脳神経学者のスチュアート・ファイアスタインは言う。イスラエルのワイツマン科学研究所の神経生物学者であるノーム・ソーベルは、もっとあからさまだ。いろいろな論文のなかで彼は、人間が、「すばらしい」あるいは、「驚くほど上等」とさえ言えるような嗅覚をもっていると書いている。

最初、こうした言葉は不思議に聞こえる。犬たちと一緒に散歩するたびに、その反対の証拠にぶち当たるようなのだ。ふいに立ち止まり、ぱっと振りむくと、五歩戻って、縁石の上の何か見えないものを嗅いでいる犬たちを見ていると、自分の鼻がいかに出来損ないのモデルかと思わせられる(この場合、縁石から発散している何かの匂いを嗅がないですむのはありがたいが)。もしわたしの鼻が「驚くほど上等」なのだとしたら、理屈としては、やり方さえ思い出せればなんらかの犬らしさを経験できるはずだ。

そうはいかない。

神経科学の研究は、たしかにわたしたちの嗅覚装置が基本的にかなり良いことを示している。だがそれが見落としているのは、あなたやわたしが直観的に知っていること、つまりどうやって鼻を使うかという問題だ。パンパーニッケルと暮らしていたときも、わたしは彼女がしていたようには物の匂いを嗅いでいないのを知っていた。彼女はどんな表面でも、どんなそよ風の中でも、見えない匂いのマーキングを嗅いでうろつくのが大好きだった。わたしのほうは、わざわざ嗅ぐようなことはめったにしなかった。

その一方で、わたしたちの鼻のすぐれた能力についてひとつ、説得力のある証明がある。朝食だ。朝食はどうだったか? 味がわかっただろうか? 味わえたのなら、あなたは自分の卓越した匂いの感覚を確認したことになる。味は八〇パーセントが匂いなのだ。食べものを噛むとき、わたしたちは基本的に匂いの分子をその束縛からゆるめ、温め、匂いののった空気を口の奥に送りこむ。送りこまれた空気はすばやく喉の煙突をのぼって鼻まで旅する。子供のころ、カフェテリアで鼻からミルクを噴き出してみんなから笑われた経験があったら（またはそれを目撃したら）、口と鼻の連絡通路がどんなに短いかわかるはずだ。嗅いだ匂いはわざわざ長い道のりを行く必要はない。実際のところ、嗅上皮まで上がるだけですむ。食べながらわたしたちが息を吐くと、肺からの空気が口の奥を通りながら、いくらかの温められた食べ物の匂いをつかんで、それを鼻の裏口へと押しあげる。少なくとも、もしあなたがお行儀よく、口を閉じて噛んでいるならばだが。

このトップシークレットのルートは、「レトロネーザル（後鼻腔性）嗅覚」と呼ばれる。口の奥で嗅ぐことに関しては、人間はとてつもなく上手である。わたしたちが食べ物の味を感じるのは主にこのルートのせいである。たしかに味蕾は、甘さ、酸っぱさ、苦さ、塩からさ、もしくはうま味の経験を伝えるけれども、これらの経験は決して、わたしたちが思う「朝食」のおいしさを作りだすものではない。「作りだされる味覚は蜃気楼である」と神経科学者のゴードン・シェパードは書いている――「それは口から出ているように思われる」。朝食のおいしさは、主として匂いによるものだ。このことは鼻に栓をしてひと口食べてみればすぐわかる。食べ物の感触だけはまだそこにある――トーストのカリカリ感がやわらかく崩れていくあの感じだ。実際、感触そのものは嫌が応でもそこにとどまる。トーストをくりかえし噛むうちに、ふいに舌の上で粘りけが出てくる――朝のトーストがこんなだったらほとんどの人は嫌がるだろう。鼻の栓をぬくと、味は波が寄せるように戻ってくる――イーストの感じ、もしかしたらキャラウェイシード、バターのリッチな風味。鼻がそうしたのだ！

オレンジで実験してみようか。色の美しい、硬くて素敵なオレンジだ。親指の爪を皮につっこんだ瞬間、鮮やかでおいしそうな香りがあなたを迎える。黄色い皮、白いわた、生き生きした果肉。袋から外して、ふたつに割り、口の中に放りこむ。舌の上に置くが、まだ噛まない。ジューシーな感じは受け取るだろう。甘いだろうという感じも。だが——ここが大事だ——味はしない。噛むと、ほら、オレンジはあなたの感覚に戻ってくる。鼻をつまむとそれは消える。つまむのをやめると、オレンジは柑橘類（かんきつるい）の女王に戻る。

　オレンジがこんなに素敵に味わえる——これこそ、神経科学者たちがわたしたちには素晴らしい鼻があると言っている理由なのだろう。

　そんなわけで人間の場合、鼻腔前方の——鼻孔を通って吸いこむ——嗅覚よりも、鼻腔後方の——裏を通って、吐きだす——嗅覚のほうが勝（まさ）っているわけだ。犬が食べているところを見れば、こちらは逆だとわかるだろう。犬は死んだリスの上で転がりまわり、通りすぎる犬の尻をうれしそうに舐めるかもしれない。だが餌入れの中にいかにもまずそうな物が置かれていたら、それを嗅いで鼻をそむけるだろう。犬は調べるのに鼻腔前方を使う。そしてその食べ物が調査に合格すると、たいていは飲み下される。犬にはおそらく、それほど——じつはまったく——鼻腔後方嗅覚の経験はないのだ。鼻の中の空気の流れは、匂いが口から長いルートを通って上がっていくのを妨げる。それに、口の中にある食べ物は、嗅がれるほど長くそこに留まることはない——ましてや味わわれることなど。

匂い、記憶

嗅覚ニューロンは、一方の端で鼻の中に届き、もう一方の端で脳内に届くため、ひとつのシナプス——ニューロン同士の接合部——が、地下鉄の匂いや香水をつけすぎたティーンエジャーの世界と、わたしたちの脆いCPU（中央処理装置）とを隔てることになる。匂いの情報は、ふたつのシナプスを介して大脳皮質へ行きつくまでの道を旅する。「ぼくが嗅覚について研究している理由のひとつは、それがきわめて浅い回路だからなんだ」と、ファイアスタインは言う。「外の世界から脳の皮質組織まで、ふたつのシナプスで行かれるんだ。ふ・た・つ・の・シ・ナ・プ・ス！ 視覚だったらまだ網膜外縁部にいるだろうよ」。鼻は全速力で大脳皮質に到着する。

いったん到達すると、嗅覚情報は脳を通ってなだれこみ、わたしたちを感覚と記憶のなかにたたきこむ。このプロセス——嗅覚経験を作りだすこと——については、人間の場合でさえ確実にはわかっていない。だが、わたしが話した嗅覚研究者たちは全員、この問題の解決に期待をもっていた。彼らの多くはたまたまこのトピックに手を染めることになったのだが、そのひとりであるファイアスタインもわたしにこう語った。「嗅覚の研究は有望だよ。なぜかというと、嗅覚というのは最初の刺激相互作用［匂い物質］からある種の知覚表象までたどれる脳システムのひとつだからね」。視覚の科学では、それは手の届くところにある。すでに知られていることだが、群衆のなかで親の顔を見つけたとき、顔の垂直線や水平線から瞬時にそれが人間の顔で風船の顔ではないことを認識する特定の細胞が、脳の視覚野の中にある——それが記憶に結びつき、わたしたちが笑いながら

「パパ！」と言うよりも前の段階で。それにくらべて、嗅球を過ぎたあと何が起こるかについては、今の科学の知識は少し不足している。

鼻の上流で何が起こるのか？　嗅覚についての学術論文で、システムの興味深い部分が「未知である」と書かれているのは珍しくない。脳がどうやってニューロンの発火パターンを匂いの認識へと翻訳するかは、いまだに謎である。メカニズムの第一段階たるレセプターさえ、全部は確認されていない。「こうしたさまざまな側面については、わたしたちは何も知らない」と、ヴォスホールは言う。「匂い空間が何なのか、レセプターがどうやって匂い空間をとらえるか、脳がどうやってこの情報のすべてを取得し、絵を描くのか、何ひとつわかっていないのよ」。エイヴリー・ギルバートはもっとぶっきらぼうだ。いったん嗅球を通りすぎたら、「何もかもお手上げだ。手がかりなんかない」。

わたしたちが知っているのは、いったんふたつのシナプスを通過すると、脳の多くの領域が匂いについて耳をそばだてているということだ。それらの領域には扁桃体、海馬、そして小脳など、皮質中の他のさまざまな部分が含まれる。これらのランドマークは、匂いの経験のいくつかの謎を解く鍵である。第一に、匂いに気づき、それに反応するのは自動的に感じられるが、これには理由がある。嗅覚情報は乗り継ぎ地点である視床をとばして、まっすぐ前脳部に行く。この視床は、他のすべての感覚システムが脳に入るとき、まず到着する場所だ。航空管制をされずに、匂いはレーダーからはずれて飛んでいく。こうしてわたしたちは、匂いに気づいたとたんに反応することがよくあるのだ。第二に、嗅覚は扁桃体に入る一番速いルートである。ここは脳の情動センターと考えられている。「嗅覚がもたらす記憶はつねに情動的記憶なんだよ」と、ファイアスタインは断言する。「匂いを嗅いで方程式とか、テキストの一ページとかを思い出すことはない。思い出すのはいつだっておばあちゃんの家だし、だれかのクローゼットだし、入学式の日だし、昔の恋人なんだ」

第三に海馬だ。タツノオトシゴの形をした脳の一部で、記憶を作りだすのに関わっている。おばあちゃんの暗い居間で大きすぎるふかふかの椅子にすわっている、森の中で腐りかけている動物の死体に出くわす、転入生の男の子が体操クラスのあと、スクールバスのあなたの隣にすべりこんでくる——思い出していくうちに、匂いの波が記憶の裾に忍びこんでくる。のちには匂いそのものが、シーン全体を呼びさます。

実際、わたしたちにとって匂いが好ましいのは、長いあいだ視界から隠されていた記憶に点火するという、匂いがもつこの役割のせいだ。匂いはその場の情景をふいに輝かせる——雲の後ろから燃え立ち、空間を彩る太陽だ。しばしばわたしたちは、匂いの引き金を通してのみ、記憶にアクセスできる。分子があなたの鼻の中に漂い入るとき、あなたははるか昔の子供時代へ、そしてその時間と空間を生きた子供の頭の中へと戻る。気づかずに嗅いだ匂いによって保存される記憶に意識がアクセスしにくいことを考えると、嗅覚についての脳科学に限界があるのはあたりまえかもしれない。

覚えている最初の匂いがどんなものか聞けば、だれからもとても特徴的な、情感に満ちた答えが返ってくるだろう。

わたしの父なら――

パパの［家具の］店で働いていたジーン。木材にニスを塗る仕事をしていた人。いつもそんなニスとか塗料の匂いがしていた。それはパパの匂いだった。パパはクマみたいだった。それからママの屋根裏部屋――あれは防虫剤だったのかなあ、そんな匂いがした。とてもきつい匂いだった。ママはとてもパパに厳しかったっけ。

わたしの母なら――

おばあちゃんは、うちにくるといつもわたしと一緒の部屋に寝た。ツインベッドにふたりで。おばあちゃんは朝起きるとタルカムパウダーを体につけた。パタパタパタ――この匂いは彼女の行くところ、どこにでもついてまわった。わたしはその匂いが嫌いだった。パパの帽子の内側。手にもって、もち上げて、パパに渡したっけ……

夏の日ざしで温められた屋根のコールタール、祖父母の屋根裏の匂い、子供のころの散歩道の途中にあった醸造所や川や林、黒板のチョークとゴム糊、詰まったパイプと手巻きタバコ、粘土と日焼けローション、濡れたウール。吸いこまれた匂いは、マッチを擦ったときみたいに、眠っていた記憶に点火する。記憶という綿毛に覆われたタンポポから離れたたったひとつのやわらかな瞬間が、おびただしい糸をからませて舞いあがる。面白いことにこれらの記憶は、ふだんの暮らしのなかでわたしたちを不快にする有害な匂いからやってくることはめったにない。そうした記憶は子供時代の郷愁に満ちた色合いで彩られる。あるときわたしは、鼻につんとくるあざやかな匂いをとらえる——そう、古いセロファンテープみたいな。そのとたんわたしは、父の書斎の机の匂いに引き戻される。まろやかな木の匂い、そしてタバコの匂い。開いた広い引き出しにはタバコの包みが見えている。いろいろな文房具、父が走り書きした長い紙の束——そして目の前にパパがすわっている。大きくて、顔いっぱいに笑みを浮かべて。手を止め、ドアからのぞきこんだ娘に挨拶しようとしている。わたしが見るのはひとつの瞬間ではなく、こうした瞬間のすべてだ。子供時代が、匂いの風によって縫い合わされているのだ。

感じ方が変っていく

Do we smell the same? この問いは、①わたしたちはみな同じように匂うだろうか?ともとれるし、②わたしたちはこの世界で同じものを嗅いでいるだろうか?(あるいは味わっているだろうか?)ともとれる。ちゃんとした鼻をもっていて、これまで洞穴に住んでいたわけでもない人なら、答えはわかるはずだ。明らかにノーである。前の問いについては、たとえばウィークデイの朝八時半に地下鉄に乗れば、わたしたちを違った匂いにするのが香水や、コロンや、香りつきシャンプーなどの人工的な香りではないことに気がつく。どちらかといえば香水はわたしたちを同じ匂いにしてしまうのだが、その一方でわたしたち一人一人がもつ匂いはその人だけのものである。

では二番目の問いはどうか。わたしたちが赤と呼んでいる色は、すべての人にとって同じ色なのかどうか、哲学者は頭をひねってきた。同じように、その赤の色をもったイチゴとかスパイスの匂いは、はたしてだれにとっても同じ匂いなのかどうかもまた、未解決の問題だ。わたしたちはみな違った匂いの風景をもっている。あなたが世界について嗅ぐものは、隣に立っている人が嗅いでいるものとは厳密には違っている。これはなかば生物学であり、なかばあなたがそれまで生きてきた歴史である。まず、どの人の嗅覚ゲノムもわずかに違っているという、確かな証拠がある。そうなるとそれぞれが気づく匂いには、個人的な変異があるわけだ。特定の匂いを嗅ぐことのできない症状（選択的無嗅覚症）は遺伝疾患である。特定の遺伝子構造をもった人は、体の臭いの一成分であるイソ吉草酸をまったく嗅ぐことができない。さまざまな匂いの存在を検知できる閾値も人によって桁違いの差がある。

その一方で、わたしたちは生きていくうえでそれぞれが匂いの好き嫌いを学び、さらに匂いへの関心度（あるいは無関心度）さえ育てていく。わたしもあなたも、ふたりとも赤が見えるとか、イチゴの匂いがするとか言うかもしれないが、あなたの赤はわたしの見る赤よりも鮮やかかもしれない。そしてわたしのイチゴはもっと甘い匂いがするかもしれない。そのイチゴはまた、ある日曜日の午後、家の庭で嗅いだあの匂い――トマトの茎と、蔓（つる）の上のぶつぶつしたイチゴの実の、からみあった匂い――を心に呼び起こすかもしれない（ああ、あれはほんとにおいしいイチゴだったっけ）。

もちろんなかには嗅覚のすぐれた人もいれば、そうでない人もいる。「自分の嗅覚がよくないと思っている人が多い」と、ファイアスタインは言う。「ぼくもそうだ。ぼくもそれほど上等の嗅覚はもち合わせてない。だがたいていの場合、それは嗅覚神経の問題じゃないんだ」。そうではなくて、「副鼻腔炎や炎症やアレルギーなど」が理由である。上皮へのパイプは詰まっていてはいけない。「パイプがクリアになった段階で、食べ物の味はどうか、おいしいかどうか聞くんだよ」。味覚が無傷だということは、レトロネーザル（後鼻腔性）嗅覚がちゃんと働いていることになる。彼らには嗅覚があるのに、それを知らないのだ。

だが人によって嗅覚の良し悪しがあるといっても、ほとんどの場合問題にならない。調香師の技能は生まれつきではなく、作られるものだ。検知犬でさえ、火薬やナンキンムシやパインマーテン（絶滅が危惧されているマッテン）、密輸されたグアバフルーツを見つけるのに何年もかけて仕事を教えこまれる。

それでは、いよいよ鼻を突きだして世界を嗅いでまわることにしようか。

6　犬がわたしにそれを嗅がせた

匂いについてヘレン・ケラーが書いている言葉は、読む者を謙虚にさせる。視覚と聴覚を奪われた子供のヘレンが、残された感覚、とくに嗅覚と触覚にひどく敏感になったのは当然かもしれない。それでも、彼女の言う「人間のとらえにくい匂い」を経験している様子は、まるで犬がのりうつっているみたいだ。だれかが吐いた息を嗅げば、彼女は「その人がやっている仕事」を読むことができた。「なぜなら木の匂い、鉄の匂い、ペンキの、そして薬の匂いが、そこで働く人の服についているからだ。わたしは大工と鉄工所の作業員の違いがわかるし、画家、石工、薬屋の区別ができる。ある人がある場所から別の場所へとさっと通りすぎるとき、わたしは彼がそれまでどこにいたか、匂いの刻印を手に入れる――台所か、庭か、あるいは病室か」

匂いの刻印。ヘレン・ケラーには当たり前だったこのことに気がつく人がどこかにいるだろうか

――そして、どこかの注意深い犬たちは？

生まれつき鼻の利く人はいるかもしれない。だが、わたしたちの大部分は鼻をつけて生まれてきただけだ。これまで見てきたように、かなり上等の鼻ではある。レトロネーザル（後鼻腔性）嗅覚は別として、人間の鼻がかなりすぐれているというもうひとつの証拠は、朝食の匂いより、もっと抽象的なものである。人間のゲノムが最近解読されたが、そのゲノム全体のうちおよそ一パーセントが鼻の嗅覚レセプターにあてられているという、衝撃的な事実がわかったのである。

一パーセント！　ちょっと聞いただけでは、それほど多いとは思えないかもしれない。だが日々の暮らしのなかで嗅ぐのに使われる時間は、全体の一パーセントよりもかなり少ないのである。記憶する、計画する、見る、思いめぐらす、白日夢にふける、感じる、飲みこむ、言葉を発する、消化する、呼吸する、提案する、動く、あるいは考えるなどの行為の合間にはさまれて、嗅ぐという行為は一パーセントにも満たないだろう。それでいてあなたの遺伝子の青写真は、匂いを嗅ぐ仕事に一パーセントをあてているのだ――万全の準備態勢を整えて。

心理学のリサーチは、人間の鼻が生まれつきすぐれていることを示す例をおびただしく提供している。どれもまったく正常な能力なのだが、きわめて印象的である。母親は赤ん坊が生まれてから二日のうちに、自分の赤ん坊のシャツの匂いと他の赤ん坊のシャツの匂いを区別することができる。また赤ん坊のほうも、ママの匂いを他のママの匂いから区別することができる――それと同時に九か月間泳いでいた羊水さえも認識するのだ。こうした能力は、明らかに生れつきである。しかもそれは幼児期が過ぎても失われない。子供は二年間会わないでいた兄弟の匂いと、同い年の他の子供たちの匂いとを区別できる。相手が友だちでも、匂いで見分けられるという証拠もある。わたしたちはまた自分の匂い——服についた体の匂い、あるいは髪の毛にふんわり漂うお気に入りの香水の匂い——を知っている。ある実験で、大学生たちにシンプルなTシャツを着たまま二四時間入浴しないか、石けんや香水を使わないようにさせたところ、彼らの四分の三が他の汗臭い九枚のTシャツでなく自分のTシャツを選びだすことができた。わたしたちはパートナーの汗臭いTシャツも簡単に見分けがつく。匂いだけで性別を見分けるのも楽勝だ。

自分の赤ん坊やパートナーを認識するのは、生物学的にある程度納得がいく——たとえあなたが洗濯籠の中のTシャツの匂いを嗅いで、「やった！　これ、弟のTシャツだ！」と思ったことが一度もなかったとしても。動物界では、家族のメンバーをその匂いで見分けるのはごくふつうのことである。アシナガバチからベルディングジリス、さらにはブチハイエナまで、どれも群れの仲間や血縁を見分けるのに匂いを使う。人間だけがそれをやらないとしたら、逆に不思議ではないか。

いささか奇妙だがうれしい事実がある。研究者たちはわたしたちの嗅覚スキルの対象が家族や友だちだけでなく、それよりもう少し遠くまで広がっているという証拠をいろいろ見せてくれる。ある研究では、犬の飼い主の九〇パーセント近くが、自分の犬の毛布とそうでない犬の毛布とを区別した。犬たちがその上で転がり、眠り、たっぷりよだれを垂らした毛布である（飼い主はかならずしも、自分の犬の毛布のほうが良い匂いだとは思わなかったようだ）。犬が自分の飼い主を匂いで見分けるのと同じように、わたしたちも自分の犬の匂いを見分けることができるのだ。

別のケースでは、目隠しをされた被験者が実験室の近縁関係にあるマウスの系統を、体の匂い、糞あるいは尿の匂いによって完全に識別できた。当時モネルにいた実験者のエイヴリー・ギルバートにその実験計画の動機についてたずねると、彼は笑った。何年ものあいだ、研究者たちはネズミの尿の成分を分離しようとしていたのだという。「ふたつの系統を区別するための重要な分子を見つけようとしてね。化学的に大きな意味のあるプロジェクトだ。まず実験室のテクニシャンたちにネズミの膀胱（ぼうこう）を絞って試験管に尿を入れてもらわなくてはならない……それでね、ちょっと思ったわけさ――われわれにその匂いが嗅ぎ分けられるかなってね」

そう、彼らは嗅ぎ分けたのだ。

物理学者のリチャード・ファインマンは、ブラッドハウンドの能力について書いたものを読んで刺激を受け、みずからの隠れた嗅覚能力を探ってみようと考えた。犬は人がちょっと触ったものでも嗅ぎ分けられる。ファインマンはこれを試してみることにした。自分が部屋から出ているあいだ、妻に頼んで本棚の中の一冊に触ってもらう。戻ってきたファインマンは匂いを嗅いでその本を選び出した。そのときから、これがパーティでの彼の余興となった。三人にそれぞれ一冊ずつ本を触らせるのだ。「なんてことはない！」と彼は書いている。「簡単だった。本の匂いを嗅ぐだけでいい」

本の匂いを嗅ぐだけ。「人の手はどれも違った匂いがする」と、彼は書いている。「手はすべて一種の湿った匂いをもつ」――そしてもちろん、喫煙者とか、香水をいつもつけている人とか、習慣的にポケットにコインを入れている人などは、みんな自分の手にその習慣からくる匂いをつけている。

本の匂いを嗅ぐだけ。その晩、わたしは訓練していない自分の鼻でこの能力をテストすることにした。実験用のネズミこそいなかったが、犬も本も十分にあった。そこで、わたしは二、三、自分なりのホームトライアルをやってみた。犬たちは二匹とも、日中は小さな青いソファで休んでいる。尻と尻をくっつけて、ソファを半分ずつ分けあっているのだが、とくにどちら側がお気に入りというわけでもなさそうだ。そこで、わたしは夫に頼んで犬たちが休んでいるところを見張ってもらい、二匹が起きてのびをし、なにか面白いことがないかと部屋からぶらぶら出ていったところで、部屋の外にいるわたしに知らせてもらった。二匹がいたという証拠は、匂いのほかには何もない。わたしは部屋に入ってソファを嗅いだ。

そのソファに座ったことのある人には前もって謝っておきたい。あそこにはたしかに犬の毛の匂いがする。犬の毛の匂い——ポピュラーな香水の匂いほどよくは知られていないけれども。わたしはクッションに鼻を突っこみ、鼻とクッションと、その両方を押しつぶした。ソファは北向きだった。西側ははっきりフィネガンの匂いがした。かび臭くて、濃密で、ぴりっとした強い匂い。東側はアプトンだ——特有の、ちょっと不健康な匂い。フィネガンの匂いではないことからも、これがアプトンの匂いだとわかる。夫がわたしの判定どおりだと言った。犬たちは部屋に戻って、ものうげな顔でわたしを見つめていた。アプトンは、チャンスとばかりひざまづいているわたしの足にマウントした。

一発で成功したものの、二者択一である以上、たまたまついていたとも言える。そこでわたしは、くりかえしやってみることにした。今のわたし

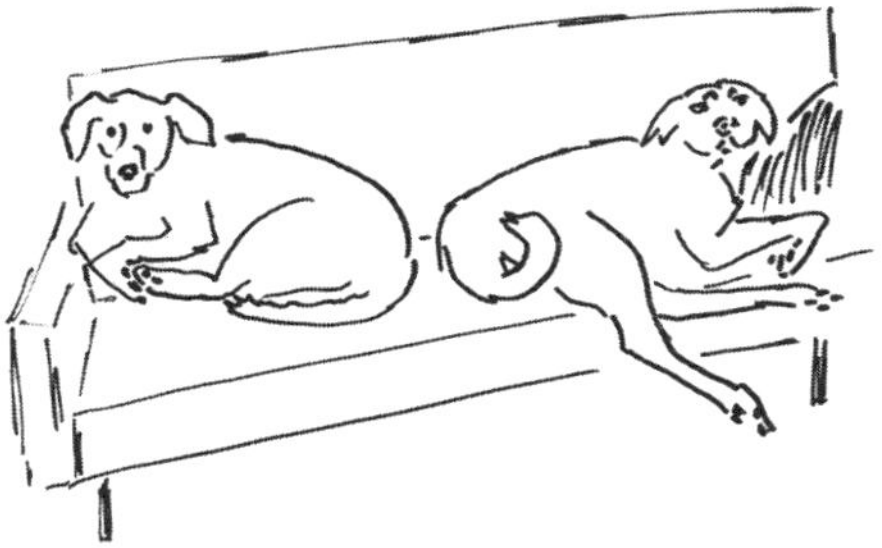

は家じゅう匂いを探しまわっている。どんどん上手になり、どんどん正確になってくる。

わが家で一番湿った手をもっているのは息子である。そこでわたしは読み古した本のなかから、同じような厚さでよく似たつくりの本を数冊抜き出した。それをソファに並べ、「一冊取って、好きなだけ触ってから、元あった場所に戻してね。どれを触ったかはママに言わないのよ」と当時六歳だった息子に言った。六歳児にとって、これは完璧なゲームだ。息子は喜んでわたしの命令に従った。おとなの目撃証人が肘を使って本を元に戻したところで、わたしはその場に戻った。「一冊ずつ鼻まで持ちあげて、何回か嗅ぐ」――わたしはファインマンの指示にそっくりそのまま従った。だが、そこでわたしは途方に暮れた。あまり古くない本の表紙は、本体のページよりはるかに匂いがしない。アイデンティティという点では、それが護っているページよりずっと秘密主義だ。だが一冊だけ、他の本よりもっと、なんというか……温血っぽい匂いがした。わたしはそれを選んだ。

ビンゴ。

そんなわけで、たしかにわたしたちは匂いを嗅げないわけではない。問題はわたしたちが、だいたいにおいて嗅がないということなのだ。理由は何か。自分で嗅がないことを選んだというだけではない（それは確かだが）。人間の感覚生活から匂いが落ちこぼれた点について、ひとつの理論は、これがもとをただせば人間の二足歩行にいきつくというものである。わたしたちの遠い祖先は、進化の過程で直立する姿勢が整ったとき、フロイトが心配したように「公衆の面前で性器を見せびらかし」始めただけでなく、わたしたちの鼻を地面から遠ざけたのである。地面は匂いの素晴らしい出どころだ。地面から放出される匂いだけではない。ほとんどの匂いは地面の上に巻き上がり、空中に漂うクモの糸（もしくは空気の流れ）に乗って旅をしたあと、ふたたびそこに落ち着く。もうひとつ、これと矛盾しない理論がある。つまり、視覚が重要性を手に入れるにつれて嗅覚はそれを失っていき、人間の顔と脳において視覚が優位に立ちはじめたというのである。三原色に基づく視覚が類人猿の歴史に出現するにつれて、機能する嗅覚遺伝子の数は減少した。これに関連して、短くなった鼻づらのせいで両眼の距離は狭まり、より大きな視野のオーバーラップと、よりすぐれた双眼視（三次元の視野）が可能になった。わたしたち人間がとても大切にしている能力がこれである。

鏡で見ると、わたしの鼻は犬たちの鼻ほど仕事に向いていなさそうだ。これは認めざるを得ない。犬の鼻が誇らしく突きだして、あらゆる匂いを引きいれようと鼻孔を開いているのにくらべ、人間の鼻孔は口の上に据えられたピラミッドの底にすぎない。たしかに鼻は顔のうちでもっとも飛びだしたパートではある。実際、わたしたちの顔の骨は中央部で分かれ、鼻のためのスペースを作っている。だがその鼻は、勇ましく好奇心いっぱいにまわりの環境に伸びていくことはほとんどない。そのかわりわたしたちは、近づいてくる強い匂いのしそうな表面から顔そのものを——鼻も一緒に——そらす傾向がある。何かに顔を押しつけるというのは、常軌を逸した行為だ——相手が人であれ（ひどく嫌な顔をされることが多い）、地面であれ（タックルされたときだけ）、食べ物であれ（食べ物は上品に口に運ぶのであって逆ではない。おまけに手が触れないように長い銀の道具に載せて）。

生物学的事実だけに基づけば、人がある匂いを嗅ぐかどうかを決める最大の要因は、それをわざわざ嗅ごうとするかどうかにあるようだ。呼吸の回数はふつう一分間に一二回から一六回だ。そうなると、一日のうちで何かを嗅ぐ機会は二万回プラスマイナスとなる。わたしたち、というかわたしたちのほとんどは、完全に嗅ぐための装備が整っているのだ。もちろん人によって、生まれつき遺伝子に基づく違いはある。だがこのわたしと、ソムリエや調香師とを分ける主な違いはひとつだけ、嗅ぐのに費やした時間である。ひたすら嗅ぎ、練習し、鼻を対象に突っこんで過ごした時間。広いワイングラスの縁の下に、そして化学物質の入った小さな茶色の瓶の上に。もしあなたが今、手に何か持っているなら、それを鼻に持ってきて、嗅いでみてほしい。おそらく、そこには匂いがあるだろう。それにしても手から鼻への動線をたどる仕草は——あるいはロマンチックに薔薇の匂いを嗅ごうとかがみこむ仕草さえ——あまり当世風とは言えない。

練習というと、まずピアノ、ライフル射撃、あるいは綱渡りなどが思い浮かぶ。匂いを嗅ぐ練習も結局は同じである。こうしたスキルはすべて、感覚の鍛錬による。耳に聞こえる音に従って指を調整する。的の照準に合わせて、引き金を引く力を調整する。綱の上を歩くには、視覚と空中での体の位置感覚が必要だ。パン屋なら、アップルパイがいつ焼きあがるかわかるようになる。むろん大量のアップルパイを焼くことによって手に入るスキルだが、そこにはもうひとつ、パイが焼きあがったときの匂いの強さを知るという感覚の鍛錬が含まれる。ウィリアム・ジェームズは、ハートフォード聾唖（ろうあ）学院の住人たちの洗濯物を匂いで選り分ける女性のことを書いている。彼女は毎日の仕事の単純なくりかえしからそれをやってのけた。ジェームズはまた、マデイラワインのボトルの底のほうと、上のほうとの味の違いを区別できるようになった男性についても述べている。その男性は大量のマディラワインを味わってきた人物だった。

ヘレン・ケラーがしたのは、必要に迫られた練習だった。聴覚と視覚を奪われた彼女は、残された感覚を使って世界について学ばなければならなかった。そして匂いはそれらの感覚の最先端にあったのである。それではわたしたちも、自発的な練習によって、薬屋と鉄工所の職人を区別できるだろうか？　子供たちが家にいるかどうか、友人は病気なのか、自分のパートナーに他の人がキスしたか、あるいは空き家に立って、そこにずいぶん前に犬がいたかどうか、嗅ぎ分けるようになれるだろうか？

さまざまな実験が、匂い嗅ぎの練習に費やす時間と成果についてテストしている。ある研究では、被験者がほとんど同一の分子からなる二組のペアの間の違いを学習できることが判明した。ひとつのペアは「青くさい」匂いがし、もうひとつは「オイリーでワインのような」匂いだったという。被験者はただくりかえしボトルを嗅いだだけだった。そうそう、その実験では、ペアの片方に電気ショックが導入された。

これはひどすぎる話だ。モチベーションは必要かもしれないが、嫌悪療法の必要はない。数年にわたる嫌悪条件づけに基づく犬のトレーニングの惨めな結果から、わたしたちは何も学ばなかったのだろうか。罰を与えることは、効果的な学習につながらない。効果的な学習につながるのは報酬である。

そこで別の実験が、電気ショックではなく、チョコレートを基本にして作られた。カリフォルニア州バークレイで行われたその実験では、草地に一〇メートルの麻糸が埋めこまれた。二本の直線を角度をつけてつないだシンプルなトレイルである。トレイルにはチョコレートの匂いがした。希釈したチョコレートのエッセンシャルオイルに麻糸を浸（ひた）しておいたのである。未経験のボランティア被験者たちは、嗅覚以外の感覚を使わないように、不透明のゴーグルと耳当てをつけ、作業用手袋、肘当てパッド、そして膝当てパッドで装備し、トレイルから三メートル離れた草地の上で、両手と両膝をつく態勢をとった。鼻孔の下にはスニッフィングを記録するための気流モニターが装着してある。彼らがこのとき、仕事犬さながら**見つけてこい**！　と言われたかどうかはわからない。だがグループの三分の二にあたる二一人の被験者はうまくトレイルを見つけ、与えられた一〇分以内に、それをたどることができた。

　このトライアルのひとつを空中ビデオで撮影したものがある。これを実際の速度の四倍で再生してみると、そこに見られたのは見た目こそ犬ではないにしろ、断固として匂いを嗅いでいる生きものだった。感覚を制限され、パッドで十分に保護されて、両手を広く地面に固定しながら這って進む被験者は、たいして苦労もせずにトレイルを見つけだし、うまくそこにたどりつくと、一分以内に残りのルートをジグザグに進んでいく。頭は両腕の間で前後に方向を変える――うわの空で廊下の絨毯（じゅうたん）に掃除機をかけているときのように。

　そのあと被験者の何人かは、この仕事を継続して練習することに同意した。同じようなバージョンのトレイルを一日三回、三日にわたって嗅ぐのである。毎回、全員がルートを見つけ、そこをたどった。彼らは練習するたびに早くなっていった。最後には、始めたときより二倍も速くトレイルの端に到着していた。途中、右や左にそれることも少なくなった。**スニッフ**自体もっと速くなった。

三秒に一回のスニッフだったのが、最後は二回に増えたのである。実験にはまた、よほど気の良い被験者でもなければ耐えられないようなさまざまな操作が加えられ、それによって、両方の鼻孔で嗅いだほうが片方だけで嗅ぐよりも良い結果が出ることがわかった。左右それぞれの鼻孔で、吸いこむ量がほんのわずか、何立方センチか違うからだ。

さて、この被験者たちは犬ではなかった。すべての人間はおおむねのろまな生きもので、一〇メートル這うのに何分もかかる。まだハイハイが上手でない幼児のペースとほぼ同じだ。しかも犬が追跡するトレイルでは匂いの出どころ（犯人）が逃げてしまっているのだが、この実験では匂いの出どころ（チョコレート）はいまだに草原に埋められた糸の上にとどまっていた。トレイル自体もシンプルな連続した道で、数回のトライアルでもほとんど変えられていなかった。

そのうえ、ここで被験者たちが嗅ぐのを命じられていたのは、犯人の靴底ではなく、チョコレートの匂いだった。そんなわけで、これで追跡犬が失業するような危険はない。だがこの実験の結果は、単純だが大きな意味をもっていた――彼らは時間とともにどんどんうまくなっていったのである。練習が、彼らを信頼できるチョコレート追跡者に仕立てあげたのだ。

鼻の失われた筋肉

そこでわたしは練習することに決めた。ただひたすら嗅ぐこと――さらに別の鼻孔でもう一度嗅ぐこと。最初は、手に触れたものや、歩くときのまわりの空気を、意識して嗅いでみる。日々の暮らしのなかで、目で見つめるときと同じ意図をもって、鼻を通して吸いこむことを忘れないようにするのだ。

そしてもうひとつ、これまでより熱心に嗅ぐことだ。チョコレートの匂いを追跡するときのように、あるいはワインや香水の専門家がするように、練習すること。いずれも遺伝子ではなくトレーニングで作りだされた専門技能である。

基本となったのは、犬の嗅覚において例の「スニッフ」が果たす役割だ。もし本当に嗅ぎ方を覚えたいなら、筋肉を整える必要がある。鼻の筋肉だ。

鼻の筋肉に関心を払わないからといって恥じ入る必要はない。実際、自分の鼻に筋肉があることに気づかないことさえあるのだ。大変な権威のある『グレイの解剖学』〔一八五八年ヘンリー・グレイ著の解剖学書の古典〕の編者たちは、どうやら鼻にほとんど注意を向けなかったようで、一九〇一年版では挙げられていた七つの「生来の」もしくは内部の筋肉のうち三つが、一九八九年版では謎のように消えていた。この削除は、人間の鼻の急速な退化とは関係なく、また顔の解剖学研究が驚異的に進んだ結果でもない。それが意味しているのは単に「怠慢」である。解剖学の教科書にそれらの筋肉が載っていないことに気づいた何人かの医師たちは、鼻の形成外科手術のあと筋肉がどうなるか懸念したすえ、一九九六年になってこれらの筋肉がいまだにわたしたちの鼻に存在していることを確認した。存在しているどころか、これらの小さな、無視された筋肉は、鼻が鼻としての義務を果たすうえで必要不可欠なのである。

一ダースの筋肉が、人間の鼻を動かすのにあてられている。どれも重要な、表現豊かな、もしくは広汎な仕事をする。鼻に皺をよせて嫌悪の表情を作る筋肉。生理学者の言う「著しい表情顔貌」と軽蔑の表情を作るために収縮と拡張を行う筋肉（上唇挙筋である――軽蔑した顔にしたければこれを使うとよい）。空気圧に抵抗して息を吸いこむために鼻孔のサイズを大きくする筋肉。怒りの表情を表すための筋肉（漫画に描かれるような、火を鼻から噴きだすドラゴンや疲労困憊（こんぱい）した競走馬を考えるとよい）。そして最後に、匂いを嗅ぎ入れるための筋肉。

嗅ぐ仕事のいくらかは、鼻翼を広げることによってなされる。もって生まれた筋肉を使って、鼻孔を精力的に広げ、鼻翼を広げるのである。なかには鼻翼がつねに広がっていて、いつもちょっと興奮しているように見えたり、嗅いでいる真っ最中のように見える人もいる（ときには鼻の形成手術に頼ることも）。ある研究によると、被験者の四〇パーセントは、鼻翼を広げられなかった。七〇歳以上では大多数がそうだという。顔の他の筋肉で補おうとすると、結果はしかめっ面と苛立った表情のコンビネーションになる。（これが鼻をちゃんと使えないときの気分なのかもしれない）。

たまたまわたしは残りの六〇パーセントで、筋トレは必要でなかった。必要だったのはただ、どう嗅ぐかという知識である。鼻に沿って走る複数の交差線からなる筋肉の存在に気づくだけで、それに焦点を合わせて使うことがずっと楽になった。嗅ぐのに慣れていない人でも、どのくらいの空気を取り入れるか、どのくらい早くそれを取り入れ、どのくらい長く、また何回くらい嗅ぐか、意識して変えることができる。一方この時点でも、あなたの脳が関わってくる。取りこんだ匂いが何なのかを決めるのは脳であり、鼻ではない。脳は嗅ぐときの強さを考慮する。匂いの空気を鼻の上のほうに行かせようとして強く嗅ぐと、脳はそれを弱い匂いとして知覚する。強い匂いは、強く嗅がなくても知覚できてしまうからだ。事実、ときにはただ空気を吸いこむだけでも、脳が何かの匂いがすると考えるのに十分である。たとえ嗅いだものが純粋で清潔で匂いのない空気（そんなものがあればだが）だけだったとしても、あなたの一次嗅皮質はおそらく匂いを記録するだろう。空気の流れと、筋肉の活動がともに、脳に勘違いを引き起こすのだ。

練習

最初はうまくいかなかった。わたしにとって最初の匂いの訓練は、吐き気と嫌悪、そして恐怖の発作をもたらした。

勧誘の文章はぶっきらぼうだった。「実験には、匂いを嗅ぐことと、それを評価することのふたつが含まれます。初回の所要時間はおよそ二時間です」。レスリー・ヴォスホールの率いるロックフェラー大学の嗅覚研究室が被験者を募集していた。呼びかけそれ自体には気をそそられなかった。だがその先を読むと、そこには嗅ぎ手への評価があることが暗黙に示されており、それがわたしの負けん気を刺激した。「場合によっては比較的短期間に、一回だけでなく一〇回まで、継続して匂いの評価を依頼する可能性があります」。これこそ、「練習」をするための完璧な機会に思われた。強制的な匂い嗅ぎ勝負（スメリング）。しかもずばり、大学の環境のなかで。

そのときのわたしは、一回二時間の匂い嗅ぎを一〇回するということがどういうものかがわかっていなかった。

申込者の資格はつぎの通り
年齢：一八歳から五〇歳。非喫煙者。
匂いに対するアレルギーのないこと。喘息のないこと。
嗅覚に影響を及ぼす鼻の病気か既往症、もしくは手術歴がないこと。
現在、花粉症もしくは上気道感染症にかかっていないこと。
嗅覚に影響を及ぼす薬剤を使用していないこと。

資格はあった。わたしは研究コーディネーターにメールを送った。

一月二二日の朝。わたしはマンハッタンの東端にあるロックフェラーのキャンパスまで歩いていった。雪が降っている。キャンパスは一連の門の向こうだ。通り抜けたがる人びとを誘うような横道はない。車は速度を落とし、町はそれなりに静かだ。積もる雪が忙しく町の匂いを埋めていく。風が吹いて、感覚は触覚だけに切り詰められている――刺すような冷たい雪片がわたしの顔を連打する。

大学に着いたわたしは、いくつかのドアを押して奥に入っていく。ドアはひどく重く、真空シールされているみたいだ。中は待合室特有の匂いが密閉されていた。なかば消毒剤、なかば濡れた新聞紙と雑誌。ここでわたしはサインするように一枚の同意書を渡される。同意書には、被験者の二〇パーセントが実験のあとで匂いの感覚が一時的に減衰すると、軽い調子で書かれていた。手指消毒剤（Purell）のはっきりしたつんとする匂いを吸いこんだわたしは、匂いを感じなくなるのも悪くないんじゃないかと思った。

　実験室では、三人の女性がコンピューターのスクリーンを前に無表情にすわっていた。それぞれ、かたわらに小さな瓶を入れた大きな容器を置いて、ときどきキーボードをたたいている。わたしが入っていっても何も言わない。ひとりが容器をひっかきまわし、一本の瓶のキャップをはずして鼻に持っていき、それから事務的な様子で何かキーボードにたたきこむ。全員まるでプロのようだ。だがあとで知ったのだが、彼女たちはわたしよりもわずか数百回よけいに嗅いだだけだった。

　セーターを着た女性が、温かい微笑を浮かべてわたしに挨拶する。研究コーディネーターのペギー・ヘムステッドだ。被験者たちを未知の匂い嗅ぎの冒険へと連れていってくれるガイドである。彼女はわたしに、小さなボトルを載せた大きなトレイを持ってきた。わたしは興奮で身震いする。白い蓋のついた茶色のガラス瓶が一〇〇個。トレイが置かれたとき、互いに触れあって音をたてる。これからボトルの中の匂いを評価することになるのだろう。まずはその強さ、快さ、馴染みがある匂いかどうか。さらにその特徴、それが暗示するもの、その匂いがもつ基本の「ノート（香調）」。果物のような匂いか？　少し生臭いか？　それとも草の匂いがするか？　尿の匂いか？　食べられるか？　一七のオプションがある。わたしはまだ心の準備ができていない。

　ヘムステッドがまじめな顔で言った。「とても強い匂いもあるのよ」。彼女は警告する。蓋を取ってから鼻まで持っていくあいだ、ゆっくりと、蛇行ルートをとるのがいいと彼女はアドバイスする。

　聞きながら、わたしは不安になってくる。最初のボトルをのぞくと、底に数滴の液体が見える。ごくわずかだ。いくつかのボトルには、底にちっぽけな水溜まりができている。こっちのほうはスノップなワイン通のように瓶を回して、微量な匂いを嗅ぐことにしよう。ボトルの中には、中身が結晶して山になり、瓶の壁を登って逃げだそうとしているものもあった。

わたしは最初のボトルを持ちあげ、鼻孔を広げていっぱいに吸いこむ。何を嗅いでいるのか、全然わからない。最初のボトル、それから二番目、さらに三番目のボトルを持ち上げながら、わたしは思う――匂うのは確かだ。だがその匂いは何なのか？　わたしはそれぞれに「生臭さ」と「酸っぱさ」を当てる。だがまるでいい加減だ。本当のところ何もわかっていない。

一ダースが終わる。つぎのボトルを開けて、わたしはほっとする。馴染みのある匂い。ココナッツだ。ボトルを持ち上げる途中で、ココナッツの豊かで、甘く、まろやかな匂いが、わたしを打つ。子供のころの誕生日ケーキ。父が大好きだったマカロン（父に甘い祖母がいつも作ってあげていた）。温かいカレーに添えられた甘いナッツの感触。記憶のなかを泳ぎながら、わたしは一瞬、勝利感にひたる。

その日を終えるまでにはあと八八個の匂いが残っている。

三〇個目のボトルにかかるころには、わたしは方向感覚を失っていた――嗅球に向かって発射された匂いのストロボのせいで頭がくらくらする。無数の奇妙な匂い。どこに向かおうとしているのかわからないまま長い廊下を歩いているような気分。深みのある酸っぱい「ノート」がきつい感じに変わる――それともスパイスっぽいのだろうか？　人間の匂いだろうか？――やがてその匂いは見えないドアの向こうに消えていく。頭は匂いの反響で渦を巻いているが、見分けのつくものはほとんどない。失われた言葉が回収できない――ちょうど喉まで出かかっているのに思い出せないときのように。喉まで、というか鼻まで、か。まさに言葉の責め苦だ。その匂いに馴染みがあるかどうかはわかるし、似たような匂いの名を挙げることさえできる。だが肝心の匂いの出どころは出てこない。ときには「これだ」と頭の中でベルが鳴る。だがたいていの場合、そのベルは毛布で包まれ、車の騒音にかき消されて、くぐもった音しか聞こえない。

ごくごくわずかな光が射すことがある。まったく見分けられない匂いが続いたなかで、とくべつ弱い匂いが脳をつらぬき、大喜びで姿を現す。やあ！　ぼくは鉛筆の削りカスだよ！　わたしはもう一度嗅ぐ。いやと言うほどたっぷりと。完全に自己満足のためだ。

そのあともわたしはバブルガムやアーモンドエッセンスと出会い、それと見分ける。もうひとつ別な匂いが、わたしの鼻をとらえる。地元のヘルスフードの店だ。店のドアを開けたのを知らせるベルの音がほとんど聞こえるくらいだ。開けると同時にこのはっきりした匂いがわたしを出迎える。次の週、わたしは店に入って主人を探し、聞いてみる。「この店に入るとなんかこう、特有の匂いがするんだけど……」。わたしは少しためらいながら言いかける。人によっては「特有の匂い」がすると言われるのは嫌かもしれない。

「ウィートグラス！」彼はわたしの言葉をさえぎった。「ウィートグラスですよ。わたしにはウィートグラスの匂いがするって、みんな言いますよ」

ひとつ、信じられないほどぞっとする匂いがあった。反射的なむかつきを抑え、ボトルをぐいと向こうに押しやりながら、それでももう一度嗅がなくてはならないのはわかっていた――科学のためだ。だれだって、汗くさい、吐き気をもよおすような気体を、自分から顔の近くまで持ってくる心の準備などできるものではない。

いくらか咳きこみ、怒ったように鼻をかんだあと（まるで細胞から力ずくで匂いの分子を追いだすみたいに）、匂いのない水をひと口飲んでひと息ついたあと、わたしは次の匂いに向かって心の準備をする。スマーティーズ（ラムネ菓子）だ。わたしはそこにしばらくとどまる。その甘い、快い粉っぽさが、さっきの不快な記憶を鈍らせてくれる。

最後のボトルの蓋を閉めたとき、ふいに別の匂いが部屋を満たす。甘い草の鋭い香りだ。わたしは見まわした。だれかが液体をこぼして、その匂いを部屋に発散させたにちがいない。だがそこにはひっくりかえったボトルも見えず、だれもあわてている様子はない。コーディネーターのヘムステッドは、落ち着いた足どりで奥の部屋に向かっている。大惨事からあわてて逃れようとしている様子はまったくない。ねえ、匂いがするわよ！――彼女の後ろ姿に向かって呼びかけようと思った瞬間、ふいに気がつく。まさしくこれは自分の頭から出てきている匂いだ。匂いの幻覚――あるいはたぶん匂いの余波だ。わたしはヘムステッドが隣の部屋から戻ってくるのを待った。「想像上の匂いってあるのかしら？」とわたしは尋ねる。「もちろんよ！」彼女は楽しそうに言う。「それもしょっちゅうよ！　匂いのエコーだってあるわよ」。

彼女の予言は当たる。ボトルを一〇〇個――どんなに一生懸命くりかえし嗅いでも検知できないのも入れて――、全部嗅ぎ終えるまで三時間と二〇分。それがすむと、わたしはよろめきながら外へ出る。今までの経験がわたしの気力を奪っていた。最後のボトルをもとに戻し、吹雪の中に足を踏み出したあと、わたしは町の匂いを探した。やってくる唯一の「香り（ノート）」は、吹雪のせいで渋滞している車からの排気ガスの匂いだ。アイドリングしている車、トラック、バス。だが一時間か二時間後、屋内に戻ったとき、匂いのエコーが始まった。ほとんどは甘い、ケミカルっぽい匂いで、どこからともなくやってきて、ふいに鼻を打つ。食べ物の匂いはまだ感じられる。被験者の二〇パーセントが一時的な嗅覚消失を経験するということだが、わたしの場合はそうでない。むしろ匂いが付け加えられるのだ。ブルーベリーにはなにか腐ったような感じがある。プレーンクラッカーは吐き気を催す匂いがする。こと匂いの翻訳に関しては、わたしの鼻はまったく凡庸だったようだが、それればかりか、いまや匂いのないときに匂いを運んでいた。その日の午後ずっと、わたしはこれらの匂いの幻影に悩まされていた――眠りがようやくそれをしずめてくれるまで。

次の日、わたしのもとにある知らせが届く。良いニュースというか、悪いニュースというか。「匂いの研究のための適格審査に合格したことをお知らせします。」ペギーからのEメールだ。良いニュースというのは、駄目だと思っていたにもかかわらず、自分が少しは嗅げるという事実であり、悪いニュースというのは、嗅ぐ匂いがあとまだ九〇〇〇個も残っているということだった。

それから数か月にわたって、わたしはこつをつかみ始め、ほんとうに嗅ぐ（スニッフ）ための方法を工夫する。要するに、自分の命がかかっているかのように吸いこむのだ。最高に頑張るときは、鼻孔をふたつともつまんで下にむけて広げ、風にまいあがるスカートのようにする。さまざまな鼻の体操――持ち上げ、広げ、押しつけ、そしてそのくりかえし――が、習性となる。

結局のところ嗅ぎ入れる（スニッフィング）のにはたくさんのやり方があるわけだ。そしてそのやり方――匂いの分子を鼻の中に運びこむ手段——は、犬と同じく、とても重要なのである。嗅ぎ入れなければ、わたしたちが鼻を通して吸いこむ空気のうち上皮に届くのは、五パーセントから一〇パーセントだけだ。嗅がなければ、匂いは感じない。嗅覚とは「アクティブなプロセスだ」と、ある学術論文が述べている。空気が鼻腔を通って流れていかなければ、わたしたちの前にある「匂いのシーン」は消滅する。

実際、上唇のまわりの乱気流の動きを注意深く記録してみると、最初は穏やかに嗅いでいる。だが五〇ミリセカンド（〇・〇五秒）以内に、検知した匂いに応じて、いわゆる「嗅ぎの強さ」——鼻孔を引っ張る力と吸いこむ空気量——を調整する。この調整のスピードを見ると、どうやらわたしたちは匂いを皮質下で、意識せずに処理しており、また鼻孔に戻ってもっと激しく嗅ぐか、あるいはやめるかを命じているようだ。匂いがきわめて弱ければ、あるいはとても快いものであれば、わたしたちは嗅ぐ長さや強さを増し、それを続けていく。匂いがきわめて強いとか、不快だったりすれば、嗅ぐ長さや強さを減らすわけだ。*

鼻の中に匂いを引きこむには一回たっぷり嗅げば十分なのだが、たいていの場合、わたしたちは何度も嗅ぐ。一回たっぷり嗅ぐ分量、つまりカップ二杯分の空気を取り入れるための時間は一秒ほどだろう。だが匂いのミクスチャーをそれぞれの成分に分解するには、二回嗅ぐほうが一回よりも

*眠っているあいだでさえ、わたしたちの脳は匂いをとどめる——そして、それが快い匂いかそうでないかを知る（快いときはもっと深く嗅いでいる）。だがその匂いで三叉神経がくすぐられないかぎりは、目がさめることはない。

はるかによいわけだ。

ときおりわたしは手を止めて、他の被験者のスタイルを真似してみる。ほとんど全員が、一度に両方の鼻孔で嗅ぐのではなく、片方ずつで嗅いでいるようだ。事務的にボトルを片方の鼻孔に近づけ、つぎにもう片方の鼻孔に持っていく。左右の鼻孔はそれぞれ違った仕事をするため、わたしたちは左と右の鼻孔をかわるがわる使う。鼻孔のひとつは、「低流量」鼻孔である。それが悪いわけではない。これだともっと強く、あるいは長く嗅ぎ入れられるからだ。したがってそれぞれの鼻孔は、匂いに対してわずかに違った見方を手に入れる。嗅覚心理学者のレイチェル・ヘルズ博士によると、右の鼻孔で嗅ぐ匂いは、「快楽的」反応に強くつながっているようだという。中立的な匂いでも、右の鼻孔を使って嗅ぐと、より快いものとして知覚される。また、はじめての匂いは、左よりも右の鼻孔を使ったほうが上手に嗅ぎ分けられる。左の鼻孔は言語をつかさどる大脳左半球に通じて、その匂いに馴染みになった段階で名前をつけるのを助ける。

ロックフェラー・ラボで過ごすだいたいの時間、わたしは匂いを失っているように感じる。多くのボトルには、何か液状のものや粘り気のあるものが入っているけれども、わたしの鼻にはまったく何の匂いも届かない。スーパーマンならぬスーパーノーズがあったらいいのに。この装具をつければ、一跳びでビルを飛び越せるだけでなく、中の住人たちのそれぞれの匂いを嗅ぎ分けられるような……。この珍発明にいちばん近いのは、まったく不評だったものの、一九世紀中頃、ヘンドリック・ツワーデマーカーが作った「オルファクトメーター（嗅覚測定器）」だろう。この器具は、匂いをびっしりしみこませたタンポンを内蔵した陶製の筒（外筒）と、匂いを吸いこむ細管からできている。使い手はゾウのように鼻を突きだし、下の取っ手を使ってタンポンを含む外筒をずらしながら、細管の先端部から空気を吸いこむ。匂いを感じるまで、どれだけ外筒を移動したかを目盛りで測り、その人の嗅覚尺度とする。ただしこの場合、匂いは凝縮され、いわば逆メガホンのように、こちらに向かって大声で叫びかけてくるのだ。*

匂いを見分けることは、毎回のラボ訪問でのハイライトだった。だが見分けるのはいつも難しかった。わたしには匂いを表す言葉が見つけられなかった。そして匂い自体、とらえにくい生きもので、名前とか記憶でとどめようとするわたしの手から逃れるのだった。匂いのためのわたしの言葉はどこにいったのだろう？

もちろん匂いに名前がなくとも、嗅ぐことはできる。だが人間はまず言葉ありきの生きものだから、言葉なしで何かを知覚するのは大変な苦労だ。匂いを表す言葉が多くなればなるほど、もっとそれに気づくことができる。

だがあいにく、ほとんどの人間はふたつの点で言葉が不足している。ひとつは、大部分の言語で、匂いを表す語彙がきわめて少ないことだ。英語の語彙は両手で数えられるほどしかない（太っ腹に alliaceous（ネギ臭い）、barny（納屋臭い）、

＊現代のオルファクトメーターである Nasal Ranger は一種の縮小器で、匂いが検知閾値の下限を過ぎるまで、精密に希釈していく（こうして、たとえば、産業臭気の毒性を判定する）。エレクトロニクスノーズ（電子鼻）は、犬を使わずに犬の鼻がやるすべての仕事を行うことを期待されており、持続的に開発されてはいるが、まだ犬にはほど遠い。

farinaceous（粉臭い）、fusty（カビ臭い）、hircine（ヤギ臭い）、mephitic（有毒臭）なども含められるかもしれないが……まだあと四本、指が残っている）。「ピンク」とか「大声の」とか「ざらざらした」に相当する匂いの語彙はない。それが基本的な匂いであっても、あるいは快い匂いやひどい悪臭であっても、それを表す基本的な言葉はないのだ。たいていわたしたちは匂いの出どころを言う。コーヒーの匂いとか牛の糞の匂いとか。あるいはもっと抽象的に「初夏のような」匂いとか。だがその「初夏の匂い」というのが具体的に何かはわかっていない――スイカズラなのか、干し草なのか、小さな力強い草が突きでている湿った土なのか。むしろわたしたちの言葉は評価の要素を含むか（「愛らしい匂い」とか「おぞましい匂い」など）、あるいは抽象的になる（「青臭い」とか「悪い匂い」など）。

　すべての言語で匂いの言葉が乏しいわけではない。とりわけ、マレー半島に暮らすふたつの森林狩猟採集民――マニクとジャハイ――の言語では、匂いを表す語彙がきわめて多く、日常的に使われている。マニクの文化では匂いについての知識はとても重要とされている。危険を察知するにも、また狩猟採集や医療にも、それが必要だからだ。彼らの匂いの言葉は、ある種の匂いの集団を指している。わたしたちの「青」が、空、海、そしてわたしの息子の目を表すように。miʔ huhũɸ というマニクの言葉は、似た匂いをもつ物や経験全体に対して使われている――ヘビ、土、キノコ、汗、あるいは森を歩くこと。一方ジャハイは、わたしたちが色に名前をつけるのと同じように、やすやすと匂いに名前をつける。一ダースほどの基本的な匂いの語彙があり、そのなかには「コウモリの糞、煙、ショウガの根、そして石油」をまとめて表現する言葉もある。

もうひとつ、わたしたちに不足しているのは慣れと訓練である。（マレー半島に住んでいない）わたしたちの大部分は、匂いに名前をつけることにも、匂いを見分けることにも慣れていないし、訓練も教育もされていない。前に述べたバークレイでのチョコレート実験の責任者のひとりであるノーム・ソーベルは、家人に目を閉じてもらい、その鼻の下にピーナッツバターの瓶を置いたときのことを書いている。その人物はピーナッツバターを「毎日」食べていた。結果はどうだったか？「神経障害などなかった」にもかかわらず、彼女はその匂いを見分けることができなかった。それも匂いの科学者と一緒に住んでいるのに！　リサーチによると、毎日使っていたり触れていたりする匂いであっても、別の状況で出会うと、その半分も名前を言うことができないという。

公平に言うなら、匂いの語彙をたくさんもっていることが進化という点で意味があるかと言えば、そうとは思えない。匂いはわたしたちが逃亡する、交配する、食べる（あるいはこれらのことを避ける）のを助けてくれるかもしれないが、別に話すように仕向けてくれるわけではない。わたしたちはいまだに、最初に情動的反応を示し、つぎにそれにあてはまる言葉を探すという、あの太古からの傾向をもっているようだ。

ひとつのボトルの匂いにたったひとつの名前をつけられないときでさえ、匂いを認めることができた満足は、日常経験する大きな感覚の喜びに匹敵する。古い冷蔵庫のドアが閉まるときの音、手に触れるボールベアリングのなめらかさ、時計のゼンマイの目を見張るような複雑な調整ぶりとリズム……。何回もラボに通って、わたしはさまざまな匂いを見分ける。クレヨン、スミレ、三分間くしゃみが止まらなかった胡椒（こしょう）みたいなもの、花瓶に長いこと挿してあった花、マニキュアリムーバー、咳止めヴェポラッブ、レッドホッツシナモンキャンディ、ラム、リンゴ味のペロペロキャンディ、煮えている肉、ケーキのアイシング、バンドエイド、生物学の教室、粘土、春の季節、蒸し暑い日の芝生、なんだかわからない「キャンディ」、石炭、新しいレコード。

わたしは解剖学上の発見をする。くしゃみが嗅覚システムを補助する器官によってコントロールされることを知ったのだ。顔と頭頂部の触覚をつかさどる三叉神経は、さまざまな刺激物が鼻、口、あるいは目の中に入ると、それに気づく。わたしたちはあらゆる種類の感覚——冷たさ、しびれ、ひりひり感、かゆみ、灼（や）けるような感じ、刺すような感じ——を、実際には嗅いでいないのに、嗅いだ匂いとして経験する。スパイシーな食べ物は熱くて刺すようなものとして感じられる。三叉神経は空気中の汚染物質を検知し、鼻をひりひりさせ、目に涙を誘う。

あるとき長いこと匂いを嗅いでいて、わたしは順応の魔法を発見する。同じ匂いを嗅ぎつづけていると、新しい匂いに気づくときに最高の力を発揮する匂いのレセプターはすっかり疲れてしまって、ニューロンが発火をやめてしまう。これは日常いろいろなところで経験する生理現象だ。地元のコーヒー店に入ったとたん、高価なバーグラインダーで挽いたばかりのコーヒー豆の匂いがコーヒー好きなあなたの鼻を打つ。数分後、まだ列に並んでいるのに、その匂いは不思議に消えてしまっている。コーヒー店は変わっていない。要するに、その匂いに気づいたレセプターがちょっとのあいだ休んでいるということなのだ。レセプターを目ざめさせるには、その匂いのある場所を出て、あとでまたそこに入ればいい。そんなわけでとくに見分けるのに難しい匂いがあったときは、順応の現象を心にとめていったん休止する。これ以上嗅いでも匂いは呼びだされないのだ。

練習していくにつれ、匂いの名前を見つける新しい方法がわかってくる。とても馴染みのある匂い（多くの匂いは「馴染み」があった）に出会ったとき、わたしはボトルを置いて目を閉じ、その匂いについてくる記憶を探す。この匂い。家の中だ。今まで住んだことのある家のひとつ。どの部屋だろう？　バスルームか？　いや違う。だれかいるか？　だれもいない。わたしは記憶のなかの一ダースもの空の部屋を見てまわる。これは何も考えていないという状況に似ているかもしれない――「その瞬間」（広い、空っぽな瞬間）に生きていると言ってもいい。わたしはボトルを鼻に持っていき、わからないまま五分間費やす。クレゾール？　サンスクリーン？

マジックペンだ。ピンポーン、当たり！

ごくふつうの、はっきりした匂いさえ、ふだんと違った状況で嗅ぐと、すぐにはわからないことがある。ある匂いを嗅いだわたしは、その匂いがありそうな場所を想像してみる。スパイスだ。カルダモンか？（それにしてもカルダモンってどんな匂いだったっけ？）母が使っていたスパイス。それもほんのときたまだ……。わたしは母の台所にあるスパイスのキャビネットを頭に描く。スパイスの瓶の幅に合わせて作ってあり、開けたときに瓶が動かないように、ひとつひとつの瓶の前にカーブしたバーがついている。思い出した。そうだ、ママは何かの肉の塊を料理するのにそのスパイスを使っていたっけ。ほら、黒くて先がとがっているやつ……そう、クローブだ。

思わず笑みがこぼれるようなこうした発見と認識の喜びにもかかわらず、ラボに行くことを考えただけで、わたしの中に身体的反応が出てくる。ほんのわずかだが、ぞっとするような匂いのいくつかが痕を残したのだ。新しいトレイを持ってすわり、それからボトルを鼻に近づける。そのたびに体全体に緊張が走る。胃がきりきりする。喉がつまる。小さな凝縮した匂いを鼻孔に持ってくることは理屈抜きの賭けだ。ときたまにせよ、そこから出てくる匂いがパンドラの箱の中身だと知っているのに、ボトルをわざわざ鼻に持ってくるのは……。

しばらくたって、ペギー・ヘムステッドから次回の予約のためのメールが来る。わたしは何週間ものあいだぶっ続けでそれを延期する――ボトルの中に見つけだすかもしれないあの濃密な、うんざりするような匂いを、心が忘れるまで。

最後のラボ行きから数か月後、ロックフェラーのキャンパスに戻ったのは春の盛りの頃で、二週間しか咲かないマグノリアの開花時期にあたっていた。桜の花が木全体を燃え立たせ、空気は穏やかで、空は青くかすんでいた。最後にこのキャンパスを出たときと対照的だ。あのときは、冬がぐずぐず居残っていて、何百もの匂いがわたしの鼻の中で跳ねまわっていた。

わたしはレスリー・ヴォスホールに会うために、コラボレイティブ・リサーチセンター（共同研究センター）の三階に向かう。いかめしい古い建物群にはさまれた殺風景なガラスのビルだ。あと一時間で始まる「サイエンス・サタディ」イベントのために、学生たちが忙しくディスプレイ用のテーブルを準備している。全員絞り染めのシャツを着ている。ファッションというより、繊維プラス染料の最終生成物を見せようというわけで、学生のひとりが言うように、「要は、化学的結合のディスプレイ」なのである。土壌のバクテリア、地下鉄システムのマイクロバイオーム（微生物叢（そう））、アイスクリームの凝固点、イチゴのＤＮＡに関するブースが、各フロアに間隔を置いて並んでいる。「土壌に匂いを与えるのは微生物です」。若い研究者が、自分のテーブルに来た人びとに話しながら、シャーレを差しだして嗅がせている。

わたしは壁がガラスになっている部屋に入る。やはり絞り染めのシャツを着て、髪をふたつに分けて結んだヴォスホールが、この日のデモンストレーションのために五つのテーブルに、わたしにとって馴染みのあるボトルを並べている。その前の週、彼女は、権威のあるナショナル・アカデミー・オブ・サイエンスの会員に選ばれていた。キイロショウジョウバエの嗅覚回路のマッピングから、蚊に好かれるヒトの匂いの遺伝子の発見まで、広汎な研究分野とスキルが評価されたのである。いま彼女は、大きなインデックスカードに番号をつけている。これを使って、ゲストたちに、嗅いだ匂いを推測してもらうのだ。業務用ファンが隅に置かれている。彼女の助手が陰気な感じで言う——「匂いは集まる傾向がありますからね」。

わたしを見てすぐに彼女は、スタディ「０７８０」（と呼ばれているらしい）に参加してくれたことに礼を述べる。「酷い実験だわ」とヴォスホールは告白する。どうやらわたしたち被験者は、ふたつの濃度で提供された四八〇の匂いに加えて、本格的な実験に入る前の準備として、二〇の対照サンプルを嗅いだようだ。このウォームアップの目的の一部は、被験者が嗅げることを確かめるためである。「来る人の五パーセントは匂いがわからないから」なのだ。

この研究は本質的に基礎科学だった。どのようにして分子から匂いの経験まで行くかについての調査だ。スタディ０７８０で嗅いだボトルの大部分は単一の分子からなるもので、かならずしも知られた匂いではない。「わたしたちはただ、分子の構造を調べて、それがどんなふうに匂うかを知ろうとしただけなの」とヴォスホールが言う。「なぜそんなふうに匂うのかについては合理的な説明はないのよ」。光はスペクトルに並ぶ波長でやってくる。そしてわたしたちは、それぞれの波長成分に合わせた視覚レセプターをもっており、見たのがどの色かを決める。匂いの場合、どんな種類の「スペクトル」があるのかなど、わかっていないのだ。

「もしもわたしたちが視覚のルールを知らなかったら、一〇〇人の人にカードを見せて、どう感じるか言ってもらうでしょうね――これは青い感じがするとか、これは紫っぽいとかね」。ヴォスホールのチームが匂いについてやっていたのがそれだった。与えられた評価用の言葉は、匂いについて語るための暫定的語彙だ。「言葉はとても不完全だわ」と彼女は認める。実際にわたしは、与えられた一七の語彙よりももっと多くのオプションが欲しいとよく思ったものだ。* いくらかの匂いは、甘ったるい、香ばしい、もしくはジムの匂いのようだった。確実にソフトな匂いがあり、鋭い匂いがあった。みずおちのあたりがむかむかするような匂いもあった。とがった匂いもあれば、新鮮な匂いもあった。そしてしだいに多くの匂いが実際に色をもっているかのように感じられてきた。大まじめで、「甘くて酸っぱい木（sweet acid tree）」と書きとめた匂いもあった。わたしの造語だ。あとになってわかったのだが、どうやらそれは、混乱しきった鼻の産物だったようだ。

　わたしは彼女に、例のとてもひどい匂いのことを聞いてみた。何日ものあいだわたしの鼻にこびりついていた匂いだ。「可能性はふたつのうちのひとつね」。カードに4と記しながら彼女は答えた。

「その匂い物質というか、それが結びついたひとつあるいは複数のレセプターが、持続的な神経活動を引き起こすの。基本的にそれはレセプターに結びついて、離れようとしない。で、レセプターはずっと言っているわけ――キモイ、キモイ、キモイ、キモイってね。もうひとつの可能性はこうね。鼻の粘液にはさまざまな種類のタンパク質が溶けていて、匂い物質を掃除する仕事をしているわけ――職場環境の維持改善ということね」。彼女は言葉を止めて助手に指示を与える。「それが匂いが多すぎて参っちゃったのよ」

エイヴリー・ギルバートはこれを「ノーズワーム」――頭の中からずっと離れないメロディの嗅覚バージョン――と呼ぶ。彼はまた、それが匂いにおける一種の「予知的感覚リハーサル」かもしれないと言っている。新しい味とか音とかを「リハーサルする」もしくは思いめぐらす。その味や音がとくに奇妙だったり深いものだったりする場合に多いというのだ。そうだとしたら、あのときもしわたしがあと数千個のボトルを嗅ぎつづけていたら、それを克服していただろう、たぶん。

そこを出る前、わたしはその日のビジターのために用意してある最初のディスプレイの前で立ち止まり、嗅いでみた。ビタミン剤の瓶くらいの大きさの容器には、よくある匂いをしみこませた綿玉が詰まっている。合成香料のバニラはだれにでもわかる。一九世紀に作られた最初の合成香料だ。ひと嗅ぎでわたしはそれを当てた。*cis*－3－ヘキセン－1－オール（青葉アルコール）はひどく

＊食用の匂い／ベーカリー／甘い／果物／酸っぱい／酸／ケミカル／汗くさい／カビくさい／尿くさい、もしくはアンモニア臭／腐った／木／草／花／スパイス／魚臭い／ニンニク臭。

シャープな匂いだった。完全に草の匂いがする。添付のラベルには、生葉に含まれ、昆虫を誘因するとあった。アンドロスタディエノン（ここからアンドロステノンが合成される）の匂いを強く感じない人は三〇パーセントほどいるらしいが、わたしもそのひとりだということがわかった。これは男性の汗の成分で、ブタの強力な生殖フェロモンである。ほぼ同一のR体とS体〔同じ化学式の物質でも、右手と左手のように重ね合わせられない構造をとるものがあり、それを区別するために付ける呼称〕のカルボン分子は、わたしの鼻にはかならずしもはっきりとスペアミント（R）とキャラウェイ（S）の区別は感じられず、同じような匂いだった。わたしは外に向かい、スペアミントを買おうとニューススタンドを探す。それにキャラウェイの匂いが含まれているのを想像してみるのだ。

犬たちと同じように匂いを嗅ごうとするのはいくらなんでもわたしには無理なようだ。理由はたくさん考えられる。二足歩行がわたしのチャンスを消したのだろう。わたしの鼻の構造と生理機能そのものもそうだ。なかでも一番まずいのは、わたしがこれまでの人生で匂いに対してなんの注意も払ってこなかったことだ。匂いには注意が必要なのだ。だがこの自己実験で鼻が改善されたのか、それともただ対象に鼻を近づけやすくなっただけなのかはともかく、わたしが自発的に世界を嗅ぎはじめたのは確かだった。

今のわたしは、ワインを飲む前に鼻をワイングラスに突っこむ。食料品店の列に並びながら、通路に並ぶさまざまなパッケージの匂いを嗅ぐ。季節の変わりめには、引き出しを開けて新しい服を取り出し、冬眠していた匂いを吸いこむ。わたしは毎日の匂いの日記をつけ始める。はじめのころの記入は簡潔だ。「七月二四日　ペパーミント」「七月三一日　馬の糞」「八月一〇日　泡の洗剤で洗った歩道」。時間がたつにつれて記入はふくらんでいく。「三月二一日　製糖所——足を踏み入れる前に匂いがする。木材の煙と砂糖液の湯気。甘くて、濃密で、靄がかかっている」。飛行機の中では、匂いが閉じこめられ、始終わたしに向かって跳ね返ってくるのに気がつく。隣の席に置かれたアーモンド、ココナッツリップクリーム、温められた機内食、手はトイレの石けんの匂いだ。

ある朝アパートを出るとき、わたしは火事の匂いを嗅ぐ。パソコンで「火事、アッパー・ウェストサイド」と入れてグーグル検索するが、何も出てこない。あとで知ったのだが、その数分前に、三キロ向こうのパーク・アベニュー一一六丁目で建物の崩壊事故があった。かつて人間の匂いの感覚が毒物と危険を予知するのに役立ったというのは本当かもしれない。ひょっとしてわたしは、その原始の状態に戻りつつあるのだろうか？

多くの場合、意図して匂いに気づくわけではなく、じつのところ気づきたいと思って気づくわけでもない。朝、ゼミのために教室に入ると、たちまちだれか前の晩にニンニクを食べたのに気がついてしまう。学生たちにこれを言うと、本人もまわりもひるんだ顔つきになる。この先生、そばを通りすぎて空気の流れをとらえるだけで、わたしたちのことがわかるのだろうか？　喫煙者はすぐにわかってしまうが言わないでおく。タバコを吸ってからどんなに時間がたっていてもわかるのだ。友人が虫歯があることを話す前から、わたしは匂いでそれがわかかっていた。

夏になるとわたしは、鼻を上に向けて緑の茂る庭に入り匂いを嗅ぐ——なにか樹脂のような、蜂蜜のような、むんむんした、あるいはメロンのような匂いを、そしてまたちょっとスパイシーな、針葉樹のような、弾力性のある、野卑な感じの匂いを。わたしの鼻はバンドエイド、トマトの茎、松ヤニをとらえる。閉めきったコテージの中、泥、たまり水の池——それら悪臭の基地とともに。

ラボでの匂いがもたらしたすべてのエコーを消し去り、胃袋を鎮めるための活動休止期間のあと、わたしはまた猛烈に匂いに向かって心を傾けはじめた。だがまず最初に、わたしは専門家を観察することにした。

7　働く鼻

ここは古いデュポンの化学研究棟だ。わたしは奥の部屋の机の下にかがみこんでいる。建物はものすごく大きい。とてつもなく長い廊下と、かつては賑わっていた研究室の並ぶ三階建てで、今は使われていない。わたしがいる部屋は、昔はきっと隣接のラボで働く研究者のためのオフィスだったのだろう。むきだしのワイヤがラボの天井から垂れ下がり、化学実験用のドラフトチャンバーと蛇口に埃がうっすらとかかっている。部屋の中にあるものはすべて老朽化している。足もとのしみだらけのカーペット。しみのついた壊れた天井タイル。しみだらけの壊れたブラインドが滑り出し窓の上半分にかかっている。窓は外側からは開けられない。建物全体が地下室のように冷たい。廊下はむきだしだ。あちこちに明かりはちらちらついてはいるが、長い廊下につらなるどの部屋も散らかり放題だ。引っ越しのあと、それも大あわてで引っ越したあとみたいだ。棚のそばにはブックエンドが散乱している。引き出しは半開きで、ほとんど空っぽだ。わたしはまわりの床に目をやる。散らばっている小さなワッシャーが所在なげにわたしを見上げる。

ドアが背後で閉められたとき、あまりいい気持ちはしなかった。隔離室に閉じこめられ、レスキューを待っている気分だ。下のほうでトレーナーのくぐもった叫び声が聞こえる——犬、待・機・中！

そしてわたしは待つ。両手に手袋をはめ、皮製のタグトイ（引っ張りオモチャ）を握りしめて。ガ・ス、待・機・中！　トレーナーがまた叫ぶ。ガスは黄色のラブラドールレトリバーで、引き締まった体とビロードのような耳をしている。わたしは黙ってすわっている。待機していた建物の入口からこまでは三つのフロアと長い廊下がある。ふいに、犬が廊下を突進するのが聞こえる。全速力で廊下を駆け抜ける振動音が響く。目の前に犬の筋肉質の体が見えるようだ。警察犬に追跡されている容疑者はこんなふうに感じるのだろうか。わたしの体に緊張が走る。犬が近づいてくる。断固たる意志をもった強い動物が近づいてくる。わたしは有能な捕食者の餌食になろうとしている獲物の気分を少し味わう。

犬は隣の部屋に大きな音をたてて踏みこむ。荒い息づかいと嗅ぎまわる音が聞こえる。わたしの捕食者でもあり救助者でもあるその犬は二度吠え、それから止める。それからあと二回吠える。そこらじゅう引っかきまわして探す音が、その部屋に面したドアから聞こえる。わたしはドアのかたわらにぴったり立つ。タグトイを手に、開ける用意をする。さらに吠え声がする——三回、四回。八回目の吠え声でわたしはドアを開け、犬と対面する。わたしを見て、彼の目は広がったように見える。彼はふいに後ずさりする。わたしは言われていたとおり、タグトイをガスの口に押しこむ。

彼はそれを受け取り、少し吠え、ちょっとプレイバウ（お辞儀ごっこ）をし、そのトイを楽しそうに力いっぱい引っ張る。彼はわたしを見つけたのだ。

仕事犬は正真正銘、匂いを嗅ぐエキスパートだ。セラピー犬や盲導犬など、鼻を使わない仕事犬はいるが、仕事犬の多くは「検知犬」である。彼らが検知しているのは匂いをもつ特定の対象だ——行方不明者、違法ドラッグ、外来植物、がん細胞、害虫。視力と聴力も捜索に役立つかもしれないが、主役は嗅覚だ。

だが、どんな犬も生まれつきヤシゾウムシの匂いを見つけだすのに興味をもっているわけではない。生まれたときの犬はごちゃごちゃ動きまわるわけのわからない存在だ。目と耳管は閉じられ、四本の足は協調して歩くことができず、もっぱらママとお乳の両方をもたらしてくれる温かさと軟らかな触感を探っている。このごちゃごちゃした子犬たちがどのようにして意欲にあふれた本物の検知犬になるのかを知るためには、そもそもの最初から彼らの鼻をたどらなくてはならない。そこでわたしは、ワーキングドッグセンター（WDC）に行くことにした。

夏も終わりのころだった。電車の駅から、二年前にできたペンシルベニア大学獣医学部付属のWDCまでの道は、はじめのうちこそ快適だったが、しだいに魅力のない道へと変わっていった。フィラデルフィアの三〇番街駅の涼しい広い丸天井から、茂った木々に囲まれた赤レンガのドレクセル大学とペンシルベニア大学を通り抜け、それから南に方向を変え、人間味のない工学、医学系の建物の回廊を通って、最後に歩行者のほとんどいない広々した自動車高架橋に出る。一九二九年に架設された当時のままらしい跳ね橋が少し半開きになっていて、スクールキル川とその下の線路が眺められた。川を渡ったのはわたしひとりだ。川の向こう側にひと気のない交差点が現れる。ふたつのガソリンスタンドがハイウェイの入口両脇に立っている。WDCの創立者で中心人物であるドクター・シンディ・オットーが言っていたのはここだ。最後から二番目の目印の場所。目的地はもうすぐだ。

暑さのなかを歩いて汗びっしょりになったわたしが、３４０１グレイズフェリー・アベニューを通り抜けるころには、洗煉されたキャンパスの風景は完全にあとにされ、目の前には二三エーカーに広がるデュポンの研究・塗料試験プラントの廃墟が立ち並んでいる。ここは二〇〇九年に閉鎖され、ペンシルベニア大学が二〇一〇年に購入したが、化学者たちのいた当時とほとんど変わっていない。この敷地はデュポンに買収される前はもともと、硫酸と塗料のメーカーであるハリソン・ブラザーズ・ケミカル社のものだった。今日、いくつかの広い駐車場には、ほとんど影を落とさないまばらな木々が点在している。人影のない歩道のうしろに倉庫群がそびえたっている。長くて広い三階建ての工業用施設は、さらに一〇年余計に経た匂いがする。いくつもの大きな化学研究棟のまわりに、まるでそこから生まれたようにまばらな一階建ての建物が散在している。窓はなく、あるいはだれひとり中や外をのぞける窓のない建物群だ。

角を曲がると動きがある。黄色いラブラドールの子犬が埃っぽい風景のなかで跳ねまわっている。子犬はリードに噛みつこうとする。風に舞い散る落ち葉をくわえ、その葉を口から引っ張りだそうとする人の手にも噛みつく。この子犬が目印だ。雑草を通して、低い建物の向こうをのぞくと、黒いラブラドールが駐車場を突進しているのが見える。クーラーボックスの上に跳びのり、それからくるっと向きを変え、飛び降りると、また別のボックスに突進している。金網のフェンスの向こうに見えるのは、一面に広がった瓦礫（がれき）やガラクタの山だ。コンクリートの破片、壊れた木製パレット、そしてトランクが半開きになった廃車。だがよく見るとそこには、ジャーマンシェパードがいる。瓦礫の丘を駆け上がり、そのなかに消える。廃墟は犬たちでいっぱいだ。

第一日目「探せ！」

まったく飾り気のない低い建物が、使われていないトラックだらけの駐車場の間に押しこまれている。ここがＷＤＣの管理棟だ。よく見れば標識はあるが、それに気づく前に、見え隠れする犬の姿と騒々しい吠え声が場所を教えてくれる。

中に入ると、万一の場合の逃亡を防ぐために二重ゲートになっている。すさまじい不協和音がわたしを迎える。ケンネルコフ（犬伝染性気管支炎）がセンターに蔓延しており、患者（いま成犬の大多数が罹っている）と、すべての子犬が、ここのフロントルームで暮らしている。彼らの吠え声がむきだしの床と壁にすさまじく反響する。すぐにペンシルベニア大学獣医学部教授のシンディ・オットーが現れてわたしを出迎える。ここは彼女のセンターである。彼女の発案によって作られたもので、検知犬のためのトレーニングセンターであるとともに、すでに働いている犬たちの卒後研修センターでもある。オットーにとって騒音は気にならないようだ。それになんといっても、この犬たちはちゃんと言うことをきく。本当の話、犬のなかでも最高に従順な犬たちなのだ。まもなくわたしも知ることになるのだが、ここでは若い犬さえスーパードッグだ。三階建てのビルの中に隠れている人間を見つけだし、だれかが瓦礫の下の広い管の中にはまりこんでいるのをつきとめ、悪性腫瘍を良性腫瘍から選別する――こうしたことを彼らはすでにできているか、これからできるようになるのである。

オットーのシャツには、センターのモットーがプリントされている。「The art and science of working dogs（仕事犬の技と科学）」だ。二〇一二年に開設されて以来、このセンターは伝統的なリサーチプログラムに則って運営されてはいるものの、つねにスタッフとして何人かのきわめて有能なトレーナーとハンドラーをかかえている。彼らのスキルは実践に基づくものであって、理論研究からではない。「それをつかみたいのよ」。「それ」とは彼らの知識のことだ。「盗んで、再生するの」。ハンドラーの実際的な智恵を取りこみ、それを形にし、指針にする。「それが仕事犬のアートとサイエンスというわけね」とわたしはたずねる。「アートフル・サイエンス（アートに満ちた科学）よ」オットーが訂正し、にっこり笑う。確信に満ちた微笑だ。

ちょっと待って。今日、この国には何千頭もの仕事犬がいる。空港で、国境で、そして警察署で働く犬。爆弾を嗅ぐ犬、麻薬検知犬。自然保護、あるいは防疫コントロールの分野で働く犬もどんどん増えている。がんの診断でも、科学的方法と同じくらい、あるいはもっと効率的に、がん細胞を発見できる犬もいる。そうした検知犬を作り出すうえで、完全に効果が証明された科学はすでにあるのではないか？　どの犬が仕事犬として適性があり、どの犬がそうでないかを決めるための基準は、もうできているのではないだろうか？　たしかに連邦と州の基準はある。だがオットーによれば「検知犬の最適な訓練やテストの方法を実証するためのきちんとした科学的リサーチはない」のだそうだ。

検知犬を訓練するのに標準となる手順もなければ、評価する方法も皆無だ。オットーのセンターがやっているのは、この状況を変えることである。ここでやっていることの多くは予備的色彩が強い。特定の行動と適応性を育て、いったん仕事を割り当てられればそこで成功するチャンスを増やす――目指しているのはそれだ。

施設の社交センターは、両側にドアのついた小さなキッチンである。カウンターにはバースデイケーキ（犬用）が置いてある。トレーナーたちが「お、いいね！」と言いながらゆっくり通りすぎる。ダブルの流し台には、さんざん噛まれたコング（犬用オモチャ）、餌入れ、それとコーヒーカップがごちゃごちゃ入っている。そばのテーブルには、マシュマロの袋がドッグフードの袋と並んでいる。ピーナッツバターの瓶には「人間用ピーナッツバター」と書かれた手書きのラベルが貼ってある。緊急を示す大文字の注意書きがピンで留めてある。「パッカーのそばでビニール袋を使わないこと。食べてしまうから！」

角を曲がったところの廊下が間に合わせの司令室になっている。壁のホワイトボードには犬の名前と、さまざまなプロジェクトとメモが記されている――水分補給、パピーラン、預かりボランティア（フォスター）の訪問。パット・ケイナルーがこのボードの責任者だ。トレーナーたちが、リードや、ドッグフードをひとつかみ入れるためのウェストポーチを取りに、出たり入ったりする。

「わたしがオーサを連れていくわ、あとルーキーと……中型犬たちね」。ケイナルーがその日の仕事を振り当てながら言う。だれも返事をしないが、みんな聞いている。三分後、廊下は空になり、各自がおのおのの犬に向かっている。

ケイナルーはたえず動いている。毎朝わたしが到着するときにはすでに来ていて、わたしが帰ったあとも残っている。センターのトレーニング責任者である彼女は、完全に現場主義をとる。犬と一緒でないときはほとんどない。ヘルメットをかぶり、ときにはトランシーバーをカチカチ操作している。肩までの混じりけのない金髪をポニーテールに結び、サングラスを頭のてっぺんにのせている。捜索・救助犬のハンドラーである彼女は、WDC創設の直後から、数人からなるここの中心人物のひとりとして活躍している。

わたしは彼女のあとについて外に出る。子犬たちが遊んでいる。狭いが柵で囲んだ土の遊び場で、帆布の日よけの下にはビニールプールが置いてある。ここにいる五匹は生後一一週のイエローラブだ。みんなうれしそうに遊びまわっている。何人かのボランティアとトレーナーがまわりを囲み、子犬たちのおどけた行動に笑いながら、慣れた様子でその口から物を引っ張りだす。この子たちはWDCで最初に生まれた子犬なのだ。仕事犬の交配は長年にわたって行われており、多くの訓練施設は犬種に特化したブリーダーや犬種系統から犬を手に入れているが、このように自分たちで子犬を育成するメリットは、はじめから犬たちを観察し、規範に則ってデザインし、作り上げられることだ。仕事犬になるよう運命づけられた犬たちは、生後一二か月か一八か月になるまでは訓練しない。したがって子犬たちが育っていくあいだに彼らの将来の生活のための準備をしてやり、同時に将来起こりそうな問題を予防し、もっとも適した仕事に向けてやるのは道理にかなっている。

五匹の子犬たちにはPで始まるコミカルな名前がついている。パック、パッカー、パターソン、パーソンズ、そしてピントだ。この時点で区別できるのは首輪の色だけだ。だが観察していると、それぞれの行動に小さな違いが見えてきている。パーソンズ（ピンクの首輪、雌）は軍団のリーダーらしい行動をすることが多い。パッカー（紺色の首輪、雄）は何でもかんでも、それこそ相手が犬であっても、口でくわえようとする。この五匹に加えて、フォスター・ファミリーと一緒に暮らしているパンチズ、フィリップ、ピアス、そしてパールがいる。彼らは一週間に一回センターを訪れる。子犬を育てるというこのコントロール不能な実験において、別々に暮らしている子犬たちは一種のコントロール・グループ（対照群）になっている。センターのグループには、早期のトレーニングと評価がなされ、また毎日、お互いに喧嘩や小競り合いがある。フォスターに預けられたグループは、いわばペットとして暮らしている。それが、将来仕事犬となるうえで問題となるかどうかはまだわからない。

今のところ、子犬たちは遊んでいる。週末には、子犬たちの発達しつつある個性についてはじめての査定がある。ケイナルーのトランシーバーが鳴る。彼女は広い芝生に向かう。一匹の犬が地面に仰向けになり、舌を口からだらんと垂らして体を開いている。ふたりの男性が計測をしている。犬は抵抗しない。ケイナルーは近づく。「どう？　元気？」彼女は犬に笑いかける。

調べられているのは、光沢のある毛並みと輝く目をしたチョコレートラブのオーリンだ。基本的にハンドラーは、犬たちが疲れきるまでフェッチ（ボールなどを投げてつかまえさせる）をして遊ぶ。そのあと体温測定と血液検査がなされ、違った種類のハイドレーション（水分補給）の効率を見る。「一四四」と、テクニシャンがケイナルーに犬の心拍数を報告する。よだれでびちょびちょのボールがオーリンの隣にころがっている。犬がボールを回収するのをやめたのは、要するに暑いということだ。ケイナルーは彼を見て言う。「一〇五？」テクニシャンが微笑する。「一〇四・九度（四〇・五℃）だよ」。彼女は犬の肛門内体温を当てたのだ。「呼吸や舌の様子を見るの。舌がカップ状にたたまれてるか、どのくらい出ているか。あと、目を細めているかどうかもね」と、彼女はわたしに言う。「簡単なことからわかるのよ――どのくらい彼らが活動していたか……」。ケイナルーが犬の外側を見れば犬の内側がわかるのだ。

別のトレーナーが通りすぎながら、歩道の上の尿の落書きに気がつく。「ジェシーがここにいたの？」彼女は尋ねる。姿がなくてもだれがいたのか、わかったのだ。

スタッフ全員が犬についてこの種の透視力をもっている。彼らは犬がどこにいたかわかる。犬の体温を感じ取り、犬の体重や大きさについて、まるでお互いの一部であるかのように話す。そして実際、センターにいる犬たちの生活はこうした鋭い観察者によって管理され、調べられている。全員がつねに犬の行動を観察し、査定している。話すことは、犬たちの個性、能力、その内面について最近気づいたこと、そして作業仮説だけだ。

わたしたちは古いデュポンの図体の大きい研究棟「227」に向かう。以前の建物番号のままだ。これからわたしはここに隠れてガスに救出されるのを待つ――それとも逮捕されるのか？　入口のところで、優秀なハンドラーのアンヌマリー・デアンジェロとボブ・ドウアティが仕事の分担を話し合っている。ひとりがビデオを撮り、もうひとりがさまざまなタグトイ（綱引きのオモチャ）を担当する。もうひとり、隠れる人がいる。「ターゲット」だ。デアンジェロはニュージャージー警察署を引退し、いまはWDCの訓練長になっている。ドウアティはボランティアで、地元の警察署で現役のK9（ケーナイン＝警察犬）担当の警察官である。ドウアティは、犬が連れてこられる前に犬を連れてくるように指示する。隠れ役として指定されたドウアティは、センターに無線で連絡し、最初の建物の中にすべりこむ。やってきたのは「ポインティイヤーズ（立ち耳）」のフェロニーだ。ポインティイヤーズというのは若いダッチシェパードとジャーマンシェパードのことで、ここではこう呼ばれている。フェロニーは生後七か月、シェパードにしては小柄で、黒い、愛らしい顔をしている。ハンドラーは彼女をかたわらにぴったりとつける。ドウアティが位置につき、準備完了だと無線で知らせる。フェロニーのハンドラーが「探せ！」と言い、フェロニーは捜索に出る。このゲームははじめてなのに、彼女はハンドラーの感嘆符つきの命令を建物の中を通り抜けることに結びつけ、その通りにやってのける――ハンドラーを後ろに従えて。

一階の廊下から開いたドアに向けて風の通り道になっている。フェロニーは勢いよく進んでいき、二、三の部屋に鼻をつっこんだあと、階段に向かう。リードをぴんと引っ張って進む彼女のあとを全員が追いかけていく。階段の吹き抜けは、風通しが悪く、空気は重苦しい。ひどくカビ臭い。匂いが壁の中に深くしみこんでいる。二階で彼女は立ち止まる。ハンドラーが最初の部屋のひとつをのぞかせる。ドウアティがドアのかげから跳びだしてガードをつけた腕を差しだす。このおいしいオファーに向かって、フェロニーは突進する。

何回か犬が捜索するのを観察し、自分も捜索されたあと、わたしは悟った。227で見たものは、決して「スメル・トレーニング」ではなかった。どんな犬も生まれつき人を捜索できるわけではないけれども、トレーナーは別に匂いで人を嗅ぎだす方法を教えているわけではない。トレーニングは、犬がすでにやり方を知っていると仮定している。それは犬に内蔵されているのだ。

育てる必要があるのは、どんなときにも命令を受けたらその匂いを探そうとする衝動である。近くに一緒に遊びたがっている犬たちがいるときでも探す。おいしそうな匂いの山やなでてくれる人を無視して探す。これ以上ターゲットに近づけそうにないときでも探す。ひたすら探せば、最後にはレザートイでの引っ張りっこのご褒美や、あるいはターゲットの動く腕が手に入るのだ。

捜索トレーニングは、小さなステップから始まる。犬を建物の入り口まで連れていく。「ターゲット」がそのかげから現れる。そのあと部屋をのぞく時間を少しずつ増やしていく。リードを持っているハンドラーが彼らを励ます。犬たちはすぐに理解する。一時間のうちにわたしは、さっきまで外でタコの形をしたタグトイで遊んでいた子犬が、ホールの中に投げこまれたそのトイを追いかけ、次にはそれをもって隠れているハンドラーを戸棚の後ろで見つけるのを見た。どのステップでも、犬は「発見」に対して褒美をもらえる。その発見がどれほど大きくても小さくても関係ない。褒美は、タグで遊ぶとか、よだれで濡れたテニスボールを口にくわえさせてもらうとかだ。そのあとリードは落とされ、捜索はしだいに難しくされる。犬は「警告する」ことを教えられる。隠れた人間を見つけたときに、それをハンドラーに伝えることだ。たいていは吠え声が警告になる。

すべての犬が生まれつき吠えるわけではない。ルーキーという犬は、これもポインティイヤーズだが、ＤＡＤ犬になれそうだと言われている。最初わたしはこれを、子供たちのための良いパパ犬になれるという意味かと思っていた。あとで、わたしはこれが糖尿病警告犬（Diabetic Alert Dog）をつづめたものだと知る。良い鼻をもっているが、ギャング取締警察犬のような隠れた匂いの追跡への衝動はそれほどでもない犬だ。しかもルーキーの場合、見つけてもあまり吠えないのである。わたしたちは彼女がドゥアティの隠れ場所（三つのドアを抜け、角を曲がったところの二階のクローゼット）をやすやすと見つけるのを見たが、そのあと彼女は床にすわりこんでただ待っていただけだった。ルーキーは典型的な三か月の子犬の姿をしていた。大きな頭と耳、小さなひょろひょろした体、その下で筋肉が発達しつつある気配がある。忍耐強く、彼女はドゥアティを隠しているドアを見つめる。しまいに彼女は、部屋の外で半分隠れてそっと観察しているわたしたちをふりかえる。表情豊かな眉毛がかわいらしく、心配げな表情を見せている。完全なペット犬の行動だ。だがルーキーは完全なペット犬になるために訓練されているわけではない。わたしたちは待つ。彼女も待つ。とうとう、彼女はたった一回甲高い声を出す――要求、お願い。吠え声。みんな拍手する。ドゥアティが現れ、彼女の口にタグトイを押しこんで遊んでやる。

　仕事犬を育成するというのは、すなわち「脱ペット（アンチ）」を作り出すことだ。ふつう人がペットに望むのは、じっとすわっていること、匂いを探して家の中をめちゃめちゃにしないこと、何かしてもらいたいときに飼い主を見ること、むやみに吠えないこと、夢中になっているときも口を閉じていること、噛んだりしないこと、などである。センターでは、トレーナーはこうした悪い習慣をひとつひとつ、熱心に褒美を与えて、育てていく。警告するための吠える訓練が必要な犬もいる。ポインティイヤーズは「バイト（噛む）」の練習をしている。文字どおり見つけた人物に噛みついて押さえこむのだ（今のところはカバーした腕である）。こうした犬本来の行動（探す、吠える、噛みつく）は、いずれも、仕事のなかできわめて役に立つ。どれも犬の進化の歴史のなかで役に立つ働きをしてきたのだが、ペットとしては嫌がられることが多い。仕事犬のトレーニングとは、犬が進化させてきたそれらの行動を使わせてやるということだ。

センターの中に入ると、この「脱ペット」作戦の成果を見ることができる。どの部屋も、トレーニングに成功した犬たちの吠え声が鳴り響いている。人と犬が出会うほとんどの状況で、ふつうは犬の焦点は人に向けられているものだが、ここの犬たちは人の背後にある他の何か……何か他の匂い……を見ているように思われる。床にすわったあなたのそばで丸くなったり、あるいはなでてもらおうとか、われ先にくすぐってもらおうとして争ったりする犬はいない。ときたまのビジターを除けばだれも、彼らをなでたりくすぐったりさえしない。

もうひとつ、彼らは子犬の時期を過ぎると、他の犬に対して特別興味を示さなくなる。用を足すためにセンターの外を歩き回るときも、ひたすらてきぱき歩かされる。他の犬の匂いを見つけても、服従ゲームやウェストポーチのドッグフードで気を散らされ、ハンドラーに注意を向けさせられる。犬は一匹ずつ散歩し、別々に捜索の練習をし、別々に犬舎に入れられる。多くの場合、視界をさえぎる遮蔽物が置かれ、通りすぎる犬を見られないこともある。227の前でつぎの犬を待っていたとき、おとなしいイエローラブを連れたハンドラーが近づいてきた。ハンドラーは犬のちょっとしたためらいを感じ取り、うろうろしそうなサインをすぐに見てとる。「ここでマークしちゃだめ。マークはしないの」。ふいにハンドラーはわたしたちを見て、困った犬を連れた飼い主のようにきびすを返し、もと来た道を歩き去る。

犬たちがお互いの存在について知っているのは確かだ。犬たちの吠え声はいたるところで聞こえるし、匂いは空気中に漂っている。けれども、彼らは自分の生活のなかで他の犬が一番重要ではないことを学習しつつある。これから仕事犬として生きる以上、そうであってはならないのだ。ちょっと見たところ、センターは彼らにこみいった鬼ごっこをやらせているように見える。そのゲームでは犬たちは動きまわってはいるものの、めったにお互いに追いつくことはない。

相手の匂いを嗅ぐことや犬同士の社会性を促進するかわりに、ここの犬たちに求められるのは、みずからの衝動を追求することだ。それは匂いを追求する衝動であり、その匂いを発見したときにもらえるオモチャを追求する衝動である。達成できなかったときに挫折感をもつことも求められる。多くの点で、ここの犬たちはきわめて大きな挫折感と満足感の間で絶えず揺れ動いている（仕事しているとき）。この犬たちがひどく欲しがるものがある。オモチャを使ったゲームだ。そして彼らは、それをもたらす匂いを追いかけられるまで、待って、待って、待たなければならない。何度もわたしは、犬たちが出発させてもらうまで、興奮でふるえているのを見た。

第二日目「麻薬を見つけろ！」

わたしはドウアティのあとについて、別のもっと小さな建物に入った。現役のケーナイン・ハンドラーの彼は、非番のときにセンターに来ている。業務用の作業靴を履いて、いかにもものなれた様子である。犬と一緒にいてまったく緊張していないのが明らかだ。

大きな、力強い、チョコレートラブのパパベアが彼のわきにいる。* この犬は今日はじめて麻薬の世界に入ることになるのだ。今、パパベアは麻薬を嗅ぎだすよう訓練されている。この犬はこれまでのところ何でもこなしていたが、もっとスペシャリストにさせようということでドウアティに任されている。いずれ専属のハンドラーと一緒に仕事ができるまでの教育だ。すりへった階段をいくつかのぼり、目が回るほどたくさんのドアと小さな控え室を抜けて、わたしたちはふつうの倍はあろうかという大きな部屋に到着する。部屋の片側には以前のケミカルラボのキチネットがついている。たくさんのシンク。床の上にはさまざまな色の日輪のようなペンキのしみがあった。深夜の「塗料テスト」の結果だろう。

ドウアティは大きなビニール袋を出し、タオルを引きだす。少量のドラッグを入れた小さなビニール袋と一緒に一晩「遊ばせて」おいたタオルだ。ここで重要なのは量である。ごくごく微量の匂いで訓練された犬は、大量の匂いを発見したら警告しないかもしれない。それはほとんど違った刺激なのだ。反対に部屋の中で大量の匂いから始めるのは多すぎる。「もし一キロのマリファナをここに入れたら」と、ドウアティは説明する。「そこらじゅうマリファナの匂いだらけになる」。学習し始めたばかりの犬はそれをつきとめることができないだろう。

たとえそうであっても、公園でふらふらしながら忍び笑いをしているティーンエジャーが袋を開けた瞬間に、わたしはそれとわかる。そう、たしかにだれでも嗅げるはずだ。だが、今パパベアがしなくてはならないのは、この甘い匂いこそが——いくぶん強いか弱いかの違いはあっても——あの素敵な引っ張りゲームのパートナーを手に入れるために、探さなくてはならない匂いだと知ることなのだ。

言葉でこれをパパベアに説明できないため、ドウアティは目標から逆に教えこもうとしている。最初、彼はタオルをぐるぐる巻きにして輪ゴムで固定し、猛烈なタグゲームを始める。パパベアがタオルを力強くくわえる。犬の強い尻尾が空気を切る。ドウアティがわたしに言う。「犬がこれを食べても病気にならないよ。他のドラッグではそうはいかない——その場合は訓練用に疑似麻薬を使う。あと、そうだな、ヘロインのようなドラッグはときどき殺鼠剤で薄めることもある」——うちの犬にはとうていくわえさせたくない物ばかりだ。そのあとドウアティは、タオルを投げる。パパベアはすぐさまそれを追いかけ、くわえて戻ってくる。またタグをしてもらおうというのだ。そのあとドウアティはタオルを投げる真似をし、パパベアに見つけさせようとする。犬は興奮し、荒々しく呼吸する。だが探し始めると、彼は口を閉じる。ほとんど半開きだ。頭は考えこんでいるように傾けている。すでに何かが起こったのだ。犬は匂いを「手に入れよう」としており、ハンドラーのところに「それをもって」きつつある。麻薬捜索の始まりだ。

センターにいるハンドラーは全員そうだが、ドウアティもまた、自分の担当している犬の仕事ぶ

＊センターの犬たちはすべて、世界貿易センタービルの爆破現場とその後の長い片づけの現場にいた人びとや犬たちへのオマージュとして名づけられている。パパベア（PApa Bear）は、ペンシルベニア（ＰＡ）から来たベアという名の仕事犬にちなんで名づけられた。

りが他の犬とくらべてどうか、また体調はどうか――熱いか、オーバーワークか、気が散っているか、病気か――を把握し、それに基づいて、たえず新しいバリエーションやステップを即興で導入している。今パパベアは、ゲームを理解しつつあるように見える。そこでドウアティは難易度を上げ始める。数分間のうちに、彼はまずタオルをはっきり見えるように隠し、次に見えないように隠し、それから袋だけ隠す。「ヤク（ドープ）を見つけろ！」彼は指示する。新しいゲームにマッチする新しい語彙だ。パパベアは、すべての段階でやすやすとターゲットを見つける。彼は今ヤクを見つけているのだ。ビルの階段を上がってこの部屋に入ってからわずか四五分。しかもこれまで嗅いだことのない匂いである。

ターゲットをセットすると、ドウアティはパパベアを連れて部屋をまわらせ、「詳細探索（ディテーリング）」をやらせる。匂いのあるエリアのほうに突進したあと、その出どころを詳しく探るのを学ぶためだ。家具を使う動物ではない犬にとって（家のソファにこっそり上がるときは別だが）、人間世界にある、表面、下側、中側、仕切りがある物体は理解しにくい。だがたとえばカウンターのトップ、中間、そして低い区域に導いてやれば、犬は、漠然とした「カウンターの匂い」が高さによって、もしくは内側と後ろ側で違うことがわかる。そのあと隠された匂いの出どころにヒットすれば――ポン！――それは完璧に違った匂いなのだ。

新しいスペースで「パパベアにやらせてみる」ために、わたしたちは227に戻る。その日の訓練を切り上げて犬を休ませるまで、ドウアティは、小さな袋を半ダースほどの違った場所につぎつぎと隠していく。わたしはビデオカメラを持ち、最初の部屋の真ん中に立つ。彼の動きをとらえながらも邪魔にならないようにしなければ。ここも古いラボのひとつだ。蛇口をとりつけたパイプとNITROGEN（窒素）と書かれた配管が天井から下がって、切断された絶縁ワイヤとからまっている。パパベアは走って部屋に入ってくる。彼は鼻を上げて奥の壁までゆっくり歩き、きびすをかえすと、疾走して戻る。立っているわたしにほとんど目もくれない。彼がカウンターと下の引き出しを調べる様子は、いかにものなれていて、ちょっとファイルフォルダーか試験管を取りにきたといった感じだ。ただしそのチェックは猛烈に速い。後ろ足で立ち上がった姿は、床から二メートル上の空気のかたまりを見ているようだ。彼の鼻が、ターゲットは北側の壁だと教える。彼は足を軸にして回転し、キャビネットを見つけ、その背後に行く。それから前に戻ってきて、警告の吠え声をあげる。目は一番上の引き出しを凝視する。吠えるたびに顎が匂いをくわえるかのように激しくパクッと閉じる。当たりだよ、パパベア。袋はトップの閉じた引き出しの中にある。

チームが次の捜索に移ったとき、わたしは置き去りにされたサンプルを取ってこようと部屋に戻った。パパベアがそれを見つけ、ドウアティがタグトイを投げた瞬間、サンプルのことはたちまち忘れられたのだった。犬が警告をしていた場所でわたしは立ち止まり、自分で嗅いでみた。引き出しは閉まっている。何の匂いもしない。わたしは引き出しを数センチ開けてみた。引き出しにはテープが貼ってある。引っ越しの準備をしたままの状態だ。わたしはまだサンプルの匂いが嗅げない。見えもしない。わたしは視力による捜索に移り、この引き出しの奥のほうをのぞいたあと、他の三つの引き出しを開けてチェックする。それから最初の引き出しに戻り、また見てみる。袋はすぐ手前にあった。なのにわたしは、それを見逃した。引き出しを開けて、目を使って、それがあるとわかっている所で、わたしはそれを見逃したのだ。

パパベアが捜索を続けているあいだ、わたしはセンターの向こうにある草地までぶらぶら歩いていく。犬のバランス、力、スキルのための器具がそこらじゅうに置いてある。刈ったばかりの草の匂いがする。真昼の太陽の下で、ケイナルーとデアンジェロが梯子の両端に立っている。梯子は低い角度で空に向けて据えてあり、先端でケイナルーがボールを手で押さえている。そのボールが欲しくてたまらないガスは、それを取ろうとして梯子段に乗り、ためらいがちにじりじりと前進する。梯子に乗っている彼はあまりうれしそうではない。

犬に「身体についての意識」を教えるのは、オットーがWDCでやろうとしている本当の目的のひとつだ。それによって空間の中での身体の位置感覚をもたせるだけでなく、健康で敏捷で身体能力に自信をつけさせようというのだ。世界のどの仕事犬でも、でこぼこの表面や歩きにくい地形に出くわし、厄介な道筋をたどる必要がある。オットーは彼らにその準備をさせたいと願っている。この思いは獣医師として、大怪我をした仕事犬に出会ったことから始まった。その犬たちは、困難な状況で力強く仕事をするのに体がついていけなかったのである。

センターにいた数日のあいだに、わたしは何回も梯子が持ちだされるのを見た。この梯子歩きは、犬の適性そのものを具体的に示しているようだ。仕事で梯子を登る必要はないかもしれないが（多くの犬は登るだろうが）、これは自分の体を巧みに使うことをマスターできてはじめてできることなのだ。

それともトレーナーたちが言うように、「犬は自分が後ろ足をもっていることを理解しなくちゃならない」のだろう。ガスは力強い体をしているから、力まかせに梯子に上がってボールに届くことはできるかもしれない。だがトレーナーたちは、ガスが一度に一足ずつ、しっかり梯子の段に足をかけなければ、前に進ませようとしない。まず一段しっかり踏みしめ、それを意識してから、嫌々ながら次の足を動かす。「両足の間の関連づけが必要なのよ」。ケイナルーはガスの後ろ足を指さす。「それから両耳の間もね」。ガスが後ろ足を動かすたびに、トレーナーはクリッカー〔クリック音を出すトレーニング器具〕を使って褒めてやる。何分かして、ガスがへとへとになりながらもほぼ二つの段をクリアしたのを見たあと、わたしはそこを離れる。今月中に、彼はチャンピオンのように梯子の上を歩いているだろう。

第三日目「パピー、パッパッパッパッパッパップ！」

今日、犬たちは、「フィールド」にいる。古いキャンパスの西側の部分だ。かつては大量の土が積んであってずっと良かったと、センターのスタッフがため息まじりにこぼす。今は平らにならされ、サッカー場の一・五倍くらいの広さに、ひび割れたコンクリートが一面に広がって、雑草が覆いつくそうとしている。そこらじゅうに大小さまざまのコンテナーや壊れた車が散らばっている。大きなプラスチックの樽がフィールドのあちこちに転がされており、荒涼としたなかで、青い標識になっている。フェンスと周辺の荒れ地の向こう側にゴミ処理場があり、そこの周囲で小型のブルドーザーがちょこちょこと動いているのが見える。音も聞こえている。ケイナルーは風の向きを調べる。「フィールド」にはそよ風で揺れるようなものはほとんどない。だが、すぐさまゴミの山の匂いが鼻を直撃してくる。風は南西からだ。甘ったるい匂いが、しだいに吐き気をもよおすほどになる。風向きが変わりつづけ、新しい空気の流れを運んでくるので、わたしたち人間の鼻には「順応」による救いはない。

犬たちがケージから一度に一匹ずつ連れてこられる。どの犬も、この匂いの状況に気づいたように見えない。彼らが気づいているのは樽だけだ。それらの樽や他の大きな物の中に人間が入っている——ケイナルーか、それとも別のトレーナーか。閉じられた暑い空間に体をつっこみ、蓋を閉め、探され、見つけられるのを喜んで待っているボランティアかビジターか。犬のうち何匹かは前に来たことがあるが、他の犬にとってはこれがはじめてだ。だがどの犬も、このゲームが人間を発見することになるのを知っている。相手がだれだろうと、見えていない人を見つけるのだ。

シリウスが最初に出された。ここの犬たちのなかでは年長の犬で、二歳である。パンティングしている顔が笑っているように見える。「見つけろ！」フィールドに放されたシリウスは、まわりで見ている人たちの前を走って通りすぎる。もう見えてしまっているものには無関心だ。犬が出される前に、すでにケイナルーはフィールドの向こう側で隠れている。シリウスは彼女を四二秒で見つけだし、吠え声をあげる。彼女はロープにつけたボールを彼の口に投げ、ご褒美に引っ張りっこをしてやる。「あんたは模範生（モデルガイ）よ」と彼女は叫ぶ。

つぎの犬が連れてこられるあいだに、ケイナルーは新しい隠れ場所に移る。次はガスだ。彼はすぐに捜索を開始するが、シリウスよりも少し時間をかける。それから突然すわりこんでウンチをする。そうしながらも、彼は匂いを見つけ、まっすぐ彼女のほうに向かう。「ハーイ！　会えたね！イエーイ！」。ケイナルーはにっこりする。一分と三二秒。スローダウンして見つけるのが彼のやり方らしい。

次にジェイクが跳びだす。シリウスと同じイエローラブだ。非対称の耳と真っ黒な鼻がブロンドの毛に映えている。前を通りすぎるとき、眉毛が動いているのが見える。興奮してクゥクゥ声が出ている。彼はそれぞれの樽に鼻を触れ、それからその鼻を空中に上げ、舌でなめる。もちろん、風に乗っている分子を探っているのだ。彼はケイナルーが隠れている樽のまわりをぐるぐる走り、それから吠える。放されてから三四秒だ。「ほかにもいるよ！」彼女が言う。彼はその場でくるっと体を回転させ、二番目のトレーナーが大きなパイプの中に隠れているのを見つける――綱引きロープを手にして。

犬たちがつぎつぎと出てくる。それぞれ自分だけのスタイルをもっており、どの犬もきわめて効率的だ。クエスト（輝いた目と長い耳をもつ若いジャーマンシェパード）＝二七秒。ゆっくりした大股の駆け足だ。

ローガン（やはり若いシェパードの雄で、黒い顔に柔和な目をしている）＝一分四九秒。走っているとき、そのスニッフィングはわたしたちには見えない。だが彼が突然ターンするとき、先頭に立つのは鼻である。それはターンし、地面を探り、あるいは空気の中につっこむ。

フェロニー（黒みがかった毛色のダッチシェパード。グループのなかの最年少）＝三七秒。

まわりで立って犬たちの足取りを見ているわたしたちにとって、フィールドを走りまわっているこの犬たちは基本的に絵を描いてくれている。その絵は、フィールドで空気がどんなふうに動いているかを見せてくれる。ローガンは、放たれると最初にゴミ箱と岩屑の山に頭を向ける。ケイナルーが隠れている所からだいぶ離れている。だがこのエリアは、前に隠れていた人たちがいた場所の風下にあたっており、その人たちの遠い匂いが残っていたにちがいない。だれも見つけられなくて、彼は鼻を風の中につっこみ、さらに遠くのほうに移動する。そしてふたたび鼻が上がる。割れたコンクリートが積んである山の後ろの三角スペースだ。そこにケイナルーの匂いのついた空気が集まっていたのだろう、何秒か後、犬は彼女を嗅ぎだした。

彼らは絵を描いている——犬がどうやって匂いに向かうかを示す絵だ。最初、彼らは樽を見る。視覚のランドマークを使って、嗅覚による捜索を助けているのだ。古い、劣化しつつある匂い——前にそこに隠れていたものの今はもういない人の匂い——を嗅いでそこから離れるのは、犬たちが匂いの量と「年齢」を調べ、現在の瞬間について何かを知ることを意味している。見ている人たちに一瞥(いちべつ)もくれずに通りすぎるのは、彼らがいまや捜索とは何かについての芽生え始めた知識を使っていることを意味している。探す必要のない人びと、目の前にいる人びとが発散しているとても濃い匂いは、無視しなくてはならない。

彼らは、犬の心の絵を描いている。嗅覚の生きものであるということは、瞬間の中に生きるということだ。そのスペースの中では、わたしたちの視覚がとらえる固定した「対象物」は、匂いが残っているあいだだけ存在している。

ハンドラーたちがクエストを連れだし、キャンパスの外側に面した区画でトレーニングを始める。フェンスの向こうには、ここからは見えないが、スクールキル川が市内を曲がりくねって流れている。向こう岸では、センターの以前の犬たち——ソックスとズィッサー——がペンシルベニア大学の警備本部で働いている。

　鍵のかかったフェンスの向こうには宝物がある。瓦礫の山、コンクリートとスラブの山、木製パレット、樹脂パイプ、雑多ながらくた。つぶされて中身を抜かれた自動車のトランクは開いたままだ。何か不気味な感じがする。大事故のあと、あわててトランクから荷物を回収したあとのようだ。数個の波形のゴムのパイプが、がらくたの山に下向きに刺さっている。地下の内臓につながる門のようだ。瓦礫の山は醜い景観だが、これには意味がある。ここは捜索の仕事を練習し、同時に恐れを知らず、柔軟な体をつくりあげるための場所として、注意深く設計されているのだ。人が閉じこめられたり隠れたりするための場所が何十個もある。瓦礫の山は突然ビルが崩壊したあとの惨状を模して、ぶざまな割れ目や隙間で穴だらけになっている。トレーナーがわたしに隠れてみたいかと尋ねる。わたしはうなずく。これからたったひとり、そよ風に身を任せる快さを捨てて、つるつるした広いパイプの中にもぐりこむのだ。中は広く、なめらかすぎて、体が滑ってしまう。思っていたより底は深く、快適とは言い難い。腰を据えて頭の上のパイプの口に蓋を引っ張る。間に合わせの蓋はあまりぴったりしておらず、犬に引っかかれてできた隙間から青空の一片が見える。自分が瓦礫の山に完全に埋まったわけではないことを教えてくれるのは、今ではその蓋の底だけだ。この墓のような所で、わたしは汗をかき始める。自分の心臓の音が聞こえてくる。やがてその音は、近くを走ってくる犬の振動にとってかわる。クエストの美しい湿った鼻が、蓋と樽のすきまに現れる。彼はほとんど体を折り曲げんばかりにして中を確認し、すぐさま力強く匂いを嗅ぐ――フンフンフンフン！　それから警告の吠え声をあげる。二〇回の吠え声だ。よくやったね。

昨日ガスが梯子をのぼった場所に行く。草の上に小さな囲いがあり、そこで六匹の子犬がごにょごにょ集まって、お互いに転がりまわり、耳をかみあったり、尻尾をつかまえたり、体をぶつけあったりしている。そのうち五匹は一二週齢のイエローラブだ。六匹目のダーゴはポインティイヤーズで、他の子たちより一週間だけ年長である。すでに彼のふるまいからは、「検知のプロ」度が「かわいい子犬」度に勝っていることがわかる。この犬たちは全員、はじめての障害物コースに挑戦するところだ。突然囲いの壁のひとつが開いて、一番近いところにいた子犬――ピンクの首輪のパーソンズ――がはねるように出てくる。トレーナーの言う「パピーラン」が始まったのだ。にわか仕立ての狭い走路に沿って、彼女はいくつもの障害物に出会う。飛び越えたり（横倒しのタイヤ）、注意深い足どりで通ったり（地面に平らに置かれた梯子）、あるいは勇敢に通り抜けたり（地面から一〇センチくらいのところに吊り下げられた狭い板）、もぐりこんだり（暗いトンネル）するのだ。他の子犬たちはまだふざけまわっているが、やがてそのうちの一匹が開口部を見つけ、パーソンズの尻尾のあとに続いて穴の中を通っていく。それから別の子犬、やがて全員が突入する。

六人のボランティアとトレーナーがこの情景を観察している。アンヌマリー・デアンジェロは少し離れたところに立っている。彼女もまたセンターの中心人物のひとりだ。以前は警察官で、ニュージャージー州警察のケーナイン・プログラムを開発した。制服を脱いでいても――「今のわたしはシビリアンなのよ」と彼女は言う――彼女にはふざけたことを許さない雰囲気がある。馬鹿な相手には手きびしいが、金色の毛の子犬が一瞬わけがわからなくなっているときなど、デアンジェロはフェンスに近づき、高い声で「パピー、パッパッパッパッパッパップ！　いい子だね！」とやさしく言葉をかけて子犬を励ます。

　この年齢の子犬たちにはまだきちんとした訓練はなされていない。だが日常のアクティビティはすべて、将来どんな仕事につくことになってもそれにふさわしい訓練ができるための準備として巧みにデザインされている。障害コースは安全でプレッシャーのないやり方で彼らを新しい環境――暗いところ、でこぼこの、あるいはぐらぐらする表面、狭い出入り口など――に触れさせるためである。しかも新しいもの、未知のものを怖がらないようにするには早い年齢で始める必要があるのだ。

　たくさんの子犬にコースを走らせるのには、お互いの存在によって学習できる利点もある。一匹の犬が暗いトンネルの中に突進していくと、見ている子犬はどの子もそのあとに続くことが多い。認知科学者はこれを「社会的促進」と呼んでいるが、ここでは「子犬は見て学ぶ（puppy see, puppy do）」と言っている。

「頑張って、ちびたち」。トレーナーがトンネルで立ち往生している子犬たちに呼びかける。コースを走る意欲は子犬たちのそれぞれで違っているものの、四回目になると全員、ぐらぐらする板を歩き、障害物を越え、トンネルの中に飛びこんでいく。こうして新しい状況に触れ、他の犬がやっているのを見ることで、騒々しい遊び時間は子犬の本当の発達を促すための場に変わったのである。

舌が垂れてきたので、子犬の何匹かは連れだされて、もっと静かなエリアに行く。そこは227に通じる歩道で、ひとりのトレーナーが、片手にクリップボード、別の手にバスケットを持って待っている。バスケットの中はひどく奇妙な物でいっぱいだ。ここで子犬たちははじめて査定テストを受ける。これは匂い嗅ぎのスキルの査定ではない。たしかに子犬の繁殖にたずさわり、生後数週間にわたって飼育をしているボランティアたちは、生後早い時期から刻んだテニスボールや皮などの新しい匂いに子犬を触れさせ、どう反応するかを見ているけれども、はたして子犬のときに嗅いだ匂いの微妙な違いが、おとなになってからの違いにつながるかどうかはまだわかっていない。とりあえず今回やるのは、「意欲と胆力」を見る初期テストである。アメリカの国境警備隊がデザインし、実際に使っているものだ。最初のステージでは、子犬にさまざまな大きな音のする、あるいは驚かせるような物を提示し、その子犬の反応について1から5までの印象評価を行う。

トレーナーがコインを入れた小さなボトルを振り、ひっくり返したタッパーウェアの下にガラガラを投げ、小さな金属のパイプを地面に落とし、金属製の傾斜板の上で鍵束を引きずり上げる。それを見た子犬がうれしそうに尻尾をふる。急に傘がパッと開いて地面に落とされる。その子犬はパイプのあとを疾走し、タッパーウェアを前足で引っかき、引きずられる鍵束を追いかけ、つかまえ、口にくわえる。傘にも動じない。今のところ、満点の5だ。

第四日目「腐った肉とプロムコサージュ」

最後の日、センターまで歩いていく途中で、川にそって風がわたしの鼻に硫黄の匂いを運んでくる。それにしてもわたしが今日嗅ぐことになる匂いのなかで、これが最悪の匂いとはならなかった。今日わたしたちは、227の内部に戻る。「ガスにHRDをやらせてみる?」ケイナルーがドゥアティに尋ねる。彼はすでにリードを手にして外に向かっている。わたしは彼のあとを小走りに追う。

キャンパスのこの部分は、いずれは大学用の住宅か新しい施設に刷新されるだろう。だが、今のところ、この古い工業ビルはセンターの犬たちのための素晴らしいトレーニング場だ。広いばかりでなく、おびただしい部屋があり、それぞれの部屋の中にまた部屋があって、しかもすべての部屋で犬が直面する匂いの状況は違っている。「ここでしばらく働いていると、建物の中のすべての空気の流れがわかるようになるわ」と、デアンジェロが言う。彼女は、気流についてとくに知識があるわけではない。だが長いあいだここで働いているトレーナーは全員、犬が匂いを検知するのが難しい部屋や時間帯があるのに気づいている。戸口のところから、中にいる人物の匂いを嗅げるかどうか、それとも匂いは部屋の隅に集まって、綿密な調査をしないと見つからないか。空気の流れがそれを決めるのだ。

なかでもひとつ、犬にとって匂いを嗅ぎつけるのがとくに難しい部屋がある。二階にあるラボで、中央に古い換気フードがあり、周囲は閉じたドアだ。一時間にわたってわたしは、三匹の犬がその部屋に入り、ドゥアティが隠れているドアの前を、何度も何度も通りすぎるのを見る。何回か通りすぎたあと、犬たちはようやくそれまでと違った注意を払うように――漫然と歩くのからふいに調・査・に・入るといった感じに――なり、猛烈な勢いで嗅いで、たちまち捜している人物を見つけだす。

「ときにはベビーパウダーをスプレーすることもあるよ。空気の流れをたどるのにね」と、ドゥアティが言う。犬が見ているものを人間が見るためのパウダーガンだ。犬は、部屋の中で空気がどう動くかを感知する――匂いがどこをたゆたっているか、どこで急上昇し、あるいはまっすぐ窓から出ていくか。わたしたちがそれを知るには、犬をたどるか、何かを空中に散布すればよい。フィールドでは、犬がわたしたちの感覚源だった。ここでは、パウダーガンのような道具で、見えないもの（わたしたちには）を見えるようにするのだ。

考えてみれば、だれでも空気の流れを見たことがあるはずだ。マッチの炎に催眠効果があるのは確かにそのリンの炎のゆらぎによるものだが、それればかりでなく、そこから上に逃れる煙の渦の効果もある。舞台で気分を盛り上げるための「霧」は、じつは気流である。だが煙にしてもほかの粒子にしても、空気が乱れれば消散してしまう。しかもたいていの場合、空気は乱れているのだ。他の手段として、ヘリウムバブルのような「中性浮力」物質（無重力状態になっているもの）を気流にすべりこませるというのもある。これに特別なライトを当てれば、空気が部屋の中を自然に動くのを追うことができる。通常、空っぽの部屋では、昼間の暖められた空気は壁を伝わって天井に向かって上昇し、そこでいくらかはぶつかってふたたび下方に向かい、他の側からやってくる空気と波のように衝突する。ふたつの流れは一緒に転がりまわる。精神錯乱に陥ったゴッホのキャンバスに描かれた渦を巻く絵の具だ。

基本的に、それは匂いのたどる道でもある。それはまた、部屋に入ってきた犬たちが見る道なのだ。

ドウアティは小さなガラスの瓶を手にしている。彼とわたしは227の二階にいて、「ＨＲＤ」の準備をしているところだ。ＨＲＤとは「Human Retains Detection（人間遺体検知）」のことである。死体から短くしたほうが気分がよい短縮形のひとつだ。瓶の中には人間の死体が二、三片入っている。死体からとった膝のかけらだ。ここの補給カタログは怪奇そのものにちがいない。

「嗅いでみたい？」彼は蓋を回しながらたずねる。わたしは嗅ぎたくない。でも嗅ぎたい。わたしは本能的に髪の毛を顔からかき上げ、瓶の上にかがみこむ。最初は何も感じない。そのあと匂いがやってくる。甘くて吐き気を催すようなふわっとした匂い。花瓶の中で腐ったカーネーション。ドウアティはわたしに向かって微笑する。相手がどう感じているかはっきりわかる稀な瞬間だ。

アプトンは向こうにいて、地面の上にある何かに夢中になっている。わたしはそこへ急ぐ。彼の鼻は死んだばかりのリスに向けられている。死体には少しハエがたかっている。アプトンは尻尾を振り、頭をめぐらして、そのなかに転がる真似をする。わたしはぞっとして彼を引きずり、そこから離れる。だがまた戻っていく。嗅がなくては。わたしは身をかがめる。匂いはすぐわかる。甘さと悪臭が一緒になっている――ちょっと前まで木の上でおしゃべりしたり木にのぼったりしていたリスにはふさわしくない匂いだ。

たいていの人は、犬ほどそれに魅力を感じないかもしれない。だが死というものの匂いには魅惑と深さがある。朽ちて去っていったものの匂い。ヘミングウェイはまるで香水でもあるかのように、死の匂いのもつさまざまな側面を描写した。血を味わった女性のキス、昨夜のタバコが入ったバケツとそれを洗うのに使った石けん水が混じった朝の街路、朽ちた花、船酔いの船客のぼんやりした腹で経験されるすべて――オーデコロン（コロン水）ならぬオーデコープス（死体水）について、カナダの作家P・J・オロークはこう書いている。「この甘ったるい腐敗臭」が想起させるのは、「腐った肉とプロムコサージュ〔アメリカのハイスクールの卒業パーティで男子が女子に送る生花のコサージュ〕」であり、その出どころを知っているがゆえに、よけい吐き気を催させる――死はわたしたちに吐き気を催させるのだと。

　死体処理テクニシャンのカーラ・ヴァレンタインは言う。「解剖では匂いを嗅ぐ必要がある」。なぜなら匂いによって診断できるからだ……検死官はだれひとり、その匂いを覆いかくそうとしない」。死体処理の専門家である彼女にとって、腐敗の「自然の匂い」は、不快ではなくて、むしろその状況（コンテクスト）では適切なのだ。すべてとは言えないにしろ、少なくともある点で「コンテクスト」は匂いにとってきわめて決定力がある。間違ったコンテクストで嗅がれた楽しげな匂い――コーヒーカップに入ったラベンダー、恋人の体についたバーベキューの匂い――は困ったことになるかもしれない。

　公園の腐りかけた動物に夢中になっている犬にしろ、HRD犬にしろ、彼らが嗅いでいるものは死である。細胞の死、そして細胞が壊れたあとに続く生物学的プロセスの匂いだ。犬にとって、それはとても注目に値する匂いである。そのせいで犬たちは、きわめて優秀な死の探知者なのだ。生きている飼い主の体内の死んだ細胞に気づく彼らの能力も、いくぶんかはこれが理由かもしれない。
犬が明らかに死の匂いに興味があるからといって、かならずしも彼らが本能的にあなたを部屋の中の死の匂いまで連れていくということにはならない。センターでは、ＨＲＤは他のすべての新しい匂いと同じように、少しずつ、ゆっくりと、段階を踏んで導入されている。最初はその匂いに気づかせる。つぎにその匂いを他の匂いから選り分ける。最後にそれについて人に知らせる。そして毎回の捜索の終わりには、テニスボールかタグトイが待っている。この報酬に犬が確実に満足していることは、尻尾の強い振り方が示している。

一年後、わたしはオットーにメールを書き、犬たちのその後を教えてくれと頼む。彼女の報告はこうだ。ペンキが点々とついていたビルの中で、マリファナの匂いにはじめて触れたあのパパベアは今、ニュージャージーのグロスター郡保安官事務所で麻薬捜索犬として働いている。隠れているわたしを見つけ、また自分に後ろ足があることを見つけたガスは、ニューメキシコで公認の捜索ならびに救助犬として働いている。フェロニーとシリウスも同じである。ジェイクはペンシルベニアで捜索と救助に携わっている。クエストとローガンは南東ペンシルベニア交通局の交通システム内で警察犬として働いている。ルーキーもまた警察犬だ。あの子犬たち、パッカーとパーソンズは捜索救助犬になっている。ピントはＨＲＤ犬だ。パックとパターソンは捜索と救助の訓練を受け、自分たちを舞台に引き出してくれる適切なチームを待っている。Ｑではじまる名前の新しい六匹の子犬たちが、いまＷＤＣで、仕事犬のこ・つ・を学んでいる。

この犬たちとほぼ一週間を過ごしたことは、わたしに影響を与えた。家に帰り、かわいい、間抜けな、梯子を歩かない犬たちのもとに戻って、彼らがわたしの目の匂いをくんくん嗅ぎ、カウチの下からテニスボールを救助してほしいと見つめるとき、わたしはまたもや彼らがいかに仕事犬でないかを感じる。この事実はたしかに両刃の剣だ。仕事犬として雇われてはいないけれども、犬たちとわたしたち家族は発作的とも言えるようなすさまじい愛と愚かさでお互いに関わりあっている。

逆にそれこそが彼らの唯一の仕事のように見える。それで十分なのか？

わたしにとって一番印象的だったのは、センターの犬たちがそれ自身の能力に基づいて扱われていることだった——四本足の毛皮を着た人間ではなく、特別なスキルをもった種のメンバーとして。わたしが自分の研究分野——いわゆる比較認知学——について不満を感じるのは、そもそもの前提としてそれが、「人間以外の動物がさまざまな課題を人間と同じようにできるかできないか」を最重視している点である。

WDCの犬たちは、その比較をくつがえしてしまう。彼らは三階建てのビルの一室に隠れた知らない人間を二分で見つけ、一回のセッションでどんな種類の匂いでも探知できるようになる。彼らのこうした能力を考えると、犬ができることは人間にもできるのかという視点のほうが、むしろ適切ではないかと思えてくる。

そこでわたしは、彼ら検知犬の能力をさらにたどり、そのあと人間（わたしを含めて）もまた、犬が検知するものを検知できるようになるか調べることにする。犬によって書かれた比較認知学だ。

8　ノーズワイズ＝鋭い嗅覚をもつ

ゆっくりと眠りからさめると、フィネガンがわたしをフンフン嗅いでいる。その鼻はわたしの口から数ミリメートル離れているだけだ。わたしは目を開ける。わたしの体から何かわからない匂いが出ているので驚いているみたいだ。わたしはひそかに医者に行くことに決める。

――犬――

八〇年代末のイギリスで、ボーダーコリーとドーベルマンのミックス犬が何かに気づいた。飼い主の左腿だ。飼い主である四四歳の女性もまた、自分の左腿に突然できたほくろに犬がひどく注意を寄せるのに気づいた。犬は何分もかけて鼻でそのほくろを調べるのだった。ズボンをはいていてもその上から嗅ぐ。暖かくなってショートパンツをはくと、犬はそこを噛もうとする――まるでほくろを噛みきろうとでもするかのように。

数年後、パーカーという名のラブラドール犬が飼い主の左腿にできていた痛がゆい湿疹に特別な注意を寄せ始めた。飼い主は六六歳の男性で、ズボンに近づこうとする犬の鼻をしょっちゅう押しのけなくてはならなかった。

アメリカでは、あるダックスフントの子犬が飼い主の左の脇の下に異常な興味を示し始めた。飼い主は健康な四四歳の女性で、犬と一緒にテレビの前のカウチにすわっているあいだじゅう、その犬がしつこく嗅ぐのをしばらくは我慢していた。ある日、彼女は犬をどかして、そこに触れてみた。脇の下にはしこりがあった。

いずれのケースでも、犬が関心を寄せた対象は悪性腫瘍だった。最初のケースは、メラノーマの発見につながった。除去手術によって飼い主の命は救われたかもしれない。男性の湿疹はがんであることがわかった。また女性の脇の下のしこりを生検した結果、乳がんが発見された。乳房切除術のあともまだ、ダックスフントは彼女の左の脇の下に注意を寄せ続けた。女性は放射線と化学療法を受けたが、一年後、がんで亡くなった。

最初のケースを報告した論文の著者たちが医学雑誌「ランセット」で述べているように、「おそらく、メラノーマのような悪性腫瘍は、異常なたんぱく質が合成されるため、独特の匂いを放出するのだろう」――一種の匂いの署名だ――「これは人間には検知できないが、犬には簡単に検知される……」。このケースが見られた一九八九年より前には、犬ががんを検知する――まさに診・断・である——などという考えは、一笑に付されたにちがいない。それにしてもこの犬たちは、いずれもまったく医療的な訓練を受けていなかったにもかかわらず、飼い主の命を救い、いくらかのケースでは命を長びかせることができた——ひたすら犬そのものであることによって。

検知犬は鼻を使って獲物を見つける。このことをもっともよく証明するのががん細胞の検知である。並みいる悪党のなかでももっともひそやかに悪事を働くあのがん細胞を追跡する犬たちを見れば、その事実は疑いようがない。ただ、いずれの報告の著者たちも慎重な姿勢を崩さず、そのケーススタディが逸話や伝聞に近く、裏付けに乏しいと述べている。だが報告は刺激的だった。そのうえ、標準的ながん検査は高価で時間もかかり、ときには苦痛を伴う。医師にかかり、生検やCATスキャン（コンピュータX線体軸断層撮影）をしてもらうかわりに、いわばDOGスキャンで置き換えるという望みはじつに魅力的だった。初期のこうした事例から、小さな研究分野が生まれた。犬が実際に気づいているものが何か、そして飼い主だけでなく他の人間の病気についても気づく訓練ができるかどうかを調べようというのである。実際にがん細胞が成長するときには揮発性の有機化合物が産生され、それが血液、尿、息に放出される。犬たちが医療フィールドに尻尾を振って入ってくるという奇妙さを除けば、犬が診断医になれないという理由はないのだった。

ペンシルベニア大学のワーキングドッグセンター（WDC）でも、トレーナーのジョナサン・ボールが「がんをやって」いる。犬たちをがん細胞の匂いに導入し、その匂いに対して警告させるという訓練をしているのだ。

トレーニングルームのドアが開き、ボールがわたしを招き入れた。少年のような髪型をして、ジーンズをはき、おやつの袋を腰につけている。特別にデザインされた車輪状のトレーニング「ホイール」が、部屋の大きな面積を占めている。ホイールは上向きになっていて、一二本のスポークが中心から放射状に伸び、それぞれのアームの端には、小さなガラスのアンプル瓶がある。食卓で使う塩の振り出し容器くらいの大きさで、あらゆる視覚的手がかりを隠すため、メッシュスクリーンで覆ってある。熱心すぎる犬が舐めるのを防ぐためもある。なかの三本が寄付された微量のがん細胞の標本サンプルで、悪性卵巣腫瘍の患者グループからのプールされた血漿(けっしょう)が五〇マイクロリットル入っている。二本の対照用の瓶には同じ量の良性腫瘍患者の血漿、あるいは健康な人の血漿が入っている。残りの九本は空だ。

わたしは瓶をのぞきこむ。どれも空っぽに見える。五〇マイクロリットルというのは、一見してあるとわかる量ではない。わたしの鼻に隣の台所から漂ってくるピザの匂いがする。ホイールの消毒に使われるイソプロピルアルコールのつんとした匂いがする。自分の手の石けんの匂いがする。だが血漿の匂いはしない。ほっそりしたイエローラブのフォスターが、ハンドラーと一緒に優雅に台所を通って部屋に入ってくる。台所を通り抜ける途中、彼女は食べ物のゴミ容器をとても注意深く嗅いでいく。彼女はすばやく部屋中をまわる。キャビネットがひとつだけあり、壁際ではふたりの人が無言ですわっている。ボールがフォスターに向きなおる。犬はたちまちボールに注意を向ける。彼はおやつを与え、「集中(フォーカス)!」と言いながら、フォスターに自分の顔をじっと見させる。犬はボールの目の中をまっすぐ見ているように見える——たぶん頭蓋から七センチ奥のところを。彼女の茶色の目の色が何か考えこむように、どこか内側に向かっているように見える。彼女はほんの少し頭をかしげる。「見つけてこい！」ボールが言う。彼女はおとなしくホイールへと向かう。

フォスターは、それぞれのメッシュの上になめらかに顎をすべらせる。一回嗅ぐのに一秒もかからない。立ち止まりもせずに、彼女はつぎつぎと分析に移っていき、ある場所でごくわずかに足を止める。彼女はボールを見る。ボールは完全に無視してホイールの中心を見つめたままだ。目は細められ、姿勢はまっすぐだ。回転板の中の悪性のサンプルの位置について、ボールはいわば「ブラインド」なのである。それを知っているのは部屋で彼に背を向けている別の人物だけだが、その人物もまたどんな形でも犬に手がかりを与えないように気をつけている。クレバー・ハンスの時代から、動物を訓練し研究する者たちはみな、自分がその動物に「手がかりを与えて」いないかどうか異常なくらい注意してきた。計算ができるとされた馬のハンスは、実際にはトレーナーの無意識のボディランゲージを巧みに読んでいたのである。すべての実験は、実験者がつねにブラインドであることを前提としている。犬が隠されたおやつを手に入れるためにはどのカップをひっくりかえすべき」なのか、あるいは利口な犬がどの人物におやつをくれと頼む「べき」なのか、実験者は知らない。同じくトレーニングにおいても、犬がトレーナーからもらえる手がかりは言葉にしろジェスチャーにしろすべて指示であり、決して不用意な動きや音ではないことを学ばせる必要がある。それにくらべ多くのペット犬は飼い主の無意識の手がかりに気づいてしまい、そのためとても賢いという評判をとる。こうして彼らは、食べる時間、散歩に行く時間、寝るとき、動物病院に行くとき、またブラッシングや体を洗われるときなどについて魔法のような知識をもつことになる。彼らは飼い主を読む。そして飼い主は読まれて幸せなのである。

フォスターはボールから手がかりをもらわずに、軽やかなペースでホイールのまわりを歩いている。彼女はホイールを二周するが警告しない。それから猛烈なくしゃみをし、匂いを嗅ぎ入れる――フーム・フー・フー・ムム・フーフー。それからフルンと声を出して、すわる。警告だ。正解を知っているトレーナーがオーケイを出す。ボールがそれまでの彫像のような姿勢を崩し、おやつをやる。

ボールはフォスターを部屋から出してやる。ちょっと食べさせてやるためだ。「昼どきの訓練は避けたほうがいいな」と彼が言う。どうやら犬の反応が少し遅れたのは、もらえるはずのランチとここにくる途中に通りすぎた四箱のピザのせいで気が散ったためのようだ。

「おいでお嬢ちゃん（ガーリー）」。犬が戻ってくるとハンドラーが言う。ホイールをもう一回巡る時間だ。フォスターのトレーニングは、シェイピング（行動形成）の練習である。望ましい行動に到達するまでの過程でどんな成果にも報酬を与えながら、その行動を助長していくのである。犬にウォータースキーを教えるためには、犬をビーチにすわらせて他のウォータースキー犬を見せるとか、出し抜けに犬を自分と一緒に水の中に引きずっていくとかはやらない。そのかわり、一番小さなステップから始める。ビーチで犬をスキーボードに乗せる。スキーに近づいただけでおやつをあげることもある。犬が確実に近づいたら、ボードに足を踏みこむまで待ち、それからおやつをあげる。ボードに足を乗せて嫌そうでない様子を見せたら、二本足であるいは四本足で乗るように言う（今度もまたそうするまでおやつをあげないでおく）。まもなく犬はスキーの上で立ち、そのままでいることを教えられる——はっきりそう命じられなくても、または自分が何をしているかわからなくても、だ。訓練後半の段階では、「ウォーター」のパートが入ってくるだろう。犬がウォータースキーをしているとき、その行動は「形成(シェイプ)」されたのだ。

ここでもまた、犬たちはシェイピングの日々を送っている。ウォータースキーをするかわりに、彼らは最初はただある特定の匂いに注意を払うように、そして最終的にそれを見つけ、その隣にすわることを要求されている。ボールをはじめ、WDCのトレーナーたちは最初の段階として、犬たちに病気の血漿のサンプルを嗅がせる(多数の患者から採取したものを混ぜてある)。もし犬がそれを嗅いだら、クリックで褒めてやり、おやつを少しあげる。嗅ぐ。そしてクリック。そのくりかえしだ。最後に、病気の血漿の隣に健康な人からの血漿が置かれる。ここでゲームは、健康人のサンプルを嗅がずに病気のサンプルを嗅ぐという段階に入る。嗅ぐ。そして褒美。犬が他のサンプルを嗅いだら、報酬はなしだ。くりかえしが続く。これを何百回もする。ただし毎回のセッションは、犬に疲れさせないよう、やる気を失わせないよう、あるいは飽きさせないように、短い時間に設定される。いったんホイールでサンプルを見つけられるようになっても、トレーニングは続けられる。犬は一日に二度、一〇回ずつサンプル探索をやらされる。

フォスターも、また同じく訓練中のマクベインも、最終的にこの仕事にきわめて熟練したため、彼らがミスしたときもトレーナーたちはそれが犬のせいでなく、他に何か原因があると考えるくらいだ。腹の具合が悪いとか、風邪のひき始めとか、だ。

フォスターが出ていったあと、マクベインがハンドラーと一緒に入ってくる。黒白のスプリンガースパニエルで、この犬種特有のうっとりした表情が特徴的だ。ハンドラーはアンヌマリー・デアンジェロである。フォスターが出てからマクベインが来るまでのあいだに、部屋はモップで掃除され、容器とメッシュはイソプロピルアルコールのスプレーで消毒される。「ここはどこかな？」部屋に入ったデアンジェロはマクベインとおしゃべりする。「これから何をするのかしら？」マクベインは部屋のホイール以外の部分を嗅ぐ――キッチンとの境のドアから外に通じるドアまでの床一面、ビジターのための椅子、ビジターひとり（おざなりに嗅いでくれる）。「ねえねえ」、彼女はマクベインの注意を引くために言う。「部屋じゅう嗅ぎまわるつもり？　おばかさんだね」

　犬が落ちつくのを待って、デアンジェロはスクリーンの後ろにいく――クレバー・マクベインにならないように――それから「探せ！」と言う。マクベインは仕事にとりかかる。小走りだがあまり速すぎないペースだ。彼は鼻づらをほとんど容器に触れるくらいに乗せ、メッシュをさっと掃く。メッシュのてっぺんに濡れた筋が残る。長いまつげが顔をふちどり、ふさふさした耳が垂れている。まるでこの容器の中にウズラがいるのを期待しているみたいな感じだ。最初のトライアルで、彼は「ディストラクター（不正解の選択肢）」の容器の前ですわり、警告する。正常な血漿だ。褒美はない。容器は空にされ、中身が詰めなおされる。もう一度。二回目のトライアルでも、同じだ。三回目でようやく本調子になったらしい。簡単に目的のサンプルを見つけ、デアンジェロからおいしいご褒美を手に入れる――小さなおやつだ。

　そのあと、わたしは隣室のスカイプでツナミがトレーナーから訓練を受けている様子を見る。ハンサムな長い耳のジャーマンシェパードで、みんなから「ツウ」と呼ばれている。トレーナーが言うには、彼女は「敏感」なのだという。つまりこの場合、馴染みのない人や犬がまわりにいるのを好まないのだ。そこでわたしは隣室から見ることにした。小さなコンピューターの画面で見てさえ、ツウは信じられないほどみごとだ。まるでサーカスの馬がリングをまわるみたいに、ホイールのまわりを巡る。ほとんど興味なさそうに見える。舌はだらりと垂れている。突然、彼女はホイールに向かって身構えるかのように体をめぐらす。それからサンプルを見つける。デアンジェロがロープにつけたボールを投げてやると、彼女はそれに突進し、誇らしげに口にくわえる。そのあと九回、ツウはホイールをまわり、毎回、声ひとつたてず、眉も上げずに正しいサンプルを当てるのだった。

WDC規定では、犬は次のレベルに行くために八三パーセントの「特異度（陰性のものを検知しない能力）」をもつ必要がある――つまり一二回のうち一〇回は、がんでないサンプルを無視するということだ。この成績レベルは、あてずっぽうの推測にくらべてきわめて高い。あてずっぽうの推測では、成功するのは一二回に一回くらいだろう。実際、つぎの何か月かで、犬たちは八五パーセント以上の成績で正しいサンプルを見つけ（感度）、間違ったサンプルに警告しないようになる（特異度）。それにしても、なぜパーフェクトでないのか？

これは謎だ。彼らが出会う最初の血漿は、多くの患者からの「プール」された、つまり混ぜ合わされたサンプルである。プールされたサンプルで訓練すると、個々のサンプルの匂いを認識するのが難しくなるのかもしれない。もしかしたら犬が拾いあげる匂いは、サンプルの匂い情報の一部にすぎず、全部ではないのかもしれない。

それともこういうことだろうか。つまり彼らにとってこのゲームが、毎回いつも面白いわけではないのかもしれない。人間はかなり前にマスターしたスキルや仕事でさえ一〇〇パーセントの成功を収めることはめったにない。慣れている道でも歩きながらつまずくし、思わず「テッコンキンクリート」みたいなことを言ったりする。あるいはまた、毎年サマータイムになると時計を早めるのか遅くするのか、いちいち調べたりする。わたしたちは気が散ることがある。うまくいかない日もある。眠くなることもある。仕事犬も同じだ。犬たちはここでは人間になっているのだ。

ＷＤＣ以外の他の多くの研究施設でも、多くの犬ががん検知スキルをテストされている。訓練はペンシルベニア大学のセンターほど行き届いてはいないが、結果はみごとなものだ。

このテーマについてさまざまな手段や媒体を使った研究が行われているが、ほとんどの場合、犬たちががん検知にきわめてすぐれた成果を出すことが実証されている。がんには多くの種類――肺などの内臓、皮膚、血液――があるため、研究ではそれぞれの部位に関連したサンプルを採取するのが普通である。

犬が少量の尿を入れたカップを嗅ぐのに並々ならぬ興味をもったとしても、たいていの人は驚かないだろう。だが六匹の雑種犬が膀胱がんの患者の尿と健康な人の尿を、偶然を上まわる成功率で区別できたと聞けば、多くの人が驚くはずだ。尿は、体の中で起こる最終代謝物を運んでいるが、体に病気があるときには、そこに違う特色が加えられるようだ。前立腺がんもまた、尿に跡を残すかもしれない。ある研究では、ベルジャンマリノワ種の犬が、尿のサンプルによる前立腺がんの検知で九一パーセントの成功率を示した。爆破物検知の仕事から引退した二匹のジャーマンシェパードもまた、九か月間の訓練で何百人もの患者と健康なボランティアからの尿のカップを嗅いで過ごした末、ほぼ完璧に病気の前立腺組織の入ったコップを嗅ぎ分けた。

研究は続けられ、犬に生検で取った組織サンプルを嗅がせ、あるいは直接人間を嗅がせている。その結果、新たに二匹の犬が、ボランティアが巻いていた三〇枚の包帯からメラノーマをみごとに嗅ぎだしたことが報告された。研究のための最良の媒体はおそらく、吐いた息だろう。ノーベル化学賞と平和賞をとっているライナス・ポーリングが、一九七一年、通常の人の吐いた息の中には何百もの揮発性の有機成分があるのを発見したことは、あまり知られていない。だがそれを研究する人びとにとって、「悪い息」は——あるいはただの「息」でさえ——単純な現象ではない。息の成分はふたつの種類に分けられる。吸いこまれた空気の中にあるものと、吐きだす前に体内で起こった代謝プロセスの気体状の痕跡である。どうやらどの人の息も違っていることがわかっている。自分自身と自分の内臓が反映されているのだ。研究者が粘着テープでとらえた何千もの化合物のうち、共通するのは二ダースほどの成分で、別の二〇〇かそこらはその人独自のものである。

息はまた、呼吸器官である肺の病気についての情報をもっている。息のサンプルを集めるために、被験者は試験管の中に数回息を吐くように言われる。試験管の中には少量のポリプロピレンの「ウール」が詰められていて、煙が衣服にくっつき、塩素が髪の毛にくっつくように、息の中の揮発性の成分がそのウールにくっつく。そのあと試験管の蓋は閉じられ、ジップロックで密閉される。ある研究では、五匹の若い犬たち（盲導犬協会で訓練中のラブとポーチュギーズウォータードッグ）が、数週間にわたるクリッカートレーニングを受けたあと、肺がんをもつ患者たちのサンプルをたちまち見つけた。

●
●
●

だが、ここでもまだ謎がある。犬が嗅いでいるのは正確には何なのだろう？ 病変組織は何百もの揮発性分子をもつかもしれない。そのなかにがんのサインとなる分子があるのか？ もしそうなら実際の細胞サンプルをわざわざ採らなくても、それだけ分離して使うことができるはずだ。だいたい、犬が検知しているのが病気だということは確かなのか？ 病気と闘っている体は、炎症と免疫反応が起こっており、それ自体、匂いのある物質を放出するかもしれない。付随して起きる病気や、深刻な病気にともなう落ちこみや不安さえ、匂いとして気づかれるかもしれないのだ。

モネル・ケミカル・センシズ・センターで、ジョージ・プレッティはこの難題への特効薬を見つけようとしている。犬の肛門嚢の研究から進んで、今の彼はそれより間違いなくもっと素敵な血漿を分析している。WDCの犬の訓練に使われていたあのがん検知のためのサンプルだ。八月の暑い日の午後、モネルのあるウェスト・フィラデルフィアの町は目もくらむほどの刺激臭がした。通りの通風口からは、牢獄に閉じこめられたドラゴンの怒りのように下水道からの臭い煙を噴出している。それにくらべてモネル自体は、こよなく消毒殺菌が行き届いていた。わたしとプレッティが話している部屋はとても涼しい。壁の本棚には、香料、味覚、そして嗅覚についての本が並んでいる。『砂糖リサーチ一九四三－一九七二』が、『わたしはCIAのためのフードライターだった——食事の告白』、『空腹——バイオサイコロジーによる分析』、『ウマミ——ウマミに関する第二回国際シンポジウム論文集』にはさまれてぎゅうぎゅう詰めになっている。

「がん」の匂いの成分をどのように分析しているのかたずねると、プレッティは元気づく。「見せてあげるよ」。彼は椅子を押しのけ、廊下に出ていく。わたしは彼のあとについて、なんの変哲もない実験室に入る。ビーカー、テーブルの上のトップライト。そこらじゅうに散らばった箱から器具がのぞいている。彼はある器械の前に立ち止まる。操作が面倒そうなオフィスのコピー機のようだ。今は別にコピーを取る必要はない。わたしがこれから出会うのは、今まで聞いたことのないもっともスリリングなテクノロジーなのだ。「これがね」とプレッティはちょっと間を置いて言う。「ガスクロマトグラフだよ」

大きな、密封された、金庫のような箱だ。片側に精巧なキーパッドがついている。前面が電子レンジのように開いて内部の仕組みを見せる。「今はオンになってないからね」。彼はわたしを安心させ、厚く絶縁された扉を開ける。匂いの科学において、このガスクロマトグラフ（GC）はまさに革新的なことをやってのける。これに匂いのするもののサンプル——オレンジ、古い本、スミレの花、赤ん坊の頭の上でとらえた空気——を差しこめば、このGCはその中に見つけられるすべての揮発性の分子のリストを提供する。

「これの中身は、じつはカラムなんだ」と彼は言う——直径半ミリメートルのガラスのコイル五〇メートルからなるカラムで、コイルの内壁はポリマーでコーティングされている。「ここにサンプルを差しこむ」と彼はガスクロマトグラフのトップを指さす——「熱いインジェクターの中にね」。

インジェクターの温度は二〇〇度と三〇〇度の間に保たれている。ヘリウムガスがコイルに通され、サンプルの成分とポリマーが反応する。「それから徐々に一定の速度でカラムの温度を上げていく。一分に四度かな。温度が上がるにつれ、カラムに凝縮されている多くの成分が気化し始める。それらの成分はすべてカラムを通っていくんだが、進行速度はさまざまなんだよ」。それぞれの分子で重量が異なるためだ。成分はこうして分離され、エイヴリー・ギルバートの表現を借りれば和音(コード)が「分散和音(アルペジオ)」に分解される。

「目の前のこのガスクロマトグラフは、ガスクロマトグラフィー・オルファクトメトリー[GC-O=匂い嗅ぎGC]として設定されているんだ」。プレッティは出力ノズルを指さす。溶液が違った成分に分けられるにつれて、それぞれの成分は違った速度で出てくる。「複数の成分が混ざり合ったものがあったとする。そのなかのある匂い、またはある種類の匂いがいつ出てくるか知りたければ、ここにすわって、匂いを嗅いで、匂いの印象を記録すればいい」と、彼は説明する。

わたしは少し驚く。この素敵な凝ったマシーン、ヘリウム、ポリマー、そして温度グラデーションと続いて、最後には、そこにすわって……匂いを嗅ぐ? 「あらまあ。それには訓練が必要だわね……」とわたしは言ってみる。

「いやあ、五分できみを訓練してみせるよ。簡単だよ。ただここにすわって匂いを嗅ぐだけだ。問題は正しい語彙を見つけることだよ」

彼はわたしに、匂い嗅ぎノズルのそばにある一枚の紙を見せる。考えられる匂いの記述子が三列にわたってリストになっている。匂い強度(わずかとか、皆無とか)もあれば、馴染みのある食べものの匂い（ピザ、ピクルス、ポップコーン、コーヒーなど）もあり、質的印象（プールの匂い、清潔な匂いなど）もある。つまりここでいう「ノズルの端で鼻の形をした吸入器に鼻を入れてすわって嗅いでいる人間」とは、「嗅覚測定器（オルファクトメトリー）」なのだ。

あるいはGCをMSにつなげる。MSとは質量分析計（マススペクトロメトリー）のことだ。出てくる異なる成分をグラフの形で検出する器械である。匂いは画像に翻訳され、さまざまな成分が紙の上に一連のピークとして描かれる。ピークが大きくなればなるほど、全体のなかのその成分は多いことになる。こうしてGC－MSは、どんな物質であれ、それが含むすべての揮発性の——匂う可能性のある——成分を教えてくれるわけだ。コーヒー、ライラック、柑橘類、土壌。もし尿をGCに入れたら、それもまた多くの違った成分として出てくるだろう——その尿を出した者が食べたものの成分を含んで。

だがGC－MSが教えてくれないことがある。わたしたちにとって、また犬にとって、もっとも匂う成分が何かということだ。最大のピークは必ずしも最大の匂いを示しているわけではない。またすべてのピークが、こちらが経験する匂いに同じように関わっているわけでもない。いくらかのケースでは、実際に匂いの原因となるのはごくわずかな成分にすぎない。わたしたちがコーヒーの匂いと感じるのは、大部分、GSが分離した六〇〇かそこらの成分のうちのほんのひと握りである可能性がある。

この時点では、プレッティはまだ、犬ががん患者の血漿サンプルを見分けるときの鍵となる成分を見つけていなかった。それを見つけたら、そのバイオマーカー（生物指標化合物）は、犬のトレーニングをもっと効率よくするばかりではなく、人間の病気診断そのものをもまた変革することができるだろう。

複数の違った場所で、嗅ぎ入れた気流から通りすぎる揮発性の匂いをつかむレセプター細胞。それをもった犬の鼻づらの内側は、基本的に生物学的ガスクロマトグラフである。一番奥にあってサンプルを分析しているオルファクトメトリー（嗅覚測定器）は、犬の脳だ。ああ、それがもっている匂いの記述子のリストを一目でも見ることができたなら。

犬の能力がこのようなものだとすれば、たとえば本をわきにおいて裸になり、床の上に寝そべって、犬にメラノーマの即席検知をしてもらうというのはどうだろう？　いや、それはおすすめできない。実際に犬はあなたの脇腹に病的なほくろを検知するかもしれない。だが、彼はそれについてあなたに語ることはできない。もし彼があなたの匂いに慣れているのなら――膝の上やカウチの上、あるいはベッドの上で時間を過ごす犬なら――そうに決まっているが、そのほくろは彼にとって違った匂いがするかもしれない。それは「病気」の匂いがするかもしれない。犬の嗅覚を研究しているある学者がわたしに冗談めかして言ったものだ――獲物の群れの中でもっとも弱い、あるいは病気の動物を感知するオオカミの感受性が、ひょっとして人間の病気に反応する犬の感受性と関係しているかもしれないと。だが犬は、病気の概念をもたない。わたしたちがそれを引きださなくてはならないのだ。たとえ皮膚の疾患を嗅いだとしても、犬はそれに気づくだけで、何も言わない。

検知犬トレーナーの関心をとらえているのはがんだけではない。糖尿病での低血糖および高血糖症状の検知や、てんかん発作の前の警告についても、研究が順調に進行中である。ある研究論文は、犬は低血糖症状を検知する「完全に生体適合性をもった（拒絶反応を起こさない）、患者にやさしいアラームシステム」だと、熱烈に評価している。

ペンシルベニア大学でがん検知犬を訓練しているトレーナーのジョナサン・ボールは特別な「糖尿病服」を考案した。カバーオールのあちこちにポケットが縫いつけてあり、そこに匂いのサンプルを押しこんで、犬に探させるのである。「犬は何を嗅いでいるのかしら?」とわたしが聞くと、彼は肩をすくめる――「わからないね」。それにもかかわらず、わたしが訪問する少し前、センターでは完全に訓練されたはじめての糖尿病検知犬が、拍手喝采のなか、新しい飼い主に引き渡されたところだった。犬はブルターニュという名の、やさしい気性の若いゴールデンレトリバーだ。ブルターニュの訓練は、血糖値が五〇～七〇㎎／dℓの範囲にある人から採取した唾液の匂いを覚えさせることから始まった。この数値は正常値の下限で、糖尿病患者でない人だと、ゆっくりしただるい感じになる。たっぷりした食事のあと三〇分くらいで血糖値が低下することがあるが、これは血糖を調節しているインスリンが放出されてグルコース値を上回るためである。ブルターニュは、下がっていく途中の、およそ八〇の血糖値で警告するよう訓練された。まずカバーオールのポケットには、ガラス瓶に入ったテスト用の綿棒と対照用綿棒を入れておく。そしてブルターニュはカバーオールを着ている人をくすぐるように嗅ぎまわった末、確実に探りあてる。

それにしても、唾液サンプルの中の何が――どんな揮発性の匂い、正確にはどんな匂い分子（もしくは匂い分子の組み合わせ）が――、低血糖を暗示する匂いをもつのだろう。それはまだわかっていない。がんの場合とまさに同じで、病気の存在を示す署名（シグネチャー）カクテルが知られるまでは、生物学的サンプルが使われる必要があるだろう。

フィラデルフィアのセンターでは、ブルターニュが新しい飼い主と一緒に暮らし始めた時点でも、トレーニングは終わったわけではなく、次の段階に移っただけだ。犬が警告するたびになんらかの報酬をもらえ続けるように、週に一回検知訓練が必要となるのだ。他の仕事犬と違って、糖尿病警告（アラート）犬は、飼い主の病状が安定していれば、日中の「成功」――あぶなっかしく落ちていく血糖の検知――はない。飼い主にとってそれはうれしいことだが、犬にとってはフラストレーションとなるかもしれない。仕事をするように、それも上手に仕事をするように訓練された犬たちは、成功するチャンスを手に入れたがっている。体外のサンプルを使った訓練セッションは犬のモチベーションを高め、鼻の焦点を鋭くしておく効果がある。

二〇一三年になって、糖尿病アラート犬の成功を示す最初の実験報告がイギリスで発表された。ペットの犬が飼い主の病気について手がかりを示すかもしれない――このことが最初に示唆されたのは、自分の犬が低血糖症の発作に反応するという複数の飼い主からの報告だった。いわゆる「てんかんアラート」犬についても、同じような報告が寄せられていた。だがどうだろう。ひょっとしたら飼い主は、犬が警告したときだけ覚えているのかもしれない――犬が警告しなかったときや、警告したが発作が起こらなかったときではなく。これは人間に特有の弱点だ。そうだったとすれば、飼い主による犬の成功物語は、過大報告されたものかもしれない。そこで研究者たちは飼い主に、一日を通じて自分の血糖サンプルを採取するとともに、いつ犬が警告したと思ったかも記録するように頼んだ。鼻づらでつっつくとか、前足でひっかく、あるいは血液検査キットを持ってくるなどである。その結果、犬たちが警告したときは、他のサンプル採取時にくらべて血糖値が正常範囲外の場合が多いことが判明した。犬たちはすべて当てたわけでもないし、警告もいつも正しいとはかぎらなかった。だがこれは有望だった。犬は飼い主の汗や、そして息からさえ、その変化を嗅いでいたのかもしれない。それればかりか、飼い主の鋭い観察者として、血糖低下の裏づけとなるなんらかの行動の変化に気がついていたのかもしれない。

他の仕事犬と違って、この犬たちは検知の対象——飼い主——と一緒に暮らしている。そうなると、病人にとって、犬と一緒に暮らすことが生活にもたらすプラスの効果が、糖尿病やてんかんの改善にある程度役立っている可能性は高い。それまでひとりにしておけなかった人も、今では(犬と一緒に)ひとりになれる。旅を制限されていた人は、今では旅行することができるだろう。犬がそれを可能にしたのだ。

——人——

犬の鼻の神秘性をもっともよく示しているのは、がんを検知できるその能力だろう。がんは、わたしたちにとってただ怖い病気というだけではない。目には見えず、もちろん嗅ぐこともできない、理性を超えた不気味な存在なのだ。だが人間と違って死という概念にも、視覚への固定観念にも縛られない犬にとっては、がんはただの匂いである。

ここにわたしたち自身のほぼ無視されてきた歴史が少しだけ関わってくる。じつは人間は何千年も昔から匂いによって病気を診断してきたのである。わたしたちが基本的に匂いを嗅ぐことをやめたのはほんの最近になってからのことだ。

時間をさかのぼってみよう。現代に生きるわたしたちはきわめて滅菌志向であり、機械依存症になっているから、あえて患者を嗅ぐようなことはしない（時には見ることさえしない）。この傾向は昔からあったわけではない。古代の文化も思想家たちも、病気にかかわる匂いの役割に気づいていた。患者とその病気の匂いを嗅ぐ習慣は、少なくともヒポクラテスに遡る。彼は医師たちに、「鼻をきかせる（オープンノーズ）」ようアドバイスした。古代ギリシアの人びとは、匂いが症状を表すと考えていた。プラトンは、匂いはふたつのエレメントが変換するときに起こるとしている――「水が空気に変わり、空気が水に変わるとき、すべての匂いがその合間に起こっている」。医学者のガレノスは人の口から出る匂いを、「自然によるもの」か「自然に反するもの」のどちらかだと見た。

匂いへの関心は、いくつかの奇妙な古代の医療を生み出した。妊婦の子宮が喉まで上がってきて窒息することがあると信じた医師たちは、妊婦の口の近くにおぞましい匂いを振りかけ（子宮を追い払うため）、よい匂いのする物質を彼女の外性器にふりかけた（子宮を近くに引き寄せるため）。プリニウスは、脇の下の「きつい」匂いは、ファレルノ産の白ワインを飲んだあとで排尿すれば、体外に出ていくと述べている。この場合、その匂いがワインの匂いに置き換わったのか、それとも酔っ払って自分の匂いに気づかなくなったのか、どちらだったのかは知られていない。他のレシピのなかには樹脂（ガム）を噛むというのもあった。香水もまた、健康によいと考えられた。

一八世紀にリンネがはじめて基本的な匂いの分類を行ったが、そこには医療的な動機があった。彼は植物の匂いとそれを嗅いだ者にもたらす治療の効果（あるいは病気を引き起す効果）に興味をもったのである。「芳香のある」植物（ライム、百合（ゆり））は健康によいとされ、「吐き気を催すような」匂いのする植物——シュロソウなど——は、はっきり避けるべきものとされた。まったく匂いのない植物は何の役にもたたないとされた。

悪臭そのものが病気を引き起こすという先入観は広くゆきわたっていた。ガレノスは人びとに警告し、「寝ている家が臭くなるほどの腐敗臭を出す人」を避けるように警告した。悪臭が伝染病のもとになるという懸念はいまだに一部でもたれている。一六世紀に作られた医師のための実用マニュアルは、悪臭のある患者に近づく場合は火をつけたジュニパー（セイヨウネズ）の薫り高い束を用意し、「一定の距離をおいて」患者に話しかけるよう勧めている。近づかなくてはならないときは、背をむけたまま前に進み、背後に手を回して患者の脈をとるとし、また決して必要以上に近づかず、助手はその間ジュニパーの枝を医師の鼻の下に直接当てていなくてはならないと指示している。

それにもかかわらず、診断のために匂いを嗅ぐ慣習は続いた。モルモットを用いたある研究のあと、患者の息を嗅ぐことは医療ツールとなっていた（モルモットの息についてはほとんど報告されていない）。一八世紀には、匂いに関わる医学上の専門領域さえ発達した。嗅覚学という平凡な名で、病気の特徴的な匂いを具体的に解説している。皮膚や体から放たれる匂い——吐瀉物（としゃぶつ）、尿、汗、大便——はすべて情報を伝えた。タマネギの甘い匂いは、天然痘を示唆した（この匂いは遠くにいるチーターをどうやら引きつけるものらしい。万一チーターがあなたのあとを嗅いでいるのを見たらご注意を[*]！）。焼きたてのパンの匂いは腸チフスだ。肉屋の匂いは黄熱病のサインだった。熟したバナナもしくは甘ったるい「フェイクフルーツ」の匂いは、糖尿病性ケトアシドーシスを示す。以来何十もの症状と病気がそのリストに加えられている。猫の匂い？　タムシだ。空気中に浮かんでいるむしったガチョウの羽根のくすぐったい匂いははしかである。気の抜けたビール、酸っぱいパン、古い藁（わら）、さらには甘い匂い、尿のような匂い、あるいは腐ったような匂いはすべて病気の指標だった。精神疾患さえ、特徴的な匂いがあるかもしれない。鼻を刺激する汗臭い匂い、尿のような匂い、そして酢のような匂いは、統合失調症、精神障害、そして不安障害の患者でそれぞれ匂うとされた。

毒物を摂取すると、匂いからわかることがよくある。ヒ素が体内に入ると息がニンニク臭になる。ヨウ素の場合は金属、防虫剤や樟脳（しょうのう）ではユーカリの匂いだ。またシンナーを吸い込むと、体から石油の匂いが排出される。シアン化物はこれが含まれるビターアーモンド（苦扁桃）の匂いだ。アルコール中毒は、摂取したアルコールの種類によって、ジュニパーベリー（ジン）、発酵したブドウ（ワイン）、ホップ（ビール）などの匂いがする。

一九世紀までには、医療診断で嗅覚を利用するのは普通になっていた。ことに感染症――敗血症、歯あるいは骨の腐食――は、はっきりした匂いをともなった。そのあと潮目が変わった。感染症が（そしてその強い刺激臭も）制御されるとともに、匂いに対する専門的な興味は急速に消滅した。匂いの診断テクニックの衰退は、「匂い」と「嗅ぐこと」を恥とする感覚の高まりと時を同じくした。多くの文化において、匂いを取り除くことへの関心が増し、それと同時に、体臭を「嗅ぐ」仕事をするテクノロジーが、人間の鼻にとってかわった。二〇世紀になって、すべての鼻にとってかわったのがガスクロマトグラフである。口からだろうと、腋の下、鼠径部（そけいぶ）あるいは手のひらからだろうと、複合的な匂いの中の分子を分離し見分ける能力をもった器械だ。

今日の西洋医学では、匂いについてあからさまな注意はほとんど払われていない。医師や看護師は、ひんぱんに「患者の匂い」（とくに悪臭）について言及するように見えるけれども、その匂いが何を示すかは忘れられている――なんらかの不快さは別として。

わたしが医師やナースプラクティショナー（簡単な医師の仕事をする登録看護師）に向かって、診療の際に匂いを利用しているかと聞くと、決まって同じように丁重に否定する返事が戻ってくる――「残念ですが……」、「申し訳ないけれども……」、「ごめんなさい、でも……」。名著『サパイラ――身体診察のアートとサイエンス』（須藤博他訳、医学書院）は、患者の息から検知できる匂いの「ブーケ」について一節まるまる割いて述べている。この本の著者であるジェイン・オリエント博士によれば、診療に匂いを積極的に使っている人はまずいないという。「すごく無視されているテーマなのよ」と彼女はわたしに言うのだった。

現代の医学テキストを見れば、診断材料としての匂いに対するこの無関心ぶりははっきりしている。ただひとつだけ例外がある。感染症の領域だ。つまるところ感染症とは、本来健康な体に、外

＊天然痘の患者から発せられる匂いが遠くからチーターを引き寄せるという報告がある（一九〇六年、「ランセット」）。奇抜に思われるかもしれないが、現実にわたしたちは、自分の匂いがハエを引き寄せるのをよく知っている。

来バクテリアのような非内因性の微生物が感染した状態である。感染症の教科書には、診断に匂いを使うことが当り前のように書かれている。実際、嫌気性感染症かどうか見るうえで、「特定できるのは、病変部位もしくはその分泌物からの腐敗臭や悪臭だけである」と、ある教科書は述べている。他の手がかりはせいぜい示唆するだけなのだ。

「痰(たん)の特徴的な悪臭は、嫌気性細菌との関わりを示唆する」。これは医学文献においてお馴染みの文章だ。「ほとんどの医者は、肺や膿瘍(のうよう)や外傷から出るひどい悪臭(たとえばともにタンパク質の腐敗から生じるカダベリンもしくはプトレシンの悪臭)が、嫌気性細菌の存在を示しているのを知っている」。それを教えてくれたのはベネット・ローバー博士だ。医療分野における匂いのうちで、主なカテゴリーのひとつはどうやら「悪臭」のようだ。ローバーはテンプル大学医学部の微生物学および免疫学の教授である。彼のような微生物学者は手にしたバクテリアのシャーレさえ嗅ぐかもしれない。ローバーによれば、そうした匂いにはブドウを喚起するものもあれば、漂白剤を喚起するものもあり、「ネズミのような匂い」のするものもあるということだ。今では標本は鼻ではなく機械で調べられるほうが多いが、ローバーは寒天プレートを見れば匂いを嗅ぐ。

そんなわけで、たしかに医師は匂いを嗅いでいるのだ。意識して匂いを診療に使っていないと主張した全員の口から、実際には患者の匂いに気づいていることを示す言葉がなにげなく漏れてくる。オリエント博士は言う――「もちろんアルコールね。あとは有機リン酸エステルのような毒性物質、尿毒症、肝不全、消化管から大量の出血があれば下血の匂い……」――リストはきりがない。他の医師たちは、アルコールとタバコが一緒になったときのはっきりした匂いに言及する。これは他のドラッグが使われていることを示唆する。患者のベッドのかたわらで検査を行うことの重要性についていろいろ書き、また広く講演しているエイブラハム・バルギーズ博士もまた、診療で匂いを使うかと聞かれると返事を渋る。だがつぎの瞬間、彼は匂いに気づいたことがあると認める。「回診のとき、たまたまね――糖尿病性昏睡患者のフルーティな匂いとか」

今の西洋医学に欠けているのは、診断のために匂いを嗅ぐのを教えることだ。これは現実に実行可能である。オリエントは、クロロフォルム、消火器に使われる四塩化炭素、そのほかの有毒物質をそれぞれ入れたガラス小瓶を用意して、嗅ぐトレーニングをすることを勧めている。事実、ベルビュー病院の緊急医療室のスタッフは、一〇本の試験管に毒物の特徴的な匂いを閉じこめた「スニッフィング・バー」で訓練を受けたことがある。一九七〇年代にも、いくつかの医学部が、匂いについて学生たちに教えるために同じような手段を使った。だがその動きは早々に衰えたようだ。匂いを訓練するためにはいくらでもフィールドトリップが可能だというのに、なぜ避けるのか。その理由を想像するのは難しい。醸造所を訪問して、遺伝性の代謝病であるホップ乾燥窯尿症のもつオート麦に似た匂いに馴染みになったり、ビールを飲まなくてもホップの匂いと改めて向き合ったりするのを嫌がる医師がいるなんて。

たしかに、観察力の鋭い医師ならば、診察中、患者に身をかがめて匂いに気づくだろう。だが西洋医学では、だいたいにおいて匂いを無視する。そのための器械があるのだから。

東洋医学に入ってみよう。あるいは、むしろ再訪しよう。もちろん東洋医学は、西洋の診療よりはるかに歴史が古い。しかも中国伝統医学では、匂いはつねに重要だった。それは今も同じである。

人間の身体そのものが、どこが悪いのかを教える。手段は、尋ねること、触ること、嗅ぐこと、そして聞くことである。息、汗、唾液、粘液、尿、そして便を——ときには本人のいる部屋の匂いまで——嗅ぐのは、漢方の診断方法の一部になっている。

　マサチューセッツ州ノーサンプトン。大通りからそれると、この町らしい特色が見えてくる。張り出し窓のついたビクトリア風建物、手入れのゆきとどいた小さな芝生、そぞろ歩きする住民たち、香水お断りと書かれているベジタリアンレストラン。ステート・ストリートとセンター・ストリートが交差する角の二階に、リータ・ハーマンのクリニックがある。彼女の待合室は暑い日でも涼しい。香が焚(た)かれ、水の音が聞こえてくる。ハーマンがやっているのは指圧と、「五要素(エレメント)」を基本とした中国医療である。この系統は、いわゆる中国伝統医学とはいくぶんアプローチが異なっている。*
それにしてもどうだろう、彼女は匂いを嗅ぐことができるのだ。

「こうなるまで八年かかったわ」。自分の鋭い嗅覚について彼女はうれしそうに言う。ハーマンには生き生きしたポジティブな雰囲気がある。微笑してわたしに近づいてくる彼女の若々しい顔は、茶色の巻き毛でふちどられている。「最初はこの仕事とはまったく無縁だったのよ」。頑固な身体の不調が漢方で救われたとき、彼女はその効用を知るために教室に入った。まもなく彼女は、それまで働いていたコンピューター会社をやめた。一六年後の今、彼女は自分の診療所をもっている。そしてたくさん匂いを嗅いでいる。

　漢方の概念では、五つの基本エレメント——木、火、土、金属、そして水——は、身体などのシステムのバランスの調和もしくはその崩れの一因とされる。ハーマンのような診療師にとって、エレメントは匂いをもつ。人種、年齢、清潔さ、香水への興味、あるいはさっきまでポリエステルのトラックスーツを着て走っていたなど、さまざまな違いにもかかわらず、その人だけのはっきりした匂いがあるというのだ。匂いの描写はそのものずばり――焼けた、腐った、あるいは鼻をつく悪臭など――のこともあり、ときには印象に基づいた描写もある。「ジンジャエールやビネガー」の発泡の匂いもそうだ。「鼻を打つ匂いね。パーンとはじけてそれから消えていくの」と、ハーマンは言う。あるいは「物干しロープにかかった衣服の」匂いもあれば、「通りを歩いているあいだじゅう、からみついて離れない」スイカズラの花の匂いもある。

しばらくハーマンと話してから、わたしは尋ねずにはいられなかった。「わたしも何かの匂いがするかしら？」

ハーマンは診察台の上にわたしを横たわらせ、わたしの手首をそっと持ち上げて脈をとる。彼女はわたしを突き刺すように見る。わたしの匂いを嗅いでいるんだ、とわたしは気づく。彼女の患者の多くは、自分たちが嗅がれていることを知らない。「あんまりおおっぴらにはしてないの」と彼女は言う。嗅がれるという行為の奇妙さや、体臭についてわたしたちがもつ自意識を考えれば、それも当然だろう。彼女とスタッフは、実際に鼻を首筋につっこまずに患者の匂いを知るトリックを作り上げた。ひとつはかなり長い時間、患者を残して部屋を離れるというものだ。二〇分くらいで

＊たとえば、中国伝統医学では「変化の五相（五行）」という言葉が使われることが多い。

いいだろう。戻ったときには部屋中にその患者の匂いが満ちているわけだ。もうひとつのトリックは、ハーマンの言う「濃密な」匂いに効果がある。たとえば、ビタミンの匂いとか、長いことジムの袋に入れてあったジム用のウェアのように、下に降りてくる匂いである。そのトリックというのはこうだ。治療台の下にボールペンを「うっかり」落とし、かがんでそれをつまみ上げながら、そこに漂うジムバッグなりビタミンなりの匂いを探すのである。

彼女は額にちょっと皺をよせて、わたしの額の真ん中あたりに視線を固定する。「水が少しだけ」と彼女は言う。業界用語でアンモニアの匂い——くさい匂いのことだ。つとめて平静をよそおいながら、わたしはうなずく。ハーマンは台の反対側にまわり、大きく息を吐く。「まだここに来てからあまり時間がたってないわね」。だから少なくともこの部屋は尿の匂いで充満してはいないわけだ。「あなたの『主な』エレメントを知るのに、首を嗅いでいいかしら。一種の違反行為なんだけどね」。わたしは違反行為に同意する。起き上がって、わたしは知らない人にわざわざ首の後ろを嗅がせているという、普通でない経験をやってのける。

「ふむふむ。いや、これは水じゃないわね。わかった、金属と土が優勢ね」

患者の匂いを知るのが何の役にたつのだろう？「そうすれば、その匂いがなくなったときにわかるでしょ」と彼女は言う。「そこで気がつくのよ。彼らの胃を見て、酸っぱくなってるとか、発酵しているとか、足が匂うとかね。その人の金属の匂いがひどく腐敗しつつあるとか、甘い土の匂いが病的な甘さに変わっているとか。それからわたしは、彼らがもとの良い匂いに戻るように治療するわけ」

もちろん、漢方だけが匂いによる診断の唯一の砦というわけでもないだろう。そこでわたしは、土の匂いを発散させながら、医学文献を掘り出してみる。二一世紀の医学ジャーナルの中にも、匂いの診断についての報告が少しだけ散在している。どれも、今では基本的とも言える匂いのいくつか――シアン化物中毒の匂い、糖尿病の果物の匂い、感染性胃腸炎あるいは歯周病を示す「下水のような匂い」――について述べている。そこにはまた、発見への一種の驚きに満ちた喜びが見られる。この医師や看護師たちは、匂いのシャーロック・ホームズになって、患者の中の見えない、そしてつかまえにくいものを嗅ぎだすことができたのだ。酒を断とうとしているアル中患者のフルーティな匂いからは、その人物が洗浄用硫化イソプロピルアルコールを飲んだことが暴露される。強力な神経系の抑制剤だ。発汗と嘔吐の症状のあるトウモロコシ農家の農民から発散するニンニクの匂いは、作物に与えていた殺虫剤の影響である。ふたりの炭鉱夫が意識を失って病院に運びこまれた。腐った卵の匂いがする。ポケットには黒ずんだコインもあった。ふたりが地底で恐ろしい硫化水素を吸ったのは明らかだった。

特有の匂いをともなう病気が疑われると、今でも医療関係者は自分の鼻に従うよう勧められる。たとえばフェニールケトン尿症は、カビ臭い、ネズミのような匂いがする。他にもパンケーキを連想させるメープルシロップ尿症（楓糖尿症）、感染症、毒物摂取などがある。早期に疑えば、その後の調査で、深刻な障害や、あるいは死亡さえ阻止できるのだ。

だが、病気を嗅ぐ「人」についての事例はごくまれである。そのわずかな例のひとりとして、モネルのジョージ・プレッティは、医師としての経験はないものの、人の匂いを嗅ぐ仕事をこなしている。「きみは驚くだろうけど、すごく大勢の人がぼくに言ってくるんだよ。頭が臭いんです、匂いが髪の毛からしみ出ているんです、とかね」。プレッティは彼らに返事を書き、数日のあいだ頭を洗わないままにして、モネルに来るように言う。それから？「嗅ぐんだよ」とプレッティは言う。「ぼくたちは患者の匂いを嗅ぐんだ。こういう診断をするのは、地球上でここだけだろうね」。頭が臭い、体が臭いと心配して、人びとはモネルに行く。「みんな自分が嫌な匂いを出していると思いこんでいるんだが、的はずれなことが多いよ」。彼は安心させるように言う。ここの研究テーマのひとつはトリメチルアミン尿症と呼ばれるきわめてまれな代謝異常で、全身を消耗させる病気である。この病気は匂いで簡単に見分けがつく。なぜかって？　別名「魚臭症」と呼ばれているからだ。

　これ以前に人が病気の匂いを嗅いだという報告は、二〇一二年にさかのぼる。スコットランドの一般女性が夫のパーキンソン病の匂いがわかると主張した。この病気はしばしば感覚の変化をともなう運動障害を引き起こす。その女性によると、夫がふいに「カビくさく」なったのだという。そこで彼女に一二枚のTシャツを嗅いでもらい、どれがパーキンソン病の患者のものか当てさせてみた。六枚がパーキンソン病の患者、六枚が健康なボランティアのものだ。結果はみごとだった。彼女は一一枚のTシャツを当てた。間違ったのは、健康だとされた人物のTシャツを糖尿病患者のものとした一枚だった。皮脂腺からの分泌がくっつくシャツの襟が、どうやら犯人の手がかりとなったようだ。

　ところでその一枚の間違ったTシャツは？　それを着ていた人は、八か月後にパーキンソン病と診断された。

興味深いのは、今の医療現場で行われている「匂い診断」と、この女性の「匂い診断」とでは意味あいが違っていることだ。たとえば患者の嗅覚が急激に落ちると、それ自体、なんらかの病気の可能性を示唆している。パーキンソン病の初期がそうだ。アルツハイマーもまた、記憶の病気ではあるが、しばしば嗅覚の機能不全が特徴となる。患者による自己申告だけでなく、今日ではスタンダードになっている嗅覚テストも使われる。「スクラッチ&スニッフ」のマイクロテクノロジーを使った検査である(この言葉からは嫌な匂いのするステッカーとへたくそな仕掛け絵本が連想されるが)。スクラッチ&スニッフパッチを作るには、不純物の混じったオイルを入れた微細なカプセルを紙の上にスプレーする。それを老人の爪でスクラッチすれば、カプセルが破れて中身が跳び出すわけだ。

フィネガンが朝、わたしにぴったりくっついて匂いを嗅ぐのを見て、わたしはクローゼットを引っかきまわし、四三年前のボードゲームを探しだす。「スメル&テル」という語呂の良い名前で、スクラッチ&スニッフカードを使っている。謳い文句はセンセーショナルならぬセント(香り)・セーショナル・ゲーム」である。驚いたことに、わたしの家族の鼻と出会うまで何十年も放っておかれたにもかかわらず、バナナ、チョコレート、ルートビア、そしてニンニクの匂いは残っていた。フィネガンはゲームに参加せず、離れた部屋に引っこむ。

(ありがたいことにフィンはわたしの重大な病気を嗅ぎださなかった。ただし人によっては妊娠を病気と考えるわけで、彼がそれを検知したことがあとからわかった。)

ドイツの哲学者、フリードリッヒ・ニーチェは、匂いを嗅ぐのが好きだった。「わたしの天才は鼻孔にある」と書いているほどだ。彼は人の鼻孔の「鋭さ」——何かをただ嗅ぐというより、嗅ぎだす能力——について無造作に述べている。鼻のもつこの種の智恵は、英語では、文字通り「ノーズワイズ」という言葉で呼ばれていた。二一世紀になると、それは「鼻が賢い」という意味を失ってしまい、「鼻に関して」という意味になっている。一種の降格だ。わたしたちの社会において、鼻の智恵はまだ居場所があるし、犬の鼻が得ているような敬意が払われてしかるべきなのだ。

9　悪臭の波

ディック・ヴァン・ダイクが少しばかり頭のいかれた主人公のカラクタカス・ポッツを演じている『チキ・チキ・バン・バン』は、だいたいのところ楽しいミュージカル映画なのだが、後半になると雲行きが怪しくなる。ふたりのポッツ家の子供たちが男爵の領内に身を潜めざるを得なくなるのだが、領内の人びとは子供をもつことを禁じられており、男爵は「子供キャッチャー」を使う。キャッチャーの鼻はとほうもなく長く、先にボールがついたようになっていて、それで子供たちを嗅ぎだすのだ。たちまち、彼はポッツの無邪気な子供たちを嗅ぎだし、キャンディで釣って、自分のキャンディワゴン＝檻に連れこむ。この映画の脚本を書いたのがロアルド・ダールだと知れば納得がいく。

ダールはとほうもない鼻たちを書いた。『魔女がいっぱい』（清水達也・鶴見敏訳、評論社）の中の、子供を嫌う魔女のひとりはこう書かれている。「真っ暗な夜でも、通りの向こう側に立っている子供を嗅ぎだすことができるんだよ」。子供が、お風呂に入ったばかりでちゃんと清潔だと抗議すると、こう言われる。「魔女が嗅いでいるにおいは垢じゃないんだよ。子供なんだからね。魔女を狂わせるにおいは、子供の肌から出ているんだよ。においが、子供の肌からじわりじわりとにじみ出てくるんだよ。そのにおいを魔女たちは悪臭波と言ってるけどね。それが空中を漂って、魔女の鼻をぴしゃっと打つ……」*

——犬——

検知犬。さまざまな犬関係のサークルで、スニッファードッグ、ディテクタードッグ、あるいはワーキングドッグなどと呼ばれているこの犬たちは、もちろん病気だけでなく、他にもはるかに多くの事物を検知する。これ以上、どのくらいの対象を検知できるかは、まだわかっていない。最近まで人間たちは、犬の鼻の能力は、つまるところこちら側の想像力（その鼻に何を見つけさせるか）次第だと考えていた。しかも人間の想像力はどんどんふくらんでいるから、今では犬にドラッグや地雷を見つけさせるだけでなく、果樹の害虫であるコナカイガラムシや密輸された農産物、危険なガーターヘビを検知することにまで仕事を広げさせている。犬は微量の環境汚染物質も見つける。ガソリン製造に伴う汚染物質をはじめ、産業廃棄物サイトやゴミ処理場に捨てられたさまざまな有毒物質などだ。さらにガラパゴスから不法に輸出されたナマコを嗅ぎだし、法に反してゾウやサイの群れから切りとった象牙や角のような密輸品を見つける。

そして犬は人間を検知する。追跡し、捜索し、救助し、匂いを識別する犬たちは、行方不明者、逃亡者、迷子、あるいは死者、犯罪者、意識が朦朧（もうろう）としている人、気づかれずに放置された人、不運な状況にある人びとを追跡する。その鼻の権威は、人間の法的システムからも評価されている。アメリカ最高裁は検知犬の嗅ぎ能力を「無比」なるものと宣言した。ほかに比べようのないツールということだ。かつてイヌ科動物の最初の追跡行動は、明らかに狩りのためだった。彼らのような捕食動物は、獲物が自分の爪の下に現れるまで、あるいは開いた口に飛びこむまでじっと待っていることなどできない。獲物の足跡をつける能力を手に入れるのは、生きるために必要な適応だった。野生の祖先が生きた時代以来、家畜化された犬は「狩猟」を、「狩猟マイナス捕食」へと修正してきた。プリニウスは、猟師が年とった弱々しい狩猟犬でも一緒に連れていくのは、犬たちが「鼻づらで風を嗅いで」獲物を見つけるのがとても上手だからだと書いている。だがその犬たちもまた、あの飢えたオオカミたちと共通点をもっている。彼らは「あるもの」を通じてわたしたち人間を見つける。その「あるもの」とは、わたしたちが放つ悪臭の波だ。

人の匂いはきわめて強いから、犬は時間がたっても、またその人がずっと前に立ち去った場合でも、そして水の中でさえ、匂いをたどることができる。その人物が触れた物が破壊されていても同

＊ダールの本を読んだ子供たちが間違いなく大喜びすることがある。魔女を避けようと思ったら、「決してお風呂に入ってはいけない」。そうすれば、悪臭の波が出るのを汚れの層で抑えつけることができるからだ。だが残念！　「ジャックと豆の木」のダールによるバージョンでは、ジャックはお風呂に入り、薔薇のような香りになることによって、「フィー・ファイ・フォー・ファム」と歌いながら嗅ぎまわる巨人から、やっと逃れるのだ。

じことだ。ある実験では、訓練された複数のブラッドハウンドが、パイプ爆弾が爆発したあとで、その爆弾に触れた人物を嗅ぎあてた。その人物が爆弾をセットするときに残した匂いの跡は、パイプがほとんど「生き残って」いなかったにもかかわらず、「生き残っていた」のである。犬はまた、水死体を見つけるように訓練されている。腐敗の匂いは湖などの溜まった水面に上がってくる。川などの流れる水の中でさえ見つけられる犬もいる。ソナーやダイバー、水中カメラがやれなかったところでも、犬はまず桟橋からその場所に鼻先を向け、その後ボートの上から、捜索スペースをほんの六メートルの幅に狭めることができる。死体捜索犬ハンドラーのキャット・ウォーレンは、水面下を捜索して警告してくる犬の様子がまるでごく自然に「部屋から部屋へと移るようだ」と書いている——暗い部屋で探しまわってから、明るい部屋へ出ていく感じだというのである。雪崩救助犬は、七メートルもの深さの雪の下に埋まった人びとを見つけている。遭難者の匂いは、雪の表面に浮かび上がり、犬はいくらか掘り返して確信し、そこで警告するのだ。

犬に捜索や救助、足跡の追跡をやらせるとき、「探しだす」ために衣服の切れ端を与えることがある。だがほとんどの場合、犬が知らなくてはならないのは、自分が**ある**人物を追っているということだけだ。わたしたち人間はみんな、ひどく騒々しい匂いを犬に向かって排出しているからである。匂いの科学の研究からわかってきたのは、人間にとって「痕跡を残さない」のは不可能だということだ。わたしたちはつねに痕跡を残している。皮膚からの粉雪は体を動かすたびに道筋に散りおちる。じっとしていても、皮膚の上や中から、そして皮膚を包む物から匂いが漂いでる。それだけではない。わたしたちが行ってしまってから長い時間がたっても、匂いはまだそこにある。あなたがどこに行こうと、犬にとって、あなたはまだそこにいるのだ。

本当かなと思うなら、下等な蚊を考えてみるとよい。蚊もまた人を「追跡（トラック）」すると言っていいだろう。蚊を引きつける度合いには個人差があるが、レスリー・ヴォスホールは、何百人ものボランティアを使って、その違いをもたらすのが何かを調べた。被験者は「トロピカルルーム」なる部屋に入れられ、どのくらい多くの蚊が風上に飛んできて、彼らの二・五センチ幅の露出した皮膚部分を刺すかをテストされた（ヴォスホール研究室のボランティアになるのは、気弱な人間には難しい）。刺される数が多いか少ないかには、その人の体の化学的性質が影響する。だがその数は、そよ風を作りだすだけで減らされる。「天井のファンは、蚊をとても混乱させるのに役立つ」と彼女は言う。空気はかき乱され、蚊は近くにきて嗅ぐのだが、見つけることはできない。*

追跡犬の場合、それほど簡単にだまされることはない。ポール・ニューマンが演じた映画『暴力脱獄』の主人公は、チリパウダー、胡椒、カレー粉を使ってブラッドハウンドを混乱させることに成功する。だが、そんなふうに脱獄囚が追跡犬をまごつかせることは現実にはありえない。追跡犬のスキルは、人の匂いを探しだすことだけではない。おそらくそれよりもっとすごいのは、彼の鼻にどくどく流れこんで誘いかける他の何千もの匂いからその匂いを選り分ける能力である。少しばかり胡椒を振りかけても、くしゃみを誘うくらいで、システムの崩壊は起こらない。


*もしあなたが、著者と同じく、たくさんの蚊を引きつけるだけでなく、最初は友人や家族のほうに集まっていた蚊まであなたのほうに来るようなら、ヴォスホールの研究からわかったふたつの智恵を拝借するとよい。①蚊の風下にいること、②ファンの近くにいること、である。

匂いの跡が薄れてくると、犬は「匂いのコーン」を探す。匂いのもとから広がる目に見えない空気の開花だ。匂いはその出どころから放散し、弱くなっていくが、及ぶ範囲はどんどん広くなる。犬はジグザグに進み、匂いの通り道を垂直に横ぎりながら、その間ずっと前進して、ターゲットに照準を合わせる。途中、彼らは一種の空中幾何学を駆使して、匂いが前より弱くなると、そこで進む方向を変える。

人は強い匂いを放散するばかりではない。その匂いは物の上に**とどまる**。ガーゼに、紙に、ビニールに、金属に、それこそ信じられないほど長期にわたって、匂いはそこにある。ほとんどの場合、人は手を使って物に触れる。そしてその手の匂いは、何か月ものあいだそこにくっついていることがある。手袋や衣服のような浸透性のあるものには、あなたの汗がたっぷりしみこんでいるけれども、ステンレスの時計や金の結婚指輪でも、その小さな割れ目の中や上にあなたがいるのだ。実際、トレーニングとテストのために、ハンドラーが使う簡単な「匂いのサンプル」は一五分間人の手にあった布切れである。もっと資金のあるハンドラーならば、特製の真空掃除機を使って頭上の空気をとらえ、それをガーゼに堆積させれば……よし、ばっちりだ。

研究者の表現を借りれば、わたしたちの悪臭の波は「重層的」である。まず、人間という生物として四六時中身につけている基本的な匂いがある。ただすわって、ほとんど何もせず、本のページをめくっているだけでも、毎日皮膚からは何百億ほどの多角形の表皮細胞が、バクテリアと菌類の集団と一緒に剥落している。おまけに五〇〇ミリリットル程度の汗も発生する（運動するなら一時間で二リットルくらいまで）[*]。汗にはアルデヒドやケトンのようなカルボニル化合物、アルカン、脂肪酸などが含まれ、その割合がわたしたちをお互いから区別する。これに加えて二次的匂いもある。それまでいた場所の匂いや食べたものの匂いだ。さらにまた驚いたことに、こうした匂いの層（レイヤー）を隠そうとして、あるいは匂いがまだ十分でないと考えて、わたしたちは下手な努力を重ね、第三の匂いを加える。香水、石けん、手指消毒液、ローション、整髪料、アフターシェーブローションなどだ。

追跡犬はこうした匂いを全部嗅いでしまう。いくらラベンダーローションをつけても、バクテリアにまぶされたアルデヒド、脂肪酸、アルカンのミックスという、本人だけのごたまぜの匂いから犬たちの気をそらすことはない。そしてもちろん、足跡がある。足跡がもつ手がかりはおびただし

＊ある研究者は気まぐれに匂いの「汚染」度を数量化した。ひとりの「標準的な人間」（皮膚表面積一・八平方メートル、入浴は一日〇・七回）」がすわっているときに空気を汚染する度合いを、一オルフ（olf）とする。運動している人は一一オルフまで増加する。喫煙者は二五オルフである。

い。靴のサイズ、歩いている人の体重(足跡の深さが違ってくる)、靴の踏み跡。足跡はまた泥や草をかき回し、そこに靴の匂いを少し残す。そして同時にあなたの匂いも。

自分の匂いが靴を通すなんて嘘だって？　それでは実験してみよう。ジムバッグの中に靴をつっこみ、ジッパーをしめ、家に帰り、バッグを開け、靴を取りだし、クローゼットにしまう。それから空のバッグを嗅いでみる。果たしてそこにあるのは「靴」の匂いだろうか？

それでも納得できないなら、靴からどのくらいの液体(匂いを運んでいる)がしみ出るかを見てみよう。これはふたりのケーナイン(警察犬)トレーナーが行った実験だ。まず防水皮革のハイキングブーツの上まで水を注ぐ。三〇秒で、水は外側にしみ出ていた。歩くと外側はもっとびしょびしょになった。靴はその内部から液体や気体を放出する。わざわざ大量の汗を靴から押しだす必要もない。こうして足の匂いは外に出ていく――汗という液体に運ばれ、あるいは気体のまま、液体よりもはるかにひそやかに。人間の足の裏には、一平方センチにつき何百というエクリン腺(汗腺)がある。体の他の部分よりも多い。それが汗を出すのだ。皮脂腺もやはり匂いを放出する。これらの腺に含まれる脂肪酸は、靴と靴下をそのまま通り抜けて踏まれる表面に出ていく。あなたの匂いは、たえず発散している足の汗を通じて、一歩ごとにしぼりだされる。

このよう足跡追跡(トラッキング)というのは、匂いをたどるという単純な作業なのだが、ここでもっと驚くことがある。そもそも犬は訓練しなくても匂いによる追跡をやってのけるのだ。もちろん、さらにすぐれた追跡行動を形成するための訓練はたくさんある。早期のトレーニングでは、犬は消えてしまった匂いを捜索し続けるよう促される。ハンドラーは風に対して直角に歩き、犬がそよ風にのった匂いをキャッチするのを助ける。そして犬は世界に存在する他のあらゆる手がかりを排除して、今この瞬間に重要なたったひとつの匂いに集中することを学習する。このトレーニングは、犬にトラッキングを教えると同時に、ハンドラーにとっても犬を助けて仕事をさせるのを学ぶためでもある。

生まれつきだろうと、トレーニングによるものだろうと、どんな種類の検知犬でももたなくてはならないひとつの特性がある。モチベーションだ。ときには破壊的とも言えるほど圧倒的なモチベーションである。優秀な仕事犬が必死で匂いの跡を追うのは、ハンドラーを喜ばせたいからでもなく、悪者を見つけたいからでも、あるいはすばらしく濃い匂いを味わいたいからでもない。彼らが熱心にトラッキングするのは、匂いをその出どころまで追跡すればある物が手に入るからだ――彼らが何にもまして欲しいもの、それは汚れたテニスボールか、あるいはぼろぼろになったタグトイの先っぽだ。ハリファックスのダルハウジー大学で嗅覚を研究しているサイモン・ガドボワ博士は、生まれつき仕事犬に向いている犬種を「ドーパミン犬種」と呼んでいる。ボーダーコリー、ジャックラッセルテリア、ベルジアンマリノワ、そしてハスキーのような犬種だ。彼らは固執的で、モチベーションが高く、大好きなボールを手に入れるために、必死で仕事に集中できるのである。

ただし追跡犬がかならずしも純血種である必要はない。オモチャへの情熱、ボールを投げて取ってこさせるフェッチや、ロープを引っ張るタグ遊びなどへの熱望。これが訓練に向いている犬の特徴だ。彼らは遊びたいという欲望を満たすためなら何でもする。子犬がとくにタグで遊ぶのに興味がなくても、トレーナーはタグを使う訓練をするかもしれない。それで子犬がくいついたら、匂いの訓練の残りはきっちり達成されると確信しているからだ。

熟練したハンドラーが仕事の内容を説明するときに、だれもがほとんど同じ言葉をくりかえす。

「捜索と追跡訓練のポイントは」と、あるトレーニングハンドブックは書いている。「もっぱら捜索したい、そして追跡したいという欲望を引き起こすことにある」。あとの部分で、著者たちは告白している――「どんな犬も捜索を学ぶ必要はない」。要するにこういうことだ。犬は生まれつきの捜索者であり、ハンターであり、匂い嗅ぎの名人であり、追跡者であって、わたしたちはただ、犬たちがそれをするための条件を作りだし、後押ししてやるだけでよい。そのゲームをずっと好きであるように励ましてやるのだ。こうした励ましは、ほとんどの人がペットの犬にしていることとは逆である。わたしたちのやっていることは、犬にトラッキングしてはならないと必死で教えているようなものだ。店の外でじっとすわって飼い主を待っている犬。一緒に歩くときはみごとにあなたのわきについて、行儀良く鼻を前に突きだして歩く犬。その犬はトラッカーになるよう運命づけられていない。追跡犬が行方不明者を捜して、熱心に自分たちの鼻にしたがい、ハンドラーの前をジグザグに歩いているのを観察したあとでは、飼い主が犬をリードにつないで町の歩道を散歩させているおなじみの光景は、追跡させない訓練の成果を見ているようである。

それにしても、訓練されていようがいまいが、犬がわたしたちには見えない道筋に注意を集中し、ついにターゲットを見つけだすのを観察していると、不思議な気持にかられる。暗い夜空を見上げて、宇宙からは見られているのに自分には宇宙が見えないと感じる、そんな気持だ。わたしたちにとって、犬がしていることを知るための唯一の手段は、観察だけだ。ノルウェーの研究者たちは、四匹のジャーマンシェパードの鼻にマイクロフォンを装着し、人の通った跡を見つけるために犬たちを放した。人間たちは先に出発し、ひそかに草地を通り抜け、あるいはコンクリートの地面を越えていったのである。問題は犬たちが成功したことではなかった（ほんの数秒で見つけだした）。研究者たちが調べていたのは、追跡行動に見られるはっきりした三つのステージだった。最初の「捜索」ステージは一〇秒から二〇秒続き、その間犬たちは足跡を見つけようとしていた。足跡を見つけると——一二個くらいだ——動きは遅くなり、研究者たちの言う「決定」ステージに入る。「これはどんな感じがするか」ではなく、「ここからどの方向に足跡がいくのか」を決定するのだ。草やコンクリートの地面に鼻をぴったり近づけて、どの犬も五秒足らずで、決定を行い、すぐさま実際の「追跡」ステージに移った。頭のマイクロフォンは鼻を鳴らす音、鼻をすする音、くしゃみをすべてとらえ、犬がこの間ずっと一秒につき六回嗅いでいることを示した。犬たちが鼻と口でやっていたことのうち、実際の呼吸にあてられたのはほぼ一〇パーセントにすぎなかった。他の研究結果も示すように、犬はそれぞれの足跡の匂いの強さを比較していた。一秒ずつずらして付けられた足跡だ。それも何分も前に。

金鉱——糞

これは盲人のための庭だった。目にはたえず不快だったが、嗅覚はあまり上品とはいえないにしても、とにかく強烈な快楽をそこに見つけることができた。公爵自身がパリで苗木を買ってきたポール・ネイロンという薔薇はすっかり退化していた……フランスのどんな園芸家も夢想すらできない、濃厚な、かなりいやな香りを発散する、肉色の、卑猥な、奇妙なキャベツに変形してしまった。公爵がその一つを鼻のあたりまでもってゆくと、オペラ座の踊り子の腿の匂いをかいでいるような気がした。その花をペンディコにさしだすと、吐き気をもよおしたように、うしろにとびのき、急いで、堆肥と死んだ蜥蜴(とかげ)のなかに、もっと健康的な匂いを求めにいった。

——ジユゼッペ・ディ・ランペドゥーサ『山猫』(佐藤朔訳、河出文庫)

犬は膀胱がんや糖尿病の検知訓練をご機嫌でやってのけるし、ナンキンムシ、メタンフェタミン(ヒロポン)などを探しだし、さらには行方不明者の場所をつきとめることもできる。だが犬の飼い主ならだれでも、いま挙げた獲物狩りが彼らの本当の専門技能ではないことを知っている。犬が生まれつきやりたがっているのは、糞を見つけることのようだ。猫と一緒に住んでいる犬はすべて、猫用トイレの場所について直感的に深い知識を身につけている。近所の犬がどこかにこっそり糞をしていても、あなたの犬はそれを軽々とつきとめる。都会の犬は、出没するコヨーテの糞とか、地元の人が木の陰に残していった排泄物を、頼まれもしないのに見つけてくれるかもしれない(ニューヨークやサンフランシスコでコヨーテが頻繁に出没するという)。ご主人さま、今度は何がお好みですか?

うれしいことに、犬たちは今、生まれつきの専門技能を発揮している。違うよ、アプトン、駄目駄目。べつに「公園の木のかげでホームレスのウンチを見つける」のを褒めてるんじゃないの。ここで言っているのは、絶滅の危機に瀕した、あるいは突きとめるのが難しいさまざまな動物や個体群の排泄物を見つける仕事犬のことだ。

ワシントン大学でサム・ワッサー博士は、「プロの糞チェーサー」なる犬たちを訓練して仕事につかせる専用の施設をひっそりと運営している。科学の簡潔な命名では「糞検知犬」である。わたしはシアトルのキャンパスでワッサーに会うために、早朝そこに到着した。広いオープンスペースには、この時間、ほとんど学生がいない。濃い霧がレイニエ山を隠していた。ジョンソン・ホールに向かうわたしから見て南東の方向に、その山は誇らしくそびえているはずだ。

わたしは犬についてワッサーと話すために来たのだが、彼の主要な関心は野生生物にある。彼の検知犬プログラム「コンサベーション・ケーナインズ」は犬への興味から生まれたものではなかった。七〇年代末、ワッサーはタンザニアのミクミ国立公園でキイロヒヒの研究をしていた。多くの野生生物研究者と同じく、彼は研究する動物群の行動や健康についての情報を集めた。彼の場合は、雌のヒヒ同士の生殖競争である。動物の邪魔にならないように、情報は決まってこっそり集められる。動物の動きをキャッチするカメラトラップ（モーションセンサーや赤外線センサーを用いて自動で撮影する設置型のカメラ）をはじめ、動物が通りすぎるときにひっかかる毛のサンプル（DNAが得られる）を取るために鉄条網を据えつけたり、あるいは動物にタグや首輪をつけて放すなどだ。どの方法にも欠点がある。サンプル摂取にともなうサンプリングバイアス（偏り。動物のなかには他の動物よりつかまえられやすいのがいる）。動物を捕らえて放すための時間や費用。またタグを付けることが動物に与えるストレスや、ときには致命的な負傷の危険もある。囮（おとり）を使うのは動物の行動を変えることがある。罠は怪我させる危険がある。標識を装着することさえ、基本的に個体群のダイナミクス（力関係）を変えるかもしれない。*

生きている動物群の情報を得る方法のなかで、もっとすぐれているのは、彼らを考古学的に扱うことだろう。彼らがあとに残したものを見るのだ。たちの悪いホテルの客のように、動物は立ち去ったあとに活動の証拠を残す。草を食み、巣を捨て、地面を踏みしだき、そして恥知らずにもウンチを残す。ワッサーの興味をとらえたのはそのウンチだ。

ウンチについて少しだけ。おおむねわたしたちは排泄物を、無価値な物と考える。何かを「シット（大便）」と呼ぶことは、役に立たないとかメリットがないと言うための、上品ではないが簡潔な言い方だ。野生生物のシットはそうでない。研究者は糞を見て、金鉱だと思う。その中には情報がつまっている。健康について、繁殖ステータスについて、動物が何を食べているか、そしてどう感じているかについての情報だ。DNAは個々の動物を識別し――その個体がだれか、年齢と性別はどうか――、それとともに群れの間の血縁関係をわからせてくれる。糞のサンプルによって研究者は、種の個体群の大きさや群れの分布の広さを知ることができる。この収集プログラムはほとんど完璧だから、動物研究者は被験者である動物を見ないでも、彼らについてのかなりの情報を集められるのだ。

今ワッサーの関心は、人間の増加が野生生物に与える圧力である。糞のサンプルを調べれば、動物の群れの健康が変化しつつあることを知ることができる。だが最初に彼が糞の収集に手をそめたのは、ヒヒの研究をしていたときだった。「ぼくは糞からDNAを手に入れようとしていたんだ」。ワッサーはわたしに言う。糞を集めるのは研究者にとって試練でもある。その瞬間にそこにいなくてはならないし、動物が移動してしまったときは、泥の中を探しまわるはめになる。「それで気がついたんだ。自分で集めるより、もっと良い方法が見つけられないものかってね」。そのころ、たまたま彼はクマに関する会議に出ていたが、そこであるハウンドハンターに出会った。会議では、ハウンド犬にクマを検知させて仕留める「ハウンド猟」の禁止が議論されており、そのハンターは、これから自分の猟犬をどうしたらいいだろうと嘆いていた。猟のあいだ、その犬は前に行ったり後ろに行ったりしてクマの足跡をたどるのだという。ワッサーは思わず立ちすくんだ。「その瞬間ぼくはこう思ったね。これこそぼくが探していた糞検知犬だ！」

今から思えば、ワッサーが必要としていたのは狩猟ハウンドのような地面を追跡する犬ではなく、空気を嗅ぐ犬だった。しばらくしてワッサーは麻薬検知犬プログラムにかかわり、犬とその訓練方法を観察した。ピュージェット湾のマクニールアイランド更生センター（刑務所の囚人たちに仕事犬の訓練をさせ更生を図る施設）での訓練もそのひとつだ。「犬たちはまさに『アンビリーバボー』だったね」彼は興奮したように言う。「追跡されている囚人たちが服を脱いで洗濯したあとでも、犬はひとりのこらず嗅ぎだすんだよ」——彼は陽気に指をパチンと鳴らす——「こいつはドラッグを持っている」——パチン——「こいつはドラッグを持っている」——パチン——「そしてこいつもドラッグを持っている」。ワッサーの確信は固まった。

＊キンカチョウによる交配相手の選好についての研究がこれをよく示している。雌たちが好んだのは身体の強さを誇示する雄ではなく、たまたま追跡調査のための赤い足輪（黒ではなく）をつけた雄たちであった。

彼は犬を訓練し始めた。彼のラボが行った最初の調査は、ワシントン州のゴートピークでのグリズリーベアの捜索だった。グリズリーの姿は見つけられなかった。だが犬はそこに一頭いることを教えた。そのあとワッサーは、カナダのアルバータでグリズリーベアに関する大がかりな研究をやり遂げた。その間いつも彼は、犬の鼻のすごさをまざまざと見せつけられるのだった。「ぼくがそこにすわってるだろう?」と彼は思いだすように言う。「そして犬が鼻をこの穴につっこむ。探ってみると、そこにはちゃんとグリズリーベアの糞があるんだよ」。別のとき、彼らは流れの激しい川に出会った。「たちまち犬は川に飛びこんで、ちっちゃなウンチをヒットする。吠えて警告するんだ」

プロジェクトの規模は大きくなっていった。まもなく、彼の犬たちはカナダのアルバータで二五〇〇平方キロメートルにわたる地域を調査していた。冬の深い雪の中でさえ、犬たちはカリブー、ムース、そしてオオカミの何千という糞のサンプルを見つけた。それを調べたワッサーは、石油の探鉱活動と道路の建設が、動物たちの行動を変えつつあるのを知った。群れが活動現場に近ければ近いほど、動物たちのストレスレベルは高くなった。ワッサーは糞だけから、それぞれの動物が何を食べているか(オオカミの食料はほとんどシカだった)、そして彼らの栄養とストレスレベルにおける季節的変動を調べた。カリブーの棲息数減少に最大の影響を与えているのが、人間の活動だということもわかった。カリブーの捕食者として非難されているオオカミではなかったのである。

そのとき以来、コンサベーション・ケーナインズは、犬を訓練してジャガー、トラ、クズリ、タウンゼンドオオミミオオコウモリ、シエラネバダレッドフォックス、そしてパシフィックポケットマウスの糞を見つけださせている。犬たちの対象は哺乳動物に限らず、動物分類の境界を超えて、ＢＰ原油流出事故（メキシコ湾原油流出事故）のあとはウミガメの巣を見つけ、北部カリフォルニアの森に住むキタマダラフクロウの個体数を決定し、絶滅の危機にさらされたアメリカサンショウウオ属のヘメスマウンテンサラマンダーの数を数えている。このサンショウウオは枯れた切り株の中に住み、モンスーンのあいだ、一年に一か月だけ外に出てくるのだ。それぞれの犬が検知するターゲットはひとつだけではない。二〇種まで訓練できるのだ。いったんひとつの種で訓練が仕上がれば、もうひとつ付け加えるのは簡単だ。それにしても彼らは、ほとんど苦労せずに異なる動物の糞を区別することができる。きわめて近縁の種同士であっても間違うことはない。しかもまわりにあるおびただしい無関係の糞はすべて無視するのだ。糞を見つけると、犬たちはすわる。ハンドラーに警告するためだ。糞を口でくわえたり、そのなかに転がるのではない。ただすわるだけだ。

多くの検知プログラムとはちがって、ワッサーの犬たちはシェルターから来た若い雑種犬である。シェルターこそは、過剰なエネルギーと境界性・強迫性パーソナリティをもった犬たちが集まるところなのだ。ワッサーが穏やかに言うところの「ボールへの執着」、遊びへの強い衝動、そして大きなエネルギーをもった犬は、すべてのプログラムが欲しがるあの典型的な「やる気のある」犬なのだ。「要するに、人が見たらとうてい**コントロール**なんかできっこないと言われるような犬たちだよ」と、彼は言う。「でも彼らは決して逃げださない。なぜならこちらがボールを持っているからね」

ワッサーのコンピューターのわきに置いてあるカレンダーの写真は、コンサベーション・ケーナインズのメンバーたちだ。二〇一五年五月の画像はタッカーである。彼がやっているのは、他のケーナインたちの中でも、おそらくもっとも奇天烈で華々しい仕事だ。写真の中で、彼は黄色い救命胴着を首のまわりにつけてボートの上にすわっている。この優しい顔をした黒ラブミックスの仕事は、オルカのどろどろした糞を検知することだ。ピュージェット湾に棲息しているシャチである。

この地域におけるオルカの定住個体数は、急激に下降している。ワッサーは、彼らの食餌、ホルモンレベル、そして考えられる毒素について情報を集めることで、その原因をつきとめられるのではないかと考えた。情報は彼らの糞の中にある。だがオルカの糞は、匂うことは匂うし（餌は魚）、色も黄色とかオレンジ色のことさえあるのだが（たいていは茶色か緑）、ほんの短いあいだしか浮かばずに、しばらくすると海中に沈んでしまう。とてつもなく広い入江の中でこれを探すのは容易ではない。だがタッカーは違う。「タッカーはすごいんだ」とワッサーは言う。「一海里〔約一・八キロメートル〕向こうのサンプルの匂いを嗅いで、速い潮の流れの中で追跡できる」。ワッサーは早口で話す。それからその言葉が相手の頭に十分浸透するように、しばらく言葉を止める。オルカは大きいが、糞はとくに見えやすいわけではない。沈む前に見つけなくてはならないため、チームは敏速に動く必要がある。海が荒れていればあっというまに沈んでしまうし、凪いだ海面でさえ、見つけるまでに三〇分の余裕しかないのだ。

研究者たちはタッカーをボートに乗せて、オルカの姿が見えた方向に向かう。ボートはオルカの風下を進み、風がボートの側面に当たるようにする。こうすると、ボートは風に対して直角に、匂いのコーンの中に入っていく（糞から発散する匂いのV字だ）。「タッカーはボートの舳先で眠っている。でも鼻孔が動いているのが見えるんだ」――ワッサーは自分でも右の鼻孔を広げて、おどけたしかめ面のような表情になる――「それから突然、そう、匂いをつかまえたとたんに」――パチッと指を鳴らす――「犬は起き上がる」。

「われわれがやっている仕事のなかでも、これはもう完璧としか言いようがない」と彼は言う。「目印になるようなものはないし、潮がサンプルを押し流しているしね……」。だがボートが匂いのコーンに入ったとき、タッカーは舳先に立ち上がり、鼻を下げ、その鼻で匂いの出どころに向かってポイントする。離れすぎると、彼はボートのサイドまで走る。彼の鼻孔は濡れた船の舵のように上下左右に動き、ハンドラーはそれを見ながら、匂いの出どころに向けてボートの向きを変えていく。

ワッサーが笑いながら言う。最初のうちはみんな、タッカーが何をやっているのかわからなかったのだそうだ。このプロジェクトの最初の年、糞は一度も見つけられなかった。あとでわかったように、それはタッカーのせいではなかった。「そうじゃなくて、われわれのせいさ。あれほど遠い場所から見つけるなんて思いもよらなかった。だからボートを止めて戻ったんだ」。その後、サンプルを載せたパイ皿を囮に使い、一艘のボートにそのパイ皿を視覚的にたどらせ、タッカーを乗せた別のボートにそれを見つけさせようとしたところ、タッカーは、一・五キロも向こうのその皿のところまで彼らを連れていった。

糞のところまで来ると、研究者たちは伸縮棒の端につけた小さなネットでそっとサンプルをすくい上げる。一方ハンドラーはタッカーに褒美を与える。大好きなテニスボールだ。そして結局ワッサーも自分のテニスボール、つまり科学的根拠に基づいた成果を手に入れる。季節によって変動するホルモンと栄養レベルを考慮したとき、オルカの個体数の減少は、どうやら彼らの主要な獲物であるキングサーモンの減少によるというのが、彼が出した結論だった。

理論上は、オルカの糞をガスクロマトグラフに通して、タッカーが検知している揮発性の成分が何なのか見ることはできるだろうが、ワッサーにとっては、見つかった証拠だけで十分である。それでも彼は、犬が実際に検知しているものが、匂いのどの部分なのか、いくぶん曖昧なところがあると認めている。たとえば、入江に生息しているオルカの個体群（これをワッサーは「魚を食べる犬」と呼んでいる）をターゲットとして訓練された犬たちは、「一過性の」オルカ、つまり通りすぎただけのオルカについては警告しなかった。彼らは哺乳動物を食べている。「われわれはタッカーに『オルカ＋魚の匂い』をすりこんでいたわけだ」と、ワッサーは気づいた。魚の匂いがなければ、犬はその匂いを「オルカ」とは解釈しなかった。

だが犬たちは正直だ。ハンドラーが何をすれば褒美をくれるかがわかっていて、そのためにきちんと仕事をしようとする。犬の訓練での「難しいところ」はじつはハンドラーなのだとワッサーは言う。「犬よりも**はるかに**難しい」。訓練では、犬とハンドラーのチームがコントロールされた状況でサンプルを集める段階から、ある時点で、野生の状態のなかで捜索を始める段階に入る。だが野生の状態での糞の匂いは、初期の訓練で使われた糞サンプルの匂いとは完全に同じではない。それまで犬たちが嗅いでいたのは、凍らされ、解凍され、また凍らされたサンプルだった。野生の状態ではもっと新しいか、あるいはもっと古い。ついているバクテリアも違っている。犬にとってそれは新しい動物の糞だ。犬は両方の中に「同じもの」を見て、それに対して警告しなくてはならない。だがときとして、チームがすみやかに糞を見つけられなかったときなど、問題が起きることがある。「何よりもボールを欲しがっているこの極度に意欲的な犬と、極度に熱心なハンドラーの組み合わせだからね。ハンドラーはすごくこの仕事を愛している。彼はこう考える――ああ、おれは駄目だ。すると犬は立ち止まって何かを調べ、こう『言う』んだ――これでいいのかな?」ワッサーは眉毛を上げて横目でちらっとわたしを見る――希望に満ちて尋ねている犬の表情だ。「これなのかな? するとハンドラーが言う――いいね、見てみよう。そして犬は思うわけだよ――じゃあ、これでいいんだろうってね。そして犬はすわり、ハンドラーはボールを投げてやる。このあとどうなるかわかるだろう? 彼は犬に違った種をすりこんでしまったんだよ」

その鼻をもってさえ、検知犬は自分が合ってるかどうかを確認するためにハンドラーを見る。ハンドラーは犬を十分信用して、犬に仕事を全うさせなくてはならない。検知に必要なのは犬の生体構造だけではない。そこには人間の心理学も関わってくる。

ワッサーにとって、犬と仕事をすることにマイナス面はまったくない。たしかに、彼らを連れまわすのは、ときには大変かもしれない。飛行機では荷物のように足もとに押しこむことはできないし、何よりも相手は自分だけの気性と気分をもった個々の生き物だ。だがエレクトロニクスの鼻をもった器械は、決して犬のかわりにはならないだろう。「犬についてひとつ言えることは、彼らが時間とともに進歩することなんだ」と彼は言う。もうひとつ、わたしも付け加えたい。もしあなたが動物の糞を探して一日を費やしているならば、忠実でエネルギーに満ちあふれた毛のあるパートナーをもつほど素晴らしいことは他にないだろう、と。

ライアル・ワトソンは、一週間前につけられた足跡をたどって行方不明の人物を見つけたハウンド犬の話を書いている。その足跡は、銀行と食料品店を通り、人や自転車の流れを抜け、バス停で終わっていた。正確には、その人物がバスに乗るまでのちょっとのあいだ休んでいたベンチである。そんな話だとか、タッカーのオルカ・トラッキングのような話を聞く一方で、パンパーニッケルが家出をしたあの日、彼女がどこに行ったのかまったくわからずに、自分がどんなにうろたえたかを思いだすと、犬と人間には何も共通するところがないと思えてくる。犬は他の動物を見つけることができる。だが人間という動物が犬を見つけるのはとても難しい。でももしかしたらそれは、これまでわたしが、それをやれる「人間という動物」に会ったことがなかっただけなのかもしれない。

——人——

文化人類学者によると、ニューギニアのカヌム‐イレベ族の人々のあいだには、西洋人には異様に映る別れの儀式がある。ふたりの友人が別れを告げるとき、ひとりが相手の脇の下に手をつっこみ、「その手を嗅ぎ、その匂いを自分にこすりつける」。それによって、「相手の匂いに我慢できない」という、不穏になりかねない可能性を消し去るのだ。

わたしたちもまた、たいていはこれほど意識していないものの、お互いの匂いを「使って」いるのは確かだ。ある程度、わたしたちは自分の匂いが食べたものを反映しているのを知っている。自分の年齢が匂うことも、喫煙、飲酒、水泳の習慣が自分の匂いを作りだすことも。他の人も同様だ。匂いはその人の気分、健康、職業、摂取している薬を映している。

ただ、こうした他の人の匂いに、わたしたちはめったに気をつけもしなければ探ったりもしない。だがじつはわたしたちもまた、無意識にせよ、カヌム－イレベ族の人々のように他者の匂いを集めている。今では悪名高いある調査は、一緒に暮らしている女性たちの生理の周期が自然に同じになると結論づけたが、これも基本的に他者の匂いの検知であり、それが特定の生理学的結果をもたらしたと言える。そして最近、ある心理学実験で、何百人もの被験者の行動がひそかにビデオテープに収められた。ビデオは彼らが（見せかけの）実験に参加する直前の姿を映していた。本当の狙いはこのプレ実験だったのである。研究者から差し出された手を握ったすぐあとで、人びとは握手された手を嗅いだように見えた。とくに研究者が同性だった場合、被験者は握手のあと、手を鼻の近くにもってきて嗅いでいた。それはまるで匂いのサンプルを調べているようだった。研究者が「同種間の化学調査」と呼んでいるものである。ふむふむ、な～るほど。

明らかにこの化学調査のほとんどは無意識である。では人は意識して他の人間、あるいは他の動物を匂いで追跡できるのだろうか？　わたしはそれを見つけることに決めた。

ヤマアラシは厄介な動物である。コンパクトな体は何万本ものトゲトゲの針のような毛で覆われている。みんな知っていることだが、怒りっぽいヤマアラシはその針毛

を出して、近くに寄ってきた愚か者の肉に食いこませることができる——武装は完璧だ。だがそれをする前に、ヤマアラシは捕食者に向かって歯をガチガチいわせ、背中の腺から刺激臭を放出する。どちらかといえば喧嘩はしたくないのである。

ヤマアラシ*はとてもだらしない動物だが、その理由はたぶん、彼らがたくさんの防衛手段をもっているためかもしれない。彼らは好きなところに尿をする。歩きながらすることも多い。排尿するのに歩みを遅くしたり立ち止まったりすることもない。ヤマアラシの足跡は、泥や糞でまみれていることだろう。自分の排泄物の積もった巣穴で眠るからだ。もちろん毛づくろいなどしない。動物が毛づくろいするのは、清潔にしたいからというより、捕食者に嗅がれたり、害虫にやられたりすることへの恐怖からであり、あるいはまた同じ気持の相手と交配したいという動機からだ。ヤマアラシは捕食者を落ち着き払って駆逐するうえ、その体には頑健な免疫システムがあるようだ。しかもあのおびただしい針にもかかわらず、交配ゲームをやり遂げている。そんなわけで彼らは心置きなくだらしなくしていられるのだ。

寒い一月のある日、わたしが森でヤマアラシが近くにいるのに気づくことができたのは、このだらしなさのおかげだった。そう、わたしは漂ってくるヤマアラシの匂いを嗅いだのだ！

●　●　●

その日は、八時間前、暗黒の奈落のような夜の闇の中で始まり、ニューヨークシティからマサチューセッツ西部まで運転していくうちに、しだいに夜明けへと変わっていった。その日、わたしは夜中に起きた。これから動物トラッキングに行くのだ。糞検知犬に肩を並べる人間がいるとしたら、それは糞検知動物トラッカーである。わたしは自分の町を離れ、ふたつのハイウェイを通って、とりとめのない産業都市群に向かって走っていた。そこでチャーリー・エイズマンとノア・チャーニーと会う予定なのだ。ふたりともナチュラリストで、動物の足跡とサイン（しばしば糞）を見つけることに、生態学的かつ哲学的な関心をもっている。彼らにとってそれはまた純粋な喜びでもある。

都会の闇の中で、わたしは息子の頭のてっぺんにキスし、[**]外に出て車に向かった。わたしは町の夜の空気を嗅ごうと思った。まもなく輝かしく冷たい西マサチューセッツで対照的な経験をするのだ。何かの匂いをとりこむのに、わたしは鼻孔を一〇回以上働かせなくてはならなかった。町は灰の匂いがした——たぶん埃の匂いだ。その匂いはまるで……だれもいない家のようだった。

犬のトラッキング能力に夢中になるあまり、わたしたちは人間もまたトラッカーとしてのよく知られた長い歴史をもっていることを忘れがちだ。雑食性の生きものである人間は、武装する種として生きる以前は、ひたすら動物の習性（どこに住んでいるか、何を食べているか、いつ見つけられるか、いつ攻撃しやすいか？）を学ぶことによって、そのありかを突き止め、罠をかけて捕食した。今日、ハンターは別として、夕食のために動物を追跡することはめったにない。今日の「動物トラ

＊学名の *Erethizon Dorsatum* は、翻訳すると「厄介な背中をもった動物」といったところ。
＊＊匂い——汗と干し草の甘い匂い。

ッカー」が動物を追うのは、主として写真を撮るため、生息群を調査するため、あるいは知識欲や好奇心を満足させるためだ。必要性からというよりはむしろ好奇心からなのである。現代のアメリカのペットの犬がやっている「トラッキング」も同じかもしれない。二一世紀の犬の大多数にとって、匂いをたどることは、交配相手や食餌を見つけるためでも、テリトリーを気にかけるためでもなく、たんに、まわりに何があるのか見つけるためなのだ。

アニマルトラッキングと言うと、動物を見つけるのが最終目的であるような印象を受ける。だがそうではない。ほとんどの場合、最後までまったく動物の姿を見ない。だいたいどの野生生物にしても、人間に気づかれるよりずっと前に、人間がうろつきまわっているのに気づいてしまうだろう。そんなわけでトラッキングとは、動物が通りすぎたことを示すさまざまなサインを発見することである。典型的なサインは、動物の足跡だ。この日わたしたちが向かおうとしている森は、ほとんど人の手が入っていないし、数日前に雪が降ったため、はっきりした動物の足跡が見られるだろう。泥土もまた、通りすぎたコヨーテ、七面鳥、ムースなどの足跡を残しやすい。だが地面の大部分は、森の個体群の軽い足跡をとらえないし（人間が気づくほどには）、雨や降りつづく雪、風などは、すべての痕跡を洗い流してしまう。したがって足跡は見えないことが多いのだが、トラッカーにとってそれは必要ではない。どんな森でも、その木、茂み、土饅頭（どまんじゅう）にいたるまで、どれもそこに生きている動物たちの証拠を示す。トラッカーはすべての感覚を駆使し、動物たちの匂いをはじめ、ありとあらゆる種類の証拠をもとに、彼らの通過した跡をたどる。シカは匂う。リスは匂う。クマ、ボブキャット、キツネ、そしてムースも匂う。*

ムースはどんな匂いがするかって？
「オーケイ」。鼻を空気の中につっこんでノア・チャーニーが言う。彼はみんなの列から折れて木立の間をうろつく。「ムースの匂いがしたと思った」。彼は口をつぐむ。「だけどもう行ってしまったな（ムースとその匂いの両方）」。チャーニーがムースを鼻でハンティングしている様子は、鑑定士が自分の前に置かれた名品をためつすがめつ見ているようだ。何かを見ているのはわかるけれども、何を見つめているのか、こちらにはまったくわからない。

チャーニーだけでなくすべての動物トラッカーがやろうとしているのは、追跡している動物そのものにみずからもなってみせることだ。その動物がどこにいるのか知るためには、自分もまたその動物のように考えなくてはならない。その生活を想像するのだ。トラッキングのスキルは「読み方」を学ぶのと同じだと言われている。ただこの場合、読むのは小学校の初歩読本ではなく、森である。子供にとって、本に書かれたチンプンカンプンな文字列が読める文章へと変わっていくように、野生の世界が、そこに住んでいる動物たちが見ているようなあり方で見え始める。ウサギだったら、どんな茂みが完全に身を隠せるだろう？　クマが自分の存在を知らせるために幹をこすった

＊ラーラ・フィーゲルは、その名著『花束（*A Nosegay*）』のなかで、エドモンド・スノー・カーペンターが『エスキモーの現実（*Eskimo Realities*）』（1973）に書いた話を引用している。そこに書かれたイヌイットの女性（W）と人類学者（A）との間で交わされた会話はこうである――W「わたしたちは匂いますか？」／A「はい」／W「あなたはこの匂いが嫌いですか？」／A「はい」／W「あなたも匂いますよ。そしてわたしたちはその匂いが嫌いです。わたしたちは思っていたんですよ――ひょっとしてわたしたちも匂っていて、あなたがその匂いを嫌いなのかなってね」

り爪をたてたりするのに、見えやすくてちょうどよい高さの木はどれだろう？　ムササビはどんなタイプの秘密の洞が好きだろう？　ピンク色の這いまわる子供たちをお腹の袋に入れて食べ物を探す近眼のオポッサムにとって、一日のうちのどの時間が安全に感じられるのだろう？　動物が世界を見るように世界を眺め、その空間の中にいる自分を意識するとき、はじめて人は動物の痕跡を見つける。

動物トラッカーが使うさまざまな手段のなかで、わたしにとって興味があるのはもちろん匂いによるトラッキングである。動物が通ったことを示す匂いのサインだ。閉めきった車で北に向かっているあいだ、そうしたサインが正確にどういうものなのか、わたしにはぼんやりとしかわかっていなかった。鼻をフィネガンの首筋にこすりつけるとき、わたしにはたしかに彼の匂いがわかる。家にくる来客は、家に入ったとたんに「犬」のはっきりした匂いに気づく。家の住人であるわたしたちは、犬の体をとりまく匂いの霧にあまりにも慣れているから、それを嗅ぐことができない。*フィンが他にもいろいろな匂いを体にまとい、あるいは体から出しているのはたしかだ。だがこれほど密接に一緒に暮らしていてさえ、それらの匂いをじっくり嗅いでみようなどと考えてもみなかった。だがそれは変わろうとしていた。

トラッキングスクール教室のある建物に車を止めたのは、まだ夜が明けそめたころだった。ひどく寒い。マイナス一三℃だ。朝の静寂がこの冷たさをいっそう強めている。動物トラッキングマニュアルによれば、寒くて、静かな冬の日は、地上でのトラッキングにうってつけなのだそうだ。思うにそれは、最近通過した動物の匂い以外のすべての匂い、木々や植物、地面からの世界のすべての揮発性の匂いが、雪の覆いの下で静かに眠っているからだろう。動物の温かいタッチは、冷たい風景の中の匂いの標識である。この温かさは、それが触れるものすべてを揮発させ、不毛の風景の中に匂いの泡を作り出す。

わたしの鼻をちゃんと準備しておかなくては。正直なところ、この準備はけっこう簡単だ。わたしは鼻をかむ。残っている都会と車の匂いを追いだして、新しい匂いのための余地を作るのだ。これからコヨーテを嗅ぐのだから！ そのうえわたしは点鼻用ステロイドを持参していた。少し鼻づまりがあって耳の聞こえが悪くなっていたのである。ステロイド入りの鼻でも構わないだろう。「匂いを嗅ぐ能力を改善したいなら、ぼくはステロイドを使うね」とステュワート・ファイアスタインが前に言ったことがある。科学者として言っているわけではなく、自分の経験からだ。口腔外科手術を受けたあと、彼は一時的に点鼻用ステロイドを必要としていたのだ。「おかげで前に嗅いだこともなかったものが嗅げたよ」と、彼はうれしそうに言ったものだ。

わたしは点鼻薬をスプレーした。とつぜんわたしの鼻はユリの花を注射されたみたいになった。花びら、めしべ、花粉、花全体。吸いこむと鼻の通り道が開いた。その道は両腕を広げ、日光に向けて目を大きく見開いている。わたしの鼻がスーパーノーズになるとしたら、今がそのときだ。

わたしは中に入り、物がいっぱい置いてある小さな教室でチャーニーとアイズマンを見つける。

*この現象は馴化と呼ばれる——くりかえし匂いにさらされるともはや気づかなくなる。順応に似てはいるが、順応はレセプター細胞のレベルで起こる。だが馴化のほうは脳がもはや匂いにわざわざ気づこうとしないためである。

チャーニーは挨拶のしるしにほんのちょっと目を上げる。ふたりとも落ち着いた雰囲気を漂わせており、楽な感じの抑えた色合いの重ね着で身を包んでいる。ふたつのリュックが椅子の向こう側に広げられ、中身がこぼれている。長期間の野外活動でも、持参するものは必要最小限というプロの荷物だ。

まもなく、教室の生徒たちが六人ほどがやがやと入ってきた。全員その日の遠征のための服装をしている。コース案内書には、「ここで学ぶ時間の大部分は地元の生息環境を訪れるフィールド活動に費やされる」とあり、生徒たちに「冷たい、濡れた、厳しい状況のなかで長い一日を過ごす準備をするよう」警告していた。ハンドウォーマーが目につく。

チャーニーがわたしに近づき、無言で何かを手渡す。八〇ページからなる黄色の速記用ステノノートだ。ページは手ずれして水を吸って膨らんでいる。彼のトラッキングノートブックだ。過去の遠征のメモと収集物の貯蔵庫である。「ノアのスクラッチエンドスニッフブックだよ」、とアイズマンが言う。動物たちの体の残滓(ざんし)や証拠が、毛、葉、棒の形でしまわれているからだ。なかには尿でびしょ濡れになったティッシュペーパーもある。

古代の巻物のように、わたしはそれをそっとめくってみる。あるページには、長い房のような毛がテープでとめてある。「ムース」とそのそばに書かれている。別のページには、「キツネ01年12月27日」とある。何枚かのページには切歯の跡のついた一連の小枝や、体から自然に落ちたようにはとうてい見えない毛の塊がある。ウサギ、カリブー、ボブキャット、オポッサム、バイソンの痕跡もある。「03年3月ビーバー」とあるページにはビーバーの毛がひと塊、そしてその下に「コヨーテ」という走り書きと、かつてはたぶんコヨーテの尿で湿っていたティッシュがある。その日、コヨーテとビーバーが出会ったのだろうか。わたしはそのページを嗅いだ。ページをぱらぱらとめくってまた別の痕跡を見る。それも嗅いでみる。驚くほどはっきりした「ステノノート」の匂いとは別に、何種類かの匂いがあるのがわかる。だがそれが何かはわからない。

最後の二枚のページにはさまれているサンプルには、フィールド用の「ハイセキュリティ」が施されている。サンプルを入れたジップロックを、クシャクシャのアルミホイルで保護しているのだ——中にはたたんだティッシュが入っている。ジップロックには「レッドフォックス03年1月9日」と記してある。チャーニーは注意深くサンプルをとりだす。一二年と四日のあいだ、新鮮な空気に触れたことがないものだ。彼はそっとそれを鼻に持っていく。男性が女性のハンカチを嗅ぐときのように、やさしく、そうっと、鼻に触れるか触れないかくらいまで。「おっ！」彼は体の動きでその匂いに反応する。頭をのけぞらせ、サンプルから離れて部屋を歩く。今度はわたしがティッシュを嗅ぐ番だ。わたしの鼻は何か甘い、動物的とでも言えそうな匂いをとらえる。アイズマンがティッシュに向かって体をかがめる。「スカンキー！」すぐに彼は笑いながら言う。

チャーニーがうなずく。どうやら動物の尿の匂いを表現するには、その匂いで連想される動物の名前（スカンクなど）あるいは食物（オークなど）、プラス匂いの濃さを示すための句読点という簡単な構文でいいらしい。「スカンキー！」は、スカンクにもレッドフォックスにも使われる。クマの場合は「マスティ（カビ臭い）」だ。チャーニーとアイズマンのふたりにとって、この匂いは、感嘆符をつけるにふさわしい強烈なものだ。それも明らかにレッドフォックスの年とった膀胱からの匂いである。

ティッシュを見ながら、わたしは自分が虹のかかった部屋にいる色盲の人のような気が少しだけした。何か見えているらしいのだが、わたしの目はそれを見つけられない。チャーニーは、完全な冬装備でおとなしくテーブルを囲んでいる学生たちに、ティッシュを手渡した。みんな喜んでそれを鼻の下に持っていく。先週の開講前だったら、言われてもだれもやらなかっただろう——たぶん学生以外の多くの人もまた。

チャーニーは例外だ。「いつだってぼくは何でも嗅いできたよ」と彼はわたしに言う。「記憶にあるかぎりずっと昔からね」。一時彼は森のウィグワム（アメリカ先住民の作る円形の小屋）に暮らしていた。昼間は授業を取り、夜、真っ暗ななかで森に戻る。そんなとき彼は、匂いによって道を探さなくてはならなかった。だがたいていの場合、目がさめると自分がどこにいるかわからなかったことがあるよ」。「一度なんか、彼は鼻でたどって道を見つけた。それって特異な能力じゃないかなあと、わたしはコメントする。ブルックリンでスメルウォーキングをしたあと、自分が住んでいるブロックの匂いを知らないことに気がついたのを思いだしたのだ。彼はあしらうように肩をすくめる。「いつもぼくは、みんながものの匂いを嗅げないのに驚いているんだ」。彼はちょっといらいらしたように笑う。「どうしてなんだってね」

チャーニーにとってこの能力がまったくあたりまえだということは、はじめて妻と会ったときの話からもわかる。「ぼくたちがはじめてデートに行ったとき、彼女はコカコーラの匂いがしたよ」。彼は子供時代をおもちゃの匂いで思い出す。「ほら、あの小さなプラスチックのオモチャにタイヤがついていただろう？　すごく強いビニールの匂いがするんだ……あと、よく粘土で遊んだけど、それはたんに、ぼくが粘土の匂いが好きだったからなんだよ」。オモチャの車のタイヤのビニールの匂いを描写したり、あるいは妻のコカコーラの匂いを話すとき、チャーニーは抽象的に匂いを思いだしているだけではなく、頭の中でそれを嗅いでいる——ちょうど調香師やワインの専門家と同じように。

　この匂いというか、いわば匂いの白日夢を呼びだす能力は、自分の鼻を使う方法を知っている人と知らない人を区別するはっきりとした目印（マーカー）だ。差をつけるのは「注意」である。脳が経験をとどめようとする意欲と言っていい。そしてその経験がのちに呼びだされるのである。夢のなかで匂いを経験する人もいる——ふつうの人でもまわりの匂いに影響されて情動的な夢を見るようだが。

　匂いには情動的な面があるが、チャーニーにとって、匂いはたんに風景の一部にすぎず、日々の経験の習慣的な要素である。そんな彼にもわたしたちと同じように匂いの好みはある。彼が違っているのは、本来なら不快な匂い——それもたくさん——に対する彼のアプローチだ。「ぼくにも嫌いな匂いがあるよ。でもぼくはそれを嗅ぐのが好きなんだ。なんていうか、ほら、うえっ、すげえやっていう感じがいいじゃないか」。彼はニヤッと笑う。どんな匂いが嫌いなのかなとわたしは思う。「吐き気を催すような感じのものさ」と彼は答える。

　なるほど。

●
●
●

全員バンに乗りこむ。目的地はハイウェイからも人の住むところからも遠いところだ。向かうのはクオビン湖の北端である。ここは州有林に取り囲まれたボストンの水源だ。チャーニーとアイズマンはラジオで鳥の歌をかける。アウトドアにいるのはもちろん、フクロウの歌う声に耳を傾け、微笑し、うなずいているふたりは、まさに水を得た魚のようだ。

一時間後、わたしたちは車を止め、バンから転がりでた。道路の端から見る森は、下草と倒木と枝からなる壁のようだ。森とわかる道はない。チャーニーは枝を押しのけて森に入っていく。ひと呼吸して、全員彼に従う。それとわかる道はない。森はたちまちわたしたちをのみこむ。ときおり動物の「通路(ラン)」があり、とりあえず歩いていける。だがだいたいは背の高い硬いアシの葉や茂みを切り開き、密集したツガとホワイトパインの低い枝の間を抜けて、曲がりくねったルートを進んでいく。

森に入って一〇分くらいたつ。自分たちがいる場所を教えてくれるのは、雪の中の自分の足跡と、昼近くになって南東から上ってくる朝日だけだ。わたしは自分の足をつぎにどこに置くかに気を取られて、他のことにはほとんど目がいかない。だがトラッカーたちは頭を上げている。わたしが歩いているあいだ、彼らは調査する。

チャーニーが立ち止まる。「見えるかい？　見てごらん」。彼は一本の木を身ぶりで示し、そのまま歩き去る。見たところただの木だ。別に変わったところもない。そのあとわたしたちの目は移る。木肌が傷つけられている。裂け目か、それとも穴が開いているのか。注意してのぞくと、一本の毛がある。毛だ！　樹皮から水平に突きだしている。目の前にあるものが信じられない。チャーニーが戻ってくる。「毛を見つけたかい？」驚いたことに、さっき彼がそこを通りすぎたとき、彼は突きでていたその毛を見たのだった。そのあと彼は説明に移る。この木はヌマミズキで、ちっぽけな空き地の中、今は凍った湿地の上の小さな塚に生えている。近くにはもっと大きなヌマミズキが少しある。

これこそトラッカーが最初に見るものだ。彼らはその情景を、雌のクマがマークを残しそうな巨大な消火栓として見る。幹が損傷している。噛んだ跡、幅の広い爪のひっかき傷。ともに自分の匂いを、競争者への警告としてあとに残すための手段だ。毛は？　背中を木の幹にこすりつけた跡だ。近くに生えている大きなヌマミズキはいわば「乳母の木」になるのだろう。母グマが美味しいベリーを探してうろついているあいだ、安全に子グマたちを隠してくれる木だ。

わたしは注意深くあたりを見まわす。クマの姿はない。だが残された跡に呼び起こされた緊張が、空気中にみなぎっている。

歩みを続けながら、わたしたちはゆっくりと、だが確実に、動物のサインを集めていく。ムササビの足跡は、ふいに現れ（着陸地点）、近くの木の根元の安全なトンネルまで急いでいる。ワタオウサギ。シカの足跡はいたるところにあるから、気がついてもだれも何も言わない。動物たちのサインはいろいろだ。爪のマーク。抜けた毛。密な下草が踏みしだかれて作られた小道。動物が休んだり、巣を作ったあとにできた草のへこみや獣毛。排泄物――糞、分泌物、そのほかしばしば悪臭のある浸出物。「フクロウのペリット（タカやフクロウが吐きだす、骨、羽根毛などの不消化物の団塊）はすべてを物語る小説だ」と、あるトラッキングガイドブックは熱烈な調子で述べている。その本のページには、糞と粘液様の塊のフルカラー写真が、仰々しく枠で囲まれてたくさん載っている。糞尿によって書かれた小説は、糞尿を落とした者たちの肖像だ――種と性別、健康と食べ物、関心事と仲間、そして日々のルーティン。コヨーテの糞は獣毛でいっぱいである。パッケージ入りドライフードの原料である穀物だらけの犬の糞とは対照的だ。「オレンジ色の汚れ」がてっぺんにのった湖底泥の山は、縄張りを意識したビーバーのサインである。

人間のトラッカーは、体の構造のせいで目に先導される。だがその鼻はもっと多くの情報をもたらす。チャーニーのような経験あるトラッカーは、空気が十分に湿って風が顔に当たっていれば、その空気を嗅ぐことができる。だがその動物の身になってみるには、動物の体の高さになるのもまた役に立つ。「直接鼻をつっこむ」メソッドだ。あるトラッキングのバイブルが述べているように「ひざまずいて、鼻をできるだけ近づける」という基本的手順に従うのは、ほとんどの人にとって難しい。だがチャーニーはしょっちゅう四つん這いになっては、苔(こけ)で覆われた切り株や木の幹から一、二センチのところまで顔を近づける。そのチャーニーが今、ふいに空き地の中に走りこむ。わたしたちが追いつくと、彼はそれまで嗅いでいた太い切り株から立ち上がる。全員、かわるがわる両手と両膝をついて、その垂直な太い切り株に鼻を寄せる。「暖かい息を吹きかけるんだ。そうすれば匂いが上がってくる」と、彼はアドバイスをする。その幹にどんな匂いがあるにせよ、それを揮発させ、空中に蒸発させ、嗅いでとらえるためには、わたしたちの肺からの暖かさが必要なのだ。同じように、ほんのわずかな雨も、地上の静止した匂いの中に「新しい命を吹きこむ」。わたしは息でその幹を暖め、目を閉じて嗅ぐ。カビくさい匂いがする。地下室が連想される。エイズマンは微笑している。彼はまわりの状況を見ただけで、ここにどんな動物がいたか知っている。それを彼は鼻で確認する。「地下室にいる猫だよ」と、彼はわたしを訂正する。この場合の猫とはボブキャット（北米産大山猫）だ。わたしが地下室の匂いだと思ったのは、じつは昔飼っていた猫たちがそこに残した匂いなのだった。

足跡もなければ、動物がそこを通りすぎたことを示す明らかなサインもない。なのにどうやってチャーニーは、ここを嗅ぐことを知ったのだろう？「動物にとってとにかく目立つものは何かと考える。ぼくはただまわりを見まわして、もし自分が尿マークする動物だったらどこに行くかなと考えるんだ」。まわりと区別のつかない風景の中でたったひとつ突き出しているものはないか。「そうしてみると、この状況はいい感じだからね」——小さな空き地の中のひとつだけの切り株。そう、マーキングするネコ科の動物やイヌ科の動物を引きつけるのにぴったりだ。そこで嗅ぐ。

ボブキャットのマーキング習性はきわめて独特だから、そのマークを探す動物トラッカーたちの行動も同じように変わったものとなる。「尿を残すのはたいてい、地上二〇センチから五〇センチの高さである」とある本は言う。「もっともよく見られる匂いポストは短い、朽ちた切り株で、直径がせいぜい一五センチ、高さ三六、七センチのものがほとんどだ。切り株が傾いている場合は、（ボブキャットは）たいてい下側に排泄する。そのほうが風や雨の影響を受けにくいからだ」。わたしたちは朽ちて傾いた切り株の地上四五センチくらいに狙いをつけて探していた。

じつのところ、匂いトラッキングのかなりの部分は視力にもまた頼っている。それでもいいのだ。犬も視力を使う。嗅覚の動物だからといって、見ないわけではない。彼らにしても、空気を嗅ぐだけで他の犬の尻を見つけることはないのだ。まず目で相手の体、つづいて尻を見る。それから嗅ぐのである。消火栓が匂いマーキングにうってつけなのは、他の犬から簡単に見つけられるからである。森に住む動物にとって、森の空き地の中の切り株サイトは、都会の犬にとっての消火栓のサイトとおそらく同じなのだろう。都会の犬のリードを握るわたしもまた、消火栓を見たとたん、犬がどこに引っ張っていくか予想できる。歩道の退屈な縁にみっともなく突きだした消火栓。そここそ、マークを残すのに素晴らしい場所なのだ。動物トラッキングの場合も同じである。もうひとつの視覚的手がかりである足跡も、たぶん匂いのサイトへ導くかもしれない。

こうした状況的手がかりに加えて、切り株に鼻を近づける前から、わたしたちはその動物がイヌ科動物だという可能性を捨てることができた。もしこれが地元の野生のイヌ科動物のひとつ、レッドフォックスだとしたら、「ここからでも匂いが嗅げるだろうよ」。切り株から八歩下がってチャーニーが言う。「レッドフォックスの匂いはものすごいからね」。トラッカーはレッドフォックスの尿を「スカンクのようだ」と言う。犬、コヨーテ、あるいはグレイフォックスの尿よりもはるかに強烈だ。比較的穏やかな――まったく快いとは言えないとしても――ボブキャットの尿のアンモニア臭とは全然違う。

わたしたちは凍った湿地でランチを食べる。晴れわたった空がうれしい。わたしは顔を太陽に向け、魔法瓶の紅茶とサンドイッチをすばやく喉に流しこんだあと、指先を温めようとぎゅっと握った。しばらくのあいだ、わたしが嗅ぐものは何もかもピーナッツバターの匂いがするだろう。

わたしたちはトラッキングを続けた。会話は少なくなっていたが、足音がすべての音を消し去っていく。わたしたちは静かな動物トラッカーではない。広いトレイルに出たとき、わたしはグループから離れ、森の音を聞いた。その日はずっと太陽が出て暖かく、樹についた氷が低い枝に降りそそいで結晶の響きを聞かせてくれる。わたしは空気の匂いサンプルを嗅ぐ。木々に寄り添い、そっと嗅いでみる。鼻の中に冷気を感じる。野生の清澄な空気の味が感じられるほどだ。

目の前に、足跡が続いている。素人であるわたしの目には、何組かの不鮮明な足跡が交差して走っているように見える。わたしは道からはずれて、その足跡をつけていき、低い茂みの生えている場所に出る。ツガの小さな若木のそばにうす黄色のしたたりが筋を作っている。わたしは立ち止まる。

　これまでにわたしはたくさんのおしっこを見ている。なんといっても、わたしは犬たちと日々暮らしているわけで、毎日、犬たちの排尿を眺めていくらかの時間を過ごしている。実際、都会の犬の飼い主について、もっとも奇妙なことのひとつは、自分の犬の排泄に対して深い洞察と関心をもっているということだ。みんな自分の犬の排泄の仕方（足を上げる、しゃがむ、しゃがんで糞をする、嗅いでぐるぐるまわる）、好みの場所（歩道の縁石、消火栓の上、草や落ち葉が足下にあるところ）、そして予想されるおしっこの量さえ知っている。あえて言わせてもらうと、わたしたちが犬の排泄の匂いに精通しているのは、両親にとって生まれたばかりの赤ん坊のウンチやおしっこの至福の匂いが親しいものになるのと同じなのだ——たえずそれに触れているというだけで。

　ためらうことなくわたしはすぐに身をかがめ、雪の中にひざまずくと、黄色に染まった雪の上に鼻を突きだす。匂いは……ヤマアラシだ。

　ヤマアラシのおしっこは間違いなく針葉樹の匂いがする。冬、彼らは主にマツ科の木々の樹皮、葉、そして芽を食べて生きている。地上に散らばったツガの枝にはかじった跡がついており（刻み目の角度は四五度）、ヤマアラシが食べ物をあさっていたことがわかる。彼らは木に登り、その狂暴な爪でつかまって、枝の先まで届いて新芽をつかむ。この習性のおかげで十分なカロリーを手に入れるのだが、ときにはそれが死を招くこともある。木から落ちたヤマアラシは地面におびただしく散らばった自分の鋭い針の上に着陸するのだ。

うれしくて顔がほころぶ。わたしは立ち上がり、アイズマンをちらっと見る。「ぼくのお気に入りのおしっこの匂いかな」。彼は微笑する。ところでもしあなたがトラッキングの初心者で、「尿の匂い」から始める気なら、それも悪くないと思う。森を思わせる強い匂いだが、すさまじい強烈さはない。ニューヨークのタクシーには、これよりはるかにひどい空気清浄剤の匂いが充満しているのだから。見ると尿のところから足跡がそれて続いている。わたしたちはその足跡をたどる。前足が置かれた位置から少し前に後ろ足が置かれている。これが「間接的証拠」だ。足指は外に向いており、いかにもぼっちゃりしてよちよち歩く短足の動物がつけそうな足跡だ。足指が置かれたへこみのかたわらに、針でこすった線が雪の上に続いている。足跡の中には泥や森の堆積物からなる小さな塊がある。たっぷり垂れ流された尿、汚らしいトレイル、針でこすった跡。どう見てもヤマアラシだ。「ヤマアラシとレッドフォックスは、三〇メートル離れていても匂うことが多いよ」とアイズマンが言う。「めったに見かけはしないけどね」

この足跡そのものも匂うのだろうか？「たしかにペナントテンにとっては匂うよ」――ヤマアラシにとって一番の捕食者だ。おそらくヤマアラシ自身にも匂うことだろう。四つ指の足跡*を嗅いでみて、わたしは自分がヤマアラシやテンの遺伝子をもっていないことを確認する。

トレイルの行き止まりは三方が石の壁の崩れ跡で囲まれたねぐらだ。わたしたちは期待に満ちてのぞきこむ。今から一〇〇年前、州はこのエリアの四つの町を水没させて近くに貯水池を作った。この壁跡はその前に使われていた氷室だったのかもしれない。ねぐらにはヤマアラシもオマキヤマアラシもいなかった。あるのは数メートルもの高さにそびえ立つペリットの山だ。これは冷たい冬のための断熱材になる。風が向きを変え、糞便の匂いが空気を満たす。たとえヤマアラシの針におじけづかない動物でも、ねぐらを盗もうとするのは二の足を踏むことだろう。

午後もだいぶ回っていた。わたしたちは凍った岸辺で止まり、残り少ない太陽の暖かさを味わいながら、凍った湖の長い広がりをつま先の向こうに眺める。トラッカーたちが岸辺から六メートルト先まで出て、氷の上を見下ろしている。

「アレクサンドラ、コヨーテのおしっこがあるよ!」

この言葉を聞いて興奮したり、期待したり、はたまたスリルを感じるような人はめったにいないだろう。ましてわたしがやったようにその声のもとに走っていくなんて。近づいていくと、チャーニーが、凍って地面から突きでている小枝に身をかがめ、匂いを嗅いでいるのが見えた。小枝は一〇センチくらいしか出ていない。乾いた葉が一枚だけ、小枝のてっぺんで風に震えている。一面の苔が小枝を囲んでいる。その小枝には、見るべきところはほとんどない。だがそれはまわりで一番

＊前足である。ヤマアラシの後ろ足には指が五本ある。

高い物体だ。氷面を見わたし、今いる岸辺の足もとを見てみると、たくさんのトレイルがはっきりとこのランドマークに収束している。コヨーテにとってこの小枝は完璧だ。この動物はあまり派手ではない物にマークするのが好きなのである。そびえるオークの木に出会っても、コヨーテは足どりをゆるめることなく通りすぎる。アメリカツガの古木があっても無視する。先史時代の岩盤も好みではない。コヨーテの目にきらきらと輝くのは、「小さな茂み、木の幹、岩、氷の塊、雪の小山」なのだ。この小枝はまさにぴったりである。人間にとっては、つまずいてからようやく気づくほどのものだが、それでもこれは一面の平らな中で唯一の隆起なのである。足跡はその小枝から三〇センチほど離れたところで止まっている。おそらく雄のコヨーテだ。足を上げて小枝にスプレーしたのだろう——しゃがみこむ雌ではなく。

わたしはその枝の上にかがみこむ。雪の上に黄色のはねがある。森の中での一滴ずつ小出しにされた尿ではなく、ここではもっと浪費されている。わたしは嗅ぐ。スモーキーで、土くさい。信じられないほど強い匂いだ。

「キツネのようにスカンキーじゃない」とチャーニーが言う。「純粋なアンモニアだよ」。アイズマンが言う。「キツネよりずっとまろやかだ」。チャーニーはかがみこみ、もういちど嗅ぐ——「うわっ！」——彼は仰向けにひっくりかえり、恐怖に襲われたふりをする（なかば本当か）。「犬もまじっているかもしれないな」。違った種類の食べ物を食べている動物の匂いがしたらしい（袋やキッチンカウンターの上からの食べ物だ）。

実際、その枝に集まっている大股の足跡はコヨーテのように見えるけれども、なかに他よりもはるかに不規則な足跡がある。犬の歩様は「だらしない」のだ。前足と後ろ足の足跡は重なっておらず、足跡を二重に残す。爪の跡は、肉球（足裏）から広がってはっきり目立っている。コヨーテの足跡のようにぴしっとまとまってはいない。犬のコースはうねうねしている。「野生の動物はこんな足跡は残さない」とアイズマンが説明する。「エネルギーを保存しようとしているからね」。コヨーテの足は、A地点からB地点まで、きれいでまっすぐな進路だ。後足を前足の足跡に踏みこんで歩くから、前後の足跡は重なっている。彼らは新しいもの、新しい方向を探索する余裕などない。この曲がりくねった足跡は、飼われている動物のものだ。

わたしたちはこの完璧なシーンを前に、少したたずむ。動物は見えないが、動物のサインはあたり一面にある。

日の落ち方が早くなった。森から出るときだとわかる。何時間ものあいだ、何キロにもわたってうろついていたにもかかわらず、ガイドたちはわたしたちがいる場所がわかっているとみえ、バンへと直行する。「どんな森にも匂いがあるんだ」。チャーニーが歩きながら言う。「この森は雪がないときは腐葉土の匂いだよ」と、アイズマンが言う。「下草のブルーベリーとグースベリーのね」。たとえ目隠しされたままこの場に落とされ、顔に風も吹かず、耳に音も聞こえなかったとしても、彼らには自分たちがどこにいるかわかるだろう。

目を開け、耳をすませ、鼻を働かせて、わたしはそれを取り入れようとする。何時間かしてマンハッタンに戻ったとき、わたしははっきりと都会の森の匂いを嗅ぐことができた。二〇世紀の前半、この町の地下鉄システムを担当しているMTA（ニューヨーク州都市交通局）は、ジョン・パトリック・〝スメリー〟・ケリーを雇って、線路を歩かせ、ガスや水漏れがないかを嗅がせた。彼のスキルは伝説になっている。一度、タイムズスクエアから一ブロック離れた地下鉄の下で悪臭があるとの苦情を受けて駆けつけた彼は、その場所ではっきりしたゾウの匂いを嗅ぎつけた。じつはそれより以前、駅のすぐ上の六番街四三丁目で大演芸場が開かれたことがあり、多くの移動サーカスが集まっていたことが判明した。そこにサーカスのゾウの糞が残され、その匂いが水漏れによってよみがえったのは明らかだった。

わたしは都会の空気のなかにゾウの匂いを探すが、見つからない。多くの場合、町の匂いが気づかれるのは、悪臭の場合だけだ。だがわたしの嗅いでいる匂いはよくも悪くもなく、情報に満ちている。わたしは満足してそれを吸いこむ。それにしても今、わたしの鼻に注ぐ冷たい、ピュアな、氷のような北の雪片がないのが残念でたまらない。

10 トリュフ犬とジャコウネコ

毎日、そこにさしかかると、小さなとがった鼻をつんと上へ向けて、とろけるチョコレートのすばらしい甘いにおいを、くんくんかいだ。ときには、数分、門の前でじっと立ちどまり、そのにおいを食べようとするかのように、深々と息を吸いこむ。

——ロアルド・ダール『チョコレート工場の秘密』(柳瀬尚紀訳、評論社)

五月一九日、ワシントン州は灰色と常緑につつまれている。シアトルからのハイウェイの両側には信じられないほど高い木々が連なって、ずっと北のほうでは雲の下に届きそうになる。

わたしは旅をしている。そばに犬がいないのがなんともさみしい。もしいま家にいたら、リードをはめて公園に向かっているだろう。犬たちは押しあいへしあいして、家のドアから、エレベーターのドアから、そして建物のドアから、われ先に出ようとしているだろう。運転しながら、わたしはいつもの月曜日のツアーを思いだしてクスクス笑う。地元の公園を通るあいだ、フィネガンは週末に人びとがピクニックした場所をつきとめ、何か食べられるものを探して草地をあさる。今日の散歩はたしかに彼にとって最高になるはずだ――フィネガンばかりじゃない、サンドイッチを食べたあとほんのちょっぴり残ったチーズをもらおうと、部屋の向こうから招かれもしないのにやってくるような犬たちはみんなそうだ。

わたしのほうはこれからトリュフ狩りに行くところだ。

――犬――

犬がチェダーチーズの切れ端を見つける仕事に雇われていないのは残念だ。油断しているピクニッカーのバッグの中からありったけのベーグルを盗むイエローラブについては、「ベーグル検知犬」と太っ腹に呼んでやってもいいだろう。だがめったに、この種の検知スキルは必要とされない。わが家に来た新しい子猫がまだ家の隠れ場をいろいろと探っていた短い期間、わたしたちはフィネガンを子猫検知犬として雇った。今ではこの子猫はわたしの顔の上で寝ているから、フィネガンの仕事はもういらなくなった。そうそう、ホットドッグ検知犬の職場もない。訓練されていなくても犬ならみんなこの仕事につけるだろうに。ひどい話だ。

トリュフに話を戻そう。トリュフの検知は、犬の欲望と人の欲望が完全に一致したものかもしれない。犬にとって、トリュフは素敵な匂いがする。そして人間にとっては、素敵な匂いかどうかは別にして、黄金の匂いがするのは確かだ。イタリアやフランス産のゴルフボールくらいの「ペリゴード」黒トリュフは、最新の調べでは小売価格一〇〇ドル以上で売られている。重さ一キロの巨大なトリュフは、何十万ドルもする。トリュフとは、「子嚢菌門セイヨウショウロ科セイヨウショウロ属の地下子実体」、つまり地下のキノコであり、体内に胞子をもつ。トリュフがキノコのなかでも変わっているのは、寄生する木々と共生関係を形成している点だ。樹木の巻きひげのような根はトリュフのための着陸地点となるとともに成長に必要な炭水化物を与える。だがトリュフもまた、みずからの菌糸を伸ばして、木のために栄養を集めているようだ。トリュフは木がなければ育たない。そしてトリュフの寄生は木の成長に役立つのだ。

この珍味を掘りだすビジネスができている。トリュフは地下のわずか五センチから七センチくらいのところにあることが多い。一センチ強という浅いところのこともあるのだが、簡単にはつきとめられない。問題はどうしたらそれを見つけられるかということだ。行きあたりばったりに掘ることもできようが、トリュフが希少であることを考えれば、そんなのは狂気の沙汰だ。何時間も掘ってほとんど（あるいはまったく）見つけられない。なかには森の地面を熊手で探しまわって、引っかかってくるトリュフを手に入れようとする者もいるが、このようなトリュフはきわめて未熟で味が悪く、おまけに森の地面を痛めてしまう。

トリュフにとっても見つけられないのは困ったことになる。再生システムが胞子によるため、トリュフはその胞子を遠くに、また広く送るために見つけてもらう必要があるのだ。そこでトリュフは方法を見つけだした。成熟するとすさまじい匂いを出して動物たちを引きつけるのである。その匂いに誘われて掘り上げた動物たちは、それを食べて糞を落とし、行く先々でトリュフの胞子を広げる。科学者たちは、この「オー・デ・トリュフ」の成分をいくつか特定している。そのなかには硫化メチル（ゆでたキャベツの匂い）やアンドロステノン（人の汗の中にもあるホルモン）も含まれる。

いわゆるトリュフバエはその匂いが大好きだ。だからトリュフに向かって転がるように殺到するハエの群れを追跡すれば場所がつきとめられるかもしれない。だがもっといいのは、四本足の脊椎動物を使うことだろう。匂いのあるものが好きな動物たちである。

手がかりがある。アンドロステノンだ。これは前に述べたようにブタとイノシシのフェロモンである。ブタがトリュフの匂いをエロティックと思うかどうかは別として、彼らはその匂いのもとがたとえ地下にあろうと、簡単につきとめる。そのためブタはヨーロッパでは何世紀ものあいだ、トリュフ狩りに使われてきた。鼻づらを半分くらい泥に埋め、彼らは匂いを追って断固たる追跡をする。トリュフのこの匂いは、科学史のなかで特別な意味をもつ。これは嗅覚レセプターが同定されたまれなケースのひとつなのだ（OR7D4という味気ない名前である）。人によってトリュフの匂いの感じ方が異なるのは、そのレセプターの遺伝子変異による。尿の匂いだとか、汗だらけのソックスの匂いだと感じる人もいれば、花のように素敵な匂いだと言う人もいる。まったく検知できないという遺伝子変異をもつ人もいるようだ。

この人たちはもちろん良いトリュフブタにはならないだろう。だがときには、トリュフブタがかならずしも良いトリュフブタにはならないことがある。もちろん彼らはトリュフを見つけるのだが、食べるのもまた大好きなのだ。発見が消費につながる効率のよさである。ここにトリュフドッグの出番がある。トリュフ特有の匂いについて訓練する必要はあるが、一度やらせれば、飼い主やハンドラーのために簡単にそれを見つけることができる。しかも見つけたものを食べようとしない。いつもではないが、まあそういうことだ。

わたしはハイウェイを離れ、これといった特徴のないサービスエリアにレンタカーを入れる。ここが約束の場所だ。まず目に入るのはトレーナーたちだ。四匹の犬は彼らの車の後部に置いた別々のケージに静かに伏せている。アラナ・マギーが車から跳びだしてきて、守秘義務誓約書を差しだし、サインを求める。彼女は「トリュフドッグカンパニー」のロゴ入りジャケットを着ている。マギーはこの会社を設立したひとりである。ロゴは、犬が穴を掘っている絵柄だ。髪はカジュアルにポニーテールにまとめている。二番目の車から、共同設立者のクリスティン・ローゼンバッハが用心深い様子で挨拶する。ときおり浮かぶ微笑が彼女の顔を一変させる。

守秘義務誓約書はトリュフハンティングをとりまく神秘性をよく示している。それはこのキノコの途方もない値段を見ればわかる。マギーは個人所有の土地で、「スニッフ・アンド・ディグ（犬を使ったトリュフハンティング）」の特別許可を受けて活動している。北米でトリュフが採れることは広く知られてはいないが、オレゴンのようにトリュフが発見された地域では、ハンティングサイトが知られると興味本位のハンターが押しかけ、破壊的方法を使って森をくまなく探しまわるからだ。

誓約書にサインし、犬たちをのぞいたあと、わたしたちはめいめいの車で、最初のサイトに向かって車を走らせる。道は狭くなり、やがてわたしたちは標識もない昔のけもの道で車を回して止めた。道具類をまとめながら、マギーはなぜトリュフに興味をもつようになったかを話してくれる。彼女は公認のドッグトレーナーだが、イタリアを訪ねたときにタルトゥファロ（トリュフハンター）がトリュフ犬を使っているのを見たのがきっかけで、それ以来本気になってトリュフ犬の訓練を始めたのだという。ワシントン州に戻った彼女は、ここがトリュフに恵まれた土地かもしれないと気づいた。実際、ひとつ南のオレゴンではトリュフが発見されているし、両州とも生息環境はとても似ている。カナダで働いているトリュフドッグトレーナーのケリー・スロカムの助けを借りて、彼女は自分の黒ラブミックスのダフを訓練した。いま彼女に必要なのは、トリュフを探すべき土地だけだった。

「それで材木会社にアプローチし始めたの」と彼女は言う。「大変だったわ。彼らはこうしたアプローチには慣れてないしね」――若い女性がトリュフドッグを使って土地を嗅ぎまわりたいというのだ。それでも彼女は、いくつもの会社に接触しては自分とダフで彼らの土地を捜索することを提案し、万一トリュフの豊かな鉱脈を見つけたならば、相互に経済的利益があることを強調した。いくつかの会社が受け入れてくれた。彼女は林業家の指導に従って成功の見込みがある場所を探すと同時に、トリュフの森の特徴となるおびただしい要素を探した。森の年齢、木の種類、攪乱（森林が強風、火災、土砂崩壊、伐採などにより部分的もしくは全体的に破壊される現象）もしくは伐採のレベル、日光の量、土壌の含水度。マツ、オーク、カバ、ヤナギなどはどれもトリュフの宿主になれる。北西部では、ダグラスモミ、スコッチパイン、そしてノーブルモミが宿主としてよく知られている。ブラックトリュフは「シダが大好き」だという。シダは地面を湿らせてくれるからだ。そこで彼女はシダが下草になっている場所を探すことにした。有望な森を前にしたら、泥まみれになるのは覚悟しなくては。「まず森の地面を見まわすこと」とは、あるトリュフフィールドガイドのアドバイスだ。「小動物が掘った小さな穴があるか？　彼らは現地のエキスパートだ」。ここでいう小動物とはリス、ネズミ、ときにはコヨーテやアライグマのこともある。トリュフはこの動物たちの食べ物なのだ。五センチから七センチそうっと掘るだけでよい。トリュフは地表のすぐ下にあることが多いからだ。

しばらくのあいだ、マギーは捜索を続けた。数年続いた寒波にもかかわらず、やがてマギーは数か所の良いサイトを見つけた。「ほかにもまだいくつかの土地に入れる許可をもってるわ。見つけたものについて折り返し報告しさえすれば、かなり自由裁量で行動させてもらえるの」

彼女のビジネスは成長した。犬ではなく人間相手の教師だったローゼンバッハが、「ワシントン州トリュフ」とグーグル検索していて、マギーを見つけた。犬のカリーと一緒に森を歩いていたとき、何も言わないのに犬がトリュフを掘りだしたのだ。ふたりはすぐに協力することにした。

名前を聞きつけて、カリーがぱっと起き上がる。半分白、半分黒の魅力的な顔のボーダーコリーだ。ローゼンバッハが車の後部を開ける。だが最初にハンティングをするのはシェルティのキャッシュだ。ワン！ワン！ワン！ワン！――ひとつひとつの吠え声に感嘆符がついている。吠えるたびに体が持ち上がる。この犬は流れるような長い毛と、ふさふさした飾り毛の幅の広い足をしている。

「道路側の森でトリュフが見つかるかもしれない」とマギーが言う。「ここから始めるわ」。ふたりとも以前からこのサイトでハンティングしており、生徒たちのトレーニングもここでやっているため、だれかのポケットからトリュフがこぼれ落ちた可能性はしょっちゅうある。そうだとしても犬たちはそれを見つけるだろう。

ロロが車から跳びだす。茶色と白の犬だ。きっちりした巻き毛で、気まぐれな小枝や鉄条網、そして森に捨てられたボトルなどから身を守るためにぴったりしたジャケットを着ている。ロロはラゴット犬（ラゴット・ロマニョーロ、ロマーニョ・ウォータードッグ）である。一般にはあまり知られていない犬種だ。トリュフハンティングのためにイタリアで交配されたこの犬種は、アメリカでは人気が出るのが遅く、いまだに少数派である。理由はわからない。この犬はフレンドリーだし、熱心で、スポーツ競技にも向いている。毛並はうっとりするほど柔らかく、びっしり生えている。ちょうどテディベアのように、子供が寄りそって寝るのにぴったりの犬なのだ。

きわめてよく見られることだが、犬と飼い主はたしかに似ている。この場合は犬だけが巻き毛で、だらりと垂れた舌をもっているが。ハンドラーのマギーと同じように、ロロもまた活動的で、引き締まった体格をしている。ロロの頭部の毛は体の毛よりも濃い。穴に頭をつっこむせいなのか、それとも生まれつきなのかは難しいところだ。巻き毛が目にかかっている。大丈夫、たいして見る必要はない。大事なのは匂いなのだ。

犬のトレーニングは「報酬を使った捜査活動」だとマギーは言う。段階ごとにチャレンジは広げられ、あるいは狭められる。いったん犬が捜索と報酬のゲームを学び、匂いがすりこまれると、そこで訓練は本格的に開始される。初期のトレーニングは屋内での単純なハンティング練習で、トリュフオイルをしみこませた綿玉を箱に入れて探させることからなる。犬がここで成功レベルに達し、落ち着いているようだったら、シナリオは複雑になり（高いところや他の物の下に隠される）、成功基準が引き上げられる（匂いは弱くされ、もっと敏感な警告が求められる）。そのあと、外での訓練が始まる（チャレンジは広げられるが、基準は低くされる）。この間ずっと変わらないチャレンジがある。犬に対してはゲームが何かを教えることであり（ゲームとは「匂いを見つけること」であって、「箱を見つけること」でもなければ、「吠えること」でもない）、ハンドラーに対しては犬に敏感であるように教えることなのだ。

　そびえ立つモミの森は、成長と肥沃と期待の匂いがする。苔がいたるところに生えている。マツの葉が地面を覆っている。あたり一面に散らばって生えているシダは、いくらかはまだ若い渦巻き状だ。犬たちはあざやかな色のナイロンリードを引きずって森に跳びこむ。「そうね」。こちらからの質問を待たず、マギーは犬たちのモチベーションについて話し始める。「あの犬たちをトリュフの森から出すにはゲームを使わなくてはならないのよ」。彼女は犬のあとを追って早足で歩く。いったん森に踏みこむと、道は視界から消える。うっとりするほど静かだ。聞こえるのはわたしたちが足の下の小さな小枝をふみしだく音だけである。マギーのベルトに吊したシャベルとスプーンを入れたポーチが足に当たってガチャガチャと音をたてる。

　捜索は傾斜面の底になっている場所から始めて、大体上のほうに向かっていく。匂いは下に流れる傾向があるからだ。空気の流れをチェックするために、マギーはマッチを持参して煙の流れを調べ、あるいはウィザードスティックなる道具を使う。目に見える蒸気を出す道具だ。わたしたち嗅覚の貧しい（ノーズプアな）生きものが、嗅覚の豊かな（ノーズリッチな）生きものを手伝うためには、空気を見えるものに変える必要がある。ワーキングドッグセンター（WDC）の室内で経験したのとまったく同じだ。

わたしにはトリュフの香りの風は感じられない。わたしは丘の上を見上げ、森の暗い深みをのぞく。樹木に覆われた干し草の山の中で、見つかりっこない針を探しまわろうとしているような気がする。探すのは不可能に思われる――とりまく森はわたしたちを受け入れ、同時に拒んでいる。だがそう思ったとたん、今の比喩がまったく不適切だとわかる。犬にとって針はたっぷりあるわけだ。ちょっと動けば必ず針に刺されるくらいに。

「そこにいて！」マギーが少し急ぎながらロロに言う。「ロロ、いい子だね。大丈夫。どこにあるの？　ここ？　見せてくれる？」彼女は赤いハンドルのついたシャベルを取りだし、ロロに向かって走っていく。ロロはシダの茂みの深くに鼻をつっこんでいる。五、六メートル離れたところで、キャッシュが少しくしゃみをする。彼は森の地面――ダフと呼ばれる腐葉土――に鼻を向け、それから吠える。

数分もしないうちに、二匹ともトリュフを見つけていた。マギーとローゼンバッハはすぐさまトリュフを掘りだして、入れ物にしまい、ダフをもとどおりに叩いておく。ロロはすでに見えなくなっている。マギーはたえず彼女と一方通行の会話を続けている。「こっちに来て！　さあ、行くのよ！　ありがとう……こっちに来て、いい子ね。見せてくれる？　いい子だよ」

それにしても何がロロの警告だったのだろう？　わたしには犬が立ち止まって、またふたたび走りだすところしか見えなかった。「あの子が掘ってるでしょ」とマギーが言う。「そのあいだわたしはノーズタッチを見ているの」——鼻でトリュフに触れてポイントすることだ。「犬って自然に警告行動をとるものなのよ」。すわる、伏せる、あるいは動きを止める行動もそうだ。「わたしたちはそれに従うわけ。こっちが教える警告行動もある。ノーズタッチとかね」。ローゼンバッハが付け加える。「キャッシュの最初の警告は、わたしを見つめることだったわ。でも吠えなかった。彼にとっては見るほうが自然だったの。それでわたしは吠えて警告するように教えたのよ」

　ロロが突進していくのを追いかけて、マギーが走りだす。「こっち、こっち、何か見つけたの？いい子ね」。マギーは彼女に追いついて、見下ろす。「そうそう、口から出して。あのね」。走って追いついたわたしに、彼女が振りかえって言う。「ここでわたしが完全にコントロールしていなかったら、この子、自分にご褒美をあげちゃうでしょうよ。ブラックトリュフだと、ときどき食べちゃうしね」（ロロはまた、甲虫、カタツムリ、そして森の丸々と太ったバナナナメクジも食べるそうだ）

　つぎの三〇分というもの、わたしたちは犬のあとを追いかけ続ける。マギーはロロがまたもや自分に褒美を与える前に、ホットドッグ、チキン、そしてチーズのかけらをいつでも与えられるようにしている。三〇分で、彼らは一ダースほどのトリュフを集める。あとにはピンの頭ほどのサイズのものが無数に残される。犬は鼻でつっついているが、取る価値はほとんどない。二匹とも言われなくても自然に狩りをする。まるで森を見たらゲームをするとわかっているようだ。犬たちは深いスニッフィングとパンティングを交互にする。丸めた真っ赤な舌がハアハア脈打っている。その間ハンドラーたちはずっと励ましの言葉をかけ続けている。ロロは、野バラの茂みを突き抜け、体を低くして走っていく。後ろ足が同時に動いて、跳ねているように見える。「この子はいわゆるカン・・・・トリー風のラゴットなのよ」、マギーが彼女を眺めながら言う。「他の系統のラゴットよりもコンパクトで重いし、ずんぐりしてるしね」。このことは彼女の作戦遂行能力にも、ときおり見せる複雑な捜索メソッドにも影響していないようだ。ある場所で、ロロはトリュフの「囲いこみ」をやってのけ、ひとつひとつの区分を詳しく調べるかのように、前に行ったり後ろに行ったりして、最後にトリュフにたどりつく。

ようやくハンドラーたちは犬を捜索から呼び戻す。「もういいよ!」その声に犬たちの足どりは遅くなるが、立ち止まらない。「ロロ、待って! ロー? ロー? こっちだよ。よくやったね!」ロロはようやく立ち止まり、マギーの手のひらの中身をかっこむ。「ラゴットの場合、捜索行動は本来備わっているものなのよ。その行動自体が報酬なの。車が通りすぎるのを見ている牧羊犬みたいなものよ。基本的には車を追いかけるのと同じなの」。今はじめてロロはわたしに気づいたようだ。彼女は顎の下をわたしにくすぐらせてくれる。かがみこむと、ロロの息からトリュフの香りが漂う。

北アメリカのブラックトリュフは「パイナップルと少しだけチョコレート」の香りがすると言う人もいれば、「湿ったパルメザンチーズと粉末アーモンドの中間みたいな」舌ざわりで、「ひどくむかつく代物」だと言う人もいる。トリュフとは、果物の匂いのする「キノコ」ではない。人によって感じるトリュフの匂いは一様ではない。臭いソックスのようだと言う人もいれば、ホットドッグの匂い、さらにはキュウリ、青リンゴ、糖蜜、そして麝香の匂い、ニンニク臭、あるいはガソリン臭というのまである。一見すると、ブラックトリュフは泥に覆われた岩のようだ。表面はこぶだらけで、中は胡椒がかかったような白い色をしている。おおむね硬いが、親指の爪で押すととても弾力がある。その塊がゴルフボールくらいあれば、五〇ドルはするだろうし、グレープフルーツの大きさなら、まさに大当たりだ。

トリュフは胞子をもつキノコの子実体である。この菌性「有機体」は、その実、菌糸体と呼ばれる細い糸のネットワークで、木の根を包み込むように生育する。トリュフのもつ価値に着目して、このプロセスを人工的に行おうという試みがなされてきた。ホストになれそうな木を植え、根に胞子を植えつけて、トリュフを栽培するのである。これまでのところ、十分に成功したとは言えないし、ロロが職を失うのを心配するところまではいっていない（栽培したとしても植林場で掘りだすのに犬は必要なのだ）。

トレーニングに使うサンプルとして、マギーとローゼンバッハが使っているのは、オイルのなかでは比較的匂いのないグレープシードオイルに、この地域で見つけられるさまざまなトリュフの匂いを混ぜたものだ。オイルに漬けこむことはない。「ボツリヌス菌中毒になりかねないからね」とマギーが指摘する。オイルとトリュフを狭い場所に一緒に吊しておくだけだ。短いあいだ一緒にしておいたオイルは、人間にはあまり匂わないが、犬は簡単に検知する。トリュフをむきだしのまま冷蔵庫にしまっておかないようにとマギーがわたしに警告する（冷蔵庫でなくても基本的に密閉した箱は駄目）。揮発性の匂いはチーズやバターなどの油脂製品に吸収され、「全部トリュフの匂いになってしまうの。気持ち悪いわよ」とマギーが言う。

　わたしたちは別のサイトに向かい、ローゼンバッハが連れてきた他の犬たちを放した。ここもモミの森で、シダとサーモンベリーに覆われている。どれもラズベリーの新芽のように地面から誇らしく突きだしている。下草は密だ。幹の低いところから出ているモミの枯れ枝がわたしの髪の毛とバックパックにからむ。到着した森の「空き地（オープンエリア）」では、タマシダが首までの高さに生えている。一か月もすればここは通れなくなるだろう。

　ロロと、ベルジアン・タービュレンのダヴィンチがハンティング中だ。ダヴィンチは物静かな犬で、大型犬のもつ堂々とした風格がある。車に残されたときは短い抗議の遠吠えをしたが、動きは慎重だ。今日連れてきた犬のうちで一番経験が少ない。森での実際の捜索はほんの一年だけで、ローゼンバッハはとくに注意して見守っている。「トロヴァルロ！」と彼女は呼びかける。タルトゥファロはこれを「見つけろ」の意味で使う。どうやらダヴィンチはイタリア語が話せるようだ。まっすぐ木のところに向かい、鼻でくんくん嗅ぎまわり、逆立ちせんばかりに頭を下げて地面をひっかく。彼のスタイルは熱狂的というよりも、むしろ丁寧である。泥を少し跳ね上げ、鼻を鳴らし、それからローゼンバッハを待つ。「彼はとても正確なの」。彼が収穫したものを見に行きながらローゼンバッハが言う。わたしも近づく。あたり一帯が鼻につく強烈な匂いに満ちている。トリュフの空気だ。

　わたしたちはもっと深くへと入りこむ。まだらに影を落とす日光のなかを二匹の犬がジグザグに通り抜ける。ある場所で彼らはお互いにすれ違い、立ち止まって尻尾を振る。たぶん情報を交換したのだろう、それからまたそれぞれの道を続ける。犬たちを見ながら、マギーが思いにふけるように言う。「犬が簡単にトリュフを見つけられると思ってる人がたくさんいるわ。まるで犬っていうのがなにかの機械で、一回訓練すればすぐに動かせるみたいにね。あるいは、わたしにちょっと訓練してもらうだけで、あとは自分でもやれるとか」。たしかにこの犬たちはトリュフをハントする「トリュフドッグ」ではある。だが彼らが成功するにはハンドラーの存在が欠かせない。マギーもローゼンバッハも、自分たちの犬が森で何をしているかきちんと把握しており、犬たちが障害に出くわしたら上手に彼らを助ける。ふたりともたえず犬の行動を、そう、言葉のない会話を読んでいる。いつもは警告として伏せをする犬が、警告せずにたたずんでいるだけだったら、ひょっとして体の下にイラクサの茂みがあるのかもしれない。犬が掘っていてトリュフが見つけられないでいたら、ハンドラーはそのまわりの泥を少し動かしてやるかもしれない。どの検知犬の場合もそうだが、この場合でもトレーニングは決して終わらない。長いこと捜索したあげく、結局発見できなかったら、上手なハンドラーは、犬のために「成功」を作ってやるかもしれない。トリュフを近くに投げて、犬に達成感を与えるのだ。「森に出ているときのわたしの仕事は、犬たちがいつも満足しているようにすることよ」とローゼンバッハが言う。「だからロロはいつだって自分が天才だ、ロックスターだと思っているに違いないわ」

わたしはロロのほうに向かう。マギーがふいに走り出す――「いい子ね。よくやったね」――それから犬を驚かせないようにそうっと、だがすばやく近づく。彼女はシャベルとバケツを取りだしてロロの上にかがみこむ。上のほうから見るロロは小さな巻き毛の塊にすぎない。上げた尻尾は空中に固定した感嘆符のようだ。地面の中を気が狂ったように掘っている。鼻をフンフン鳴らし、なかば唸り、なかばくしゃみをして、湿った、黒い土の塊をマギーのほうに蹴りあげる。彼女はいま犬の隣にいて安心させるように話しかけている。「いい子ね、手伝ってほしい？ いい仕事をしているよ」。ロロは頭を下にして、熱心に、しかも着実に掘っている。ときどき掘るのをやめて、鼻をありったけ遠くに突きだし、匂いを嗅ぎ入れる。垂れた耳の巻き毛が、一度も日光を見たことのない黒褐色の泥に染まっている。ロロがほんのちょっと動きを止める。マギーは見逃さない。「見・つ・け・た・の……？」眉毛まで泥に埋めていた頭が持ち上がる。パンティングしている舌の先がめくれ上がっている。「わお！」マギーが、穴をのぞきこんで叫ぶ。彼女はロロを片腕で押さえ、わたしを呼ぶ。ロロがチーズの褒美をのみこんでいるあいだ、わたしは穴をのぞきこむ。それまで嗅いでいた森の土壌の肥沃な土臭い匂いと、緑の植物の生き生きした匂いではない。地面の下の土の匂いがわたしの鼻を襲う。刺すようなカビ臭さに、ちょっぴり甘さとむかつき感が混じる。たくさんの根があり、剥がされた苔の塊がある。マギーが幅四センチほどの黒い土くれを指さす。他の土とまったく見分けがつかない。だがロロの鼻とマギーの目には、それがかなり大きなブラックトリュフだとはっきりわかるのだ。「大きいわあ」とマギーが惚れぼれするように言い、つまんでバケツの中に落とす。「ありがとう！ いい子だよ！ やったね！」ロロはふたたび走りだしている。

日が落ちつつあるが、ローゼンバッハの三番目の犬のカリーに仕事をさせる必要がある。ケージが開かれると、カリーはロケットのように跳びだす。彼女はボールを口にくわえて、それを二度キュウキュウ鳴らし、ローゼンバッハを期待するように見つめる。ふたりは木々の中に消える。マギーはわたしの手に小さな密封されたプラスチックの容器をすべりこませる。そこには茶色の布きれの塊と、ペーパータオルが入っている。あえて中をのぞきこまずにわたしは車の中に入り、この大切な荷物を大きなジップロックの袋に入れる。町に帰る途中の道のわきに何千エーカーもの森が広がっている。暗い森を誇らしげに守っているモミの木々を眺めながら、どの木の下にもトリュフがあるような気がしてくる。一時間後、車の中はトリュフの匂いでものすごいことになっている。わたしは窓を全部開け、匂いのトレイルをハイウェイに残す——だれか、それをたどる鼻をもった人たちのために。

——人——

かれらは鼻をなくしてしまった、
イブの墜ちた息子たちよ——
薔薇の香りさえ
彼らが想像するものではなく——
だがその香りは心があばくよりも多く
ひとびとが信じるよりも多い。

——G・K・チェスタートン「クードルの歌」

六月のはじめ、わたしは自宅を出てセントラルパークに直行し、南へ三キロほど行ったところのアメリカボダイジュの下で止まった。ここに来るのを勧めてくれたのはレイモンド・マッツだ。香水デザイナーで、ニッチフレグランス（天然香料を使った本物志向の高級香水）を作っている。自然の場では決して見つけられない匂いのコンビネーションを調合する一方で、彼は自然界の匂いを賛美してやまない。六月のボダイジュの花もそのひとつだ。

枝々は無数の小さなクリーム色をした花の重みでたわみ始めている。花は房になっている。それぞれの花は、花びらといくつもの小さな雄しべからなる花火のようだ。木の下を歩くと、匂いで酔いそうである。蜂蜜のように甘くて濃厚だ。木が見えてくるずっと前から、匂いの雲がわたしに挨拶する。匂いはとても広い範囲にわたっているから、これがボダイジュの匂いだと知らなかったらその出どころを見つけることができなかっただろう。

ボダイジュの下に一〇分立っていると、感覚が麻痺してくる。まるで匂いの中で泳いでいるみたいに、顔を襲うやさしい打撃に耐えるしかない。おそらく調香師であるというのは、こういうことなのだろう。

●
●
●

もし犬を陶然とさせる匂いがトリュフだとしたら、同じように人間をうっとりとさせるものは香水かもしれない。言ってみれば人間もまた、何千年も前からその香りの中に転がってきた。楔形文（くさびがた）

字の石版からは、香水が四〇〇〇年前にワインに加えられていたことが明らかになっている。古代ギリシアやローマの人びとは、衣装箱に香水をふりかけただけでなく、体にも直接つけた、しかも具体的に体の部位によってつける香りは違うのだ――「ミントは腕に……パームオイルは顔と乳房に、マージョラムのエキスは髪と眉毛に、そしてアイビーのエッセンスは膝と首に」。

その後、現代にいたるまで、香水の人気には盛衰があった。悪臭が病気を引き起こすという恐怖が流布した時期には、香水が悪臭への防御手段とみなされた。ときには、香料は体を洗う風呂にかわる完全な代用品と考えられた。その一方で、一七世紀末から一八世紀初頭にかけて社会のパブリックスペースが増大し(それによってパーソナルスペースがより多くの関心を引くことになる)、香水に反対する運動が起こった。感覚の歴史を研究しているウィリアム・テュレットはこう述べている。香水は基本的に、(人の体を)「とどまるべき場所を超えたスペースまで延ばす」――そして他者のパーソナルスペースまで侵入する、と。イギリスの議会制定法では香水は虚偽情報だとされた。女性が匂いを用いて紳士を「誘惑し、あるいはだまして結婚にもちこんだ」場合、結婚は無効とされ、女性は軽犯罪の罪に問われた(義歯、かつら、ハイヒールも同じだった)。

香水には奇妙なところがある。匂いのある化学物質の組み合わせで、たいていはアルコールで溶解してある。香水とはまさに匂いの侵入である。理由のない匂いであり、生物学的用語で言えば一種の「不正直な」シグナルなのだ。動物、土、咲いている花は、どれもそ・れ・ら・し・く匂う。脅かされたか殺されたかしたある動物が発するスカンクのような匂いを嗅げば、あ、スカンクだとわかる。匂いは存在を示すのだ。それに反して、香水は調合物である。匂いは完全にその発生源から分離され、ときには一度に何百もの化合物と一緒に混ぜあわされる。調香師のルカ・テューリンが書いているように、「ジャコウネコの尻」を嗅ぐかわりにシャネル№5を嗅ぐとき、わたしたちはやわらかなビロードの香りを嗅ぎ、その香りを習慣的につけていた母親や祖母を思い起こす。だがその香りに含まれているのは、ジャコウネコ科の動物（シベット）*が、テリトリーのマーキングや恐怖反応として使っている脂っぽい肛門分泌物だ。夜行性で背の低いこのジャコウネコは、野良猫、マングース、そしてアライグマの得体の知れない私生児のように見える。以前は小さなケージで飼育され、この分泌物をとるために苦しめられていたが、今日では合成化合物がほぼこの習慣にとってかわっている。**

ふつう、もっともすぐれた嗅ぎ手と言えば、香水の仕事をする人――調香師あるいは香水デザイナー、そしてワインの仕事をする人――ソムリエもしくは鑑定人（テイスター）だと考えられるだろう。匂いを検知し、区別し、特定し、そしてたんに気づくこと――彼らのもつこうした能力は職業として使われているばかりでなく、日常の匂いの世界でも、わたしたち素人の鼻とは違った経験をもたらす。わたしたちは薔薇を薔薇として嗅ぐ。だがココ・シャネルは、花を「摘んだ手」まで嗅げると主張した。

調香師になるには無数のルートがある。だが、もし大きな会社で香水の評価や香水作成の仕事をやりたいと思うなら、付属の調香学校がある。カリキュラムには何百もの原料をひたすら見分ける勉強も含まれる。インターナショナル・フレバー・アンド・フレグランス（IFF）の付属調香学校の校長であるロン・ウィネグラッドは、一度に五、六人の生徒のために複数年におよぶカリキュラムをデザインした。全員、「嗅覚および心理学的（応用）テストで有望とされる」生徒たちだ。

ウィネグラッドは、生徒たちに毎日原料についてのテストを課す。「コピー」のテストもある。市場に出ている香水をコピーするほか、ウィネグラッドが成分を少し加えたり減らしたりしたものを嗅いで、どこが変わったのかを見分けなくてはならない。

大部分の調香師が超人的に匂いを嗅げるわけではない。そればかりか、特定の匂いに対して無嗅覚症をもっている人も多い。たとえば麝香などといった匂いがまったく嗅げない人もいる。ただレスリー・ヴォスホールがわたしに言ったように、「彼らはそれをひとつだけ取りだして嗅ぐことはできないけれど、香水に加えられればわかる」のである。この人たちは「匂いで絵を描くことができる」。匂いに注意を払い、香水を構成するさまざまな要素の匂いを記憶しようとする。それはまるでフラッシュカードの勉強のようだ。ハイスクール用の単語学習教材ではなく、片面にフェニルエチルアルコール（花の香り）がひと吹きされているフラッシュカードである。どの専門技能でも同じだが、調香師の脳も練習によって再構築される。実際、専門家を作るのは再構築だと言ってよい。どんな人でも、一次嗅覚野あるいは梨状葉皮質と呼ばれる脳の部分は、匂いを嗅いでいるあいだ活動している。だがプロの調香師の脳のｆＭＲＩを撮ると、彼らが匂いを処理するやり方が、他の人とは違っていることがわかる。彼らは、他の人とくらべて記憶エリアにはそれほど依存してい

＊猫ではない。ジャコウネコ科に属するさまざまな種のひとつで、たとえばジェネットやホッサなど、あまり聞いたこともないような他の動物も含まれる。

＊＊一九二一年に発表されたシャネル№5は、合成香料のアルデヒドC10－C12――「新鮮さ」と「柑橘の果皮」――を最初に使った香水のひとつでもある。

ないようだ。代わりにエキスパートの調香師の脳では、匂いを知覚すること、さらに匂いを想像することまでもがより自動的なプロセスになっている。

同じように重要なのは、エキスパートの調香師が匂いについての評価を考慮からはずすという点だ。別に彼らが、臭いソックスの匂いを「悪い」とか、あるいはコーヒーの匂いを「良い」とか感じないわけではない。香水を作るうえで、その匂いが他の匂いと混ぜあわせたときにうまくいくかどうかに、より興味があるのである。「わたしはコーヒーの匂いが世にも嫌いでね」。レイモンド・マッツが顔をしかめながら言う。その匂いそのものが不快なばかりでなく、他の匂いを嗅ぐのを邪魔するからである。

それでいて、彼が間違いなく愛する多くの香水は、その匂いの芯の深いところでコーヒーを呼び覚ます。麝香（シベット）、龍涎香（リユウゼンコウ）（アンバーグリス。マッコウクジラの腸内で作られる）、海狸香（カイリコウ）（カストリウム。ビーバーの会陰部からの分泌物）についても同じことが言える。新鮮なアンバーグリスには「ジャコウクジラの糞がもつきわめてはっきりした刺激臭がある」と、ある鯨研究者が書いている。雄のシカがテリトリーをマークするのに使う、きわめてありふれた「麝香（ムスク）」は、今日ではたいていの人から「洗濯物」の清潔な匂いとして喜ばれている。これはマッツの言う「おぞましい成分」の匂いを隠すために使われている。衣服を洗うのに必要な酵素のことだ――「目玉の匂いだよ。想像できるうちで最悪のやつだ」。（「匂いのない」商品しか使ってないって？　じつは最近まで「匂いのない」というのもひとつの「匂い」だった――ムスクを隠すために使われていたのである）。マッツが携わったクリニークの香水「ハッピー」は、スズランがベースだが、それだけでなく、彼が陽気に「吐きそうな」ノート（香調）と描写するものも入っている。「新鮮な花のノートを空気中にたなびかせておくためにね」と彼は説明する。

香りのエキスパートはときに「ノーズ（鼻）」と呼ばれることもある。ノーズとしては、マッツの容貌はとくに目立ったところがない。少し幅が広いが標準的な形の鼻は、厚い眼鏡のブリッジで一部隠されている。そう、よく訓練されたレセプター細胞をもつ上皮組織がある場所のすぐ上だ。三〇年前から香水の仕事をしているというわりには、マッツは若々しい容貌をしている。彼のキャリアは、洗剤や工業用ソープなどの匂いの評価から、さまざまな香水メーカーでの香水作りまで多岐にわたる。リズ・テイラーの「ホワイトダイアモンド」と、トミー・ヒルフィガーの「T」も彼がデザインしたものだ。「T」は、彼の大きなヒットのひとつだった。もっともマッツによると、世間での評価は最低かもしれないという。一度、隣にすわった男性がその香水をつけているのに気がついて、Tをつけているのかと尋ねたのだそうだ。「そいつは否定したよ」、マッツが言う。「でも（ぼく以外）だれひとり、サフランをそのレベルまで使った人はいないからね」。調香師は別として、これを聞いて唖然としない人はいないだろう。

マッツは髭（ひげ）を生やしていない。香水を扱う人間に髭は合わないのだ。モンテーニュは、自分の「立派な口髭」のおかげで、望ましい匂いも望ましくない匂いも鼻の下に何時間もとっておけると書いているが、調香師にそれを楽しむ余裕はない。

マッツが生徒たちに匂いを紹介するとき、まず匂いの「ファミリー」から始める。組み合わせのうまくいく三種類から一〇種類の香料を調香した「アコード（香りの調和）」のコンビネーションである。ニューヨークのプラット・インスティテュートで開かれる彼の「香水のテクニックと言語」講座では、魅惑的なオルファクトリウムがテーブルの上に開いて置かれている。これは一種の旅行用トランクで、四八個のボトルがひとつずつやわらかな仕切りにしまわれている。ひとつのボトルにひとつの香り——たとえば「オリエンタル」（バニラ、サンダルウッド、パチョリ）ファミリー、もしくは「フゼア」（ラベンダー、ベチバー、オークモス、フローラル、クマリン）ファミリーの中で、香水を作るのに使われる「カラーパレット」のひとつ——が入っている。* 香りを集めるための長い紙片（吸い取り紙（ブロッター））が折った状態でボトルにひたされている。マッツは№16とあるボトルに紙片を浸し、紙が乾くまでかなりのあいだ待つ。そうしないと、「トップノートしか嗅げない」からだ。トップノートとは最初に揮発して漂ってくる匂いのことである。香水には、三つの「ノート」からなるグラデーションがある。たいていは、トップ、ミドル（またはハート）、そしてベース（またはバックグラウンド）である。トップとは、たとえばデパートの香水売り場を急いで通りすぎるときに嗅ぐ匂いだ。ベースは次の日にあなたの服に残っている匂い。今ではヴィンテージになっている母のエキュソン・オーデコロンは、彼女が買ったときとは同じ匂いではないだろう。それは母がボトルを開けるたびに酸化していった。トップノートは消え、オークモスとバニラの重いベースノートが残っているだろう。「もとの香りに似てくるんだよ」とマッツは言う。

「ううむ」左右の鼻孔の下に№16の吸い取り紙を引き寄せたあと、彼はうなる。「シダーウッド。南モロッコとヴァージニア産だな」。これは、「ウッディ」ノートのひとつだ。紅茶の鑑定家が、原産地ばかりか収穫された時期、さらにそれがスモモの木のそばに植えられていたかどうかまで見分けられるように、香りの鑑定家は、わたしたちにはひとつの匂いのカテゴリーとしか思えないものを嗅いで、品質と原産地の違いを検知する。こちらは「鉛筆の削りかす」、それとも「ハムスターケージ」だ――おばあちゃんの杉材のタンスを開けたときに流れ出てくる匂いほどなめらかではない。「ワックスっぽさが嗅げるかい?」彼は紙片を鼻のところに上げて嗅ぎ、それを離し、考え、また嗅ぐ。「クレヨンを思い浮かべてごらん。乾いた感じと深い感じがわかるかな?」数分しかたっていないのに、削った鉛筆の匂いは、少し溶解し、なめらかになっている。

別のウッドノートを嗅いだマッツが「木目の匂いがする」と言う。確信ある口ぶりは、はっきりした匂いの指紋が残っているかのようだ。サンダルウッド(白檀(びゃくだん))はクリーミーな、あるいは新鮮な生木の香りもする。オイリーな感じのウッドもある。そのひとつ、合成ノルリンバノールは、ドライで、粗野で刺激の強い匂いである。乾燥させたパチョリは土と根の匂いがする。もうひとつの匂いは、切ったばかりの小枝の匂いとしか思われないが、マットにはそうでない。「ベルベットだね。トップノートは、スイッチを入れたときの電車の変圧器だ――金属の匂いだよ」

「ウッド」と聞いて、反射的にそれが木の匂いだと思うかもしれない。だがわたしにとって、もはやそうではない。「ウッディ」の範囲は突然広がって見えてくる。「ぼくはいつも、建設現場の匂いを嗅ごうとしてるんだ。丸鋸が濡れた木材を切るときの匂いね」。マッツは打ち明ける。「まだ手

*読者はおそらく「オリエンタル」の匂いがすぐにわかるだろう。ジョンソン社のベビーパウダーだ。ほとんどの人にとって、これが匂いのファミリーのなかで一番馴染みがあるという事実こそ、わたしたちの匂いの語彙が商品に使われる匂いによってハイジャックされている証拠である。わたしたちのすべての音楽的知識が、コマーシャルソングに基づいているみたいなものだ。

に入れてないんだが」

しょっちゅう彼は、見つかった匂いをとらえて保存しようとしている。赤ん坊が生まれたとき、彼はその匂いに魅惑された。皮膚からミルクがにじみ出ている。彼は赤ん坊の吐いたミルクにまみれたベビー毛布を「いい匂い」だと思った——酸っぱいようなノートが揮発し、あとにはクリーミーなエッセンスが残っている。しばらくのあいだ、彼はこの匂いをとらえようと考えつづけ、ついに注射針を持ちだしたが、妻に怒鳴られてあきらめた。

本当のところ、きわめて多くの人びとが魅了される匂いのエッセンスをとらえる方法はある。赤ん坊の頭の匂い、トマトの蔓、かき集めた落ち葉から発散する匂い。香水は、そうした匂いをとらえたいという衝動から生まれたと言うことができよう——単純に自然の匂いをとらえようとすることからずいぶん遠くにきてしまったけれども。多年にわたって、香水を作るにはさまざまなメソッドが使われてきた。アンフルラージュ（トリュフのメソッドと似ていて、たとえば薔薇の匂いをオイルに吸わせる）、抽出（香りを出すものを溶剤ですすぎ、オイルを抽出する）、水蒸気蒸留法（熱して蒸気を作りだし、そのあと冷やすことによってオイルを分離する）、圧搾法（柑橘系の果皮を圧搾し、すすぎ、コールドプレス（低温圧搾）する）、そしてインフュージョン（植物をアルコールに浸ける）などだ。

浸すことのできない匂い（赤ん坊の頭のように）をつかまえる手っ取り早い方法は、ヘッドスペース（頭隙）法である。ガラス球を原料の上に置き、自然にそこから漂ってくる空気をとらえて、匂いを吸収する物質に取り入れる。とらえられた匂いはそのあと研究室で、ガスクロマトグラフで分析され、調香師はそれの再現を目ざす。このメソッドの可能性については、たとえばローマン・カイザーがみごとに実証している。スイスの香料メーカーであるジボダン社の香料化学者である彼は、一〇年のあいだ世界中を旅してまわり、絶滅の危機に瀕した花の香り(ヘッドスペース)を保存している。一方、アートと科学の間をつなぐという意味で「プロの仲介者」と自称しているシセル・トーラスは、自分の娘の匂いを含めて何千もの匂いを貯えている。マッツはファッションブランドのアバクロンビー&フィッチのために香水をデザインするとき、クール・ホイップとウィート・シンズ(小麦チップス)のはっきりした匂いをとらえるために、このテクノロジーを使ったと述べている。

小さなボトルの列の前に立って、マッツはそのひとつをつまみ上げ、黒いキャップを回してはずす。No.42だ。ノートはレザーで、最初はほとんど薬のような鋭い匂いである。マッツは紙片を嗅ぐ。遠くを見るような表情が目に現れる。嗅ぐ人の表情だ。彼は何かを見ている。そのあと、マッツはこの匂いを作りだすプロセスを話し始める。「もともとこれは皮のスクラップをアルコールにひたして作ったものだ——その皮自体、バーチ(カバノキ)のチップで燻(いぶ)したなめし革の匂いがしていた」。彼がバーチと言ったとたん、その木材の匂いがぱっと立ちのぼる。まるで子供が教室で指されたときのようだ。「アーミッシュの村の八月を考えてごらんよ」とマッツは言う。「タバコの葉が乾燥して、納屋の羽目板のそばに吊されている。ジューシーな、甘い匂いが空中に漂っている」。その言葉とともに、教室にある匂いのひとつひとつがぱっと気をつけの姿勢をとる。乾燥したタバコの葉が前に跳びだす。噛んだ葉巻の湿った端。風雨にさらされ、朽ちて糞の匂いのする納屋の空気。じつのところ、新米の調香師やワインテイスターをエキスパートに変える訓練のひとつは、「匂いの経験を言語化する必要」を教えこむことだと言われている。匂いの経験に言葉を与えるのだ。ワインも香水もともに、それ自身の専門用語をもつ。香水では「オリエンタル」や「フゼア」などだ。だが香水でもワインの分野でも、ひとりひとりが匂いを記憶し分類するための自分だけの語彙を作りだす。これを彼らはイマジネーションの試金石として役立たせる。匂いの区別や識別の能力だけでなく、その場に匂いが存在しなくても匂いを喚起できる能力を育むうえで、ここは重要なところなのだ。

マッツが言葉で描写する匂いの風景には、なじみのある物や子供のころの記憶がふんだんに現れる。花のノートのひとつ、イランイランは、彼からすればネッコ社のウェハースだ。ジャスミンは「暑い日のセントラルパークの馬たち」である。数時間にわたって、彼はゴム人形の頭、クレヨンの匂い、漆喰、地下室、ゴム手袋、ライオネル列車セット、濡れた紙、ニンジンを引き合いに出す。マッツの厳密さはわたしたちを圧倒する――彼にとって、花の匂いは花のようではなく、「花のそばを歩くときの空気のよう」なのだ。

匂いの感覚を記憶に呼び入れるのに言語が使われるように、他の感覚もまた役に立つ。部屋いっぱいの人びとに、ヘリオトロープの匂いの入ったボトルを渡す。紫色の夏の花だ。それから彼らに、その匂いを描写するのではなく、その匂いに形と色を与えるように言う。驚いたことに、ほとんど全員が答えるのは、黄色っぽいピンクか、それのバリエーションであり、形は丸かアーモンドだ。「フレッシュネス」の感じを与えるのに使われるアルデヒドC12は、しばしば「青」と「四角」の形として経験される。私たちは全員、こうした匂いの連想についての未開拓だが暗黙の知識を共有していろ。ただそれについて、めったに問われないだけなのだ。
二、三時間嗅いだあと、教室は匂いのモンスターのようになっている。何ものかの圧倒的な奔流がわたしの鼻を混乱させ、わたしはくしゃみをしたくなる。心理的なものだ。少しふらつきを覚え始める。匂いを嗅ぐというのは一種の「変化を検知する」システムだ。何も変わらなければ、そのシステムは自動停止する。だがもし新しい匂いがずっと配りつづけられたら（古い匂いのバリエーションであっても）、鼻は順応せず、無我夢中でそれに追いつこうとする。ボトルを開けるたびに、またもやわたしたちは、わずかな合図をとらえようとしている鼻のレセプター細胞を刺激しているのだ。

　教室を出る前、マッツは上手に嗅ぐためのアドバイスをくれる。「この夏にね」と彼は提案する。「いろいろなものをつまみ上げて、指でひねってごらん」――一種の手っとりばやい匂いの抽出作業だ――「それから嗅ぐんだよ」。

　わたしはマッツのアドバイスの上を行くことに決める。物を鼻に持ってくるだけでなく、鼻を物のところに持っていくのだ。またもやわたしは歩道にかがみこみ、木々に体をすりよせ、それを嗅ぐ。動物トラッキングハンドブックのアドバイスに従って、自分の匂いの感覚を「調整」してみる。歩くペースを変え、方向を変え、座標を変える（鼻の高さとかかとの高さとで嗅ぐのだ）。「ゆっくり歩くこと」ハンドブックはこう続ける――「一〇歩ごとに、あるいは新しい匂いをとらえるたびに止まる、これをほぼ一〇分間やります」。それもふつうに嗅（スニッフ）ぐのと、犬のように嗅（スニッフ）ぐのをかわるがわるする。わたしはこのアドバイスに従った。

　こうした習慣を阻止するつもりか、あるいはたぶん助長するために、ある日、夫がわたしに大きな包みを手渡す。

　箱は、高級ワインの買い手にアピールしそうなデザインだ。重厚で堅牢な造りで、LE NEZ DU VIN（ル・ネ・デュ・ヴァン〔嗅覚トレーニングキット〕）とある。外箱は、消防車の赤の布でクロース装が施されており、両側にはずれて別のケースが現れる。二重に謎めかしているわけだ。中のケースは本のように広げられる。中には小さな直方体のボトルが五四個、サイズに合ったくぼみにひとつずつぴったりはまっている。どのボトルにも神秘的な液体が入っている。完全に透明なのもあれば、琥珀(こはく)色や、怖いくらい暗い湖面の色もある。

　ボトル入りワインノート(香り)の箱は、慎重に扱う必要がある。最初の日、奇妙な匂いのボトルの前にすわったわたしは、両手をこすり合わせる。こんなのは本当に興奮したときしかやらない。ああ、わたしを待っているこの匂いたち！　その瞬間、わたしは動きを止める。すでに匂いがあるではないか。甘ったるくて強い匂いだ。その匂いはわたしから出ている。わたしのシャツだ。乾燥機から出てきたばかりのシャツ。大失敗だ。今のわたしは麝香とラベンダーの香りに浸されて、「清潔な洗濯物」の匂いがしている。わたしはシャツを脱ぎ、前の日に着ていた（そして外気に触れていた）シャツに着替える。それからもう一度最初からやりはじめる。

　わたしは最初のボトルを開け、勇気を出して鼻に持っていく。まず左の鼻孔だ……嗅ぐ。つぎに右の鼻孔だ……嗅ぐ。すぐさまレモンが浮かぶ。香りのノートカードで正解をチェックし、満足して次のボトルに移る。ボトル№.2もまた、柑橘系の匂いだ。オレンジと言いかけて、思い直す。そうじゃない。グレープフルーツだ。もう一度嗅いでみる。オーケイ。グレープフルーツのイメージが頭の中に浮かぶ。手にはグレープフルーツの重さが感じられる。そして親指の爪を突きさしたときの果皮の厚さも。

続けているわたしに、ときおり夫や犬も加わる。ふたりとも熱心だ。犬のフィネガンのほうはボトルの前で我慢強く待ち、わたしがそれを差しだすと、プロのように検査を始める。おかしいかもしれないが、彼はほんとうに頭を悩ましているように見える。彼はわたしに視線を投げ、それからまた嗅ぎ、最後は息を吐きだして、ボトルを一音のリコーダーのように鳴らす。

最初に「レモン」で成功したものの、あとはそれほどでもない。あり得ないことだが、わたしは「トースト」を「バニラ」と間違える。「桃」は「メロン」と混同してしまうし、どんなベリーも(六種類ある)、「キャンディ」としか匂わない。「サフラン」と「サンザシ」は、わたしの感覚記憶に何のベルも鳴らさない。「スモーク」は楽勝だったが、その一方で「レザー」と「バター」には苦戦を強いられる。ふだんからよく聞く言葉がここでも使われる——「この匂い、なんだっけ。知っているんだけど名前が出てこない」。

プロの嗅ぎ手にとって、匂いの名前を当てるのはそれ自体ゴールではなく、たんにつぎなる理解への一段階にすぎない。だがわたしの新米の鼻に名前は必要だ。そのうちにわたしは新しい戦略を考えだした。例の匂いの研究に参加していたときに学んだやり方だ。記憶の探索にイメージマッチングを役立たせるのである。匂いを識別するとき、重要なのは状況(コンテキスト)だ。「リンゴ」の匂いを果樹園で識別するのは、温泉でやるよりもはるかに簡単である。わたしは視覚のイマジネーションを上手に使ってみることにした。嗅ぎながら、目を閉じ、つぎつぎとイメージが心の目に現れるように呪文をかける。どこからともなく現れてくるそうしたイメージは、意識のコントロールからはずれた幻想だ。陶製のシンク、肩に霜が降りて光っているウールのジャケット、教室の鉛筆削り。そのなかで見込みがありそうだと思えるものをズームしていく。ふむ、小さな木だ。葉はすっかり落ちている。わたしはそのイメージにしがみつき、果たしてそれが、わたしの鼻を軽やかにのぼっていく匂いとマッチするかどうかをチェックする。これではないな。別の木に変えよう。それを抱きとめ、嗅いで……このくりかえしだ。

やがてわたしは「パイン材」まで進む。ごく一般的なマツ科の木のイメージがわたしの頭の中にゆらめく。No.35の匂いとぴったりだ。わかってみると、なあんだという感じ。へたな洒落(しゃれ)のオチみたい。

こうしてわたしの練習が始まる。一種の匂いの内省だ。何か月にもわたってわたしは磨きをかける。わたしは一日をコーヒーで始めるのが好きだが、レイ・マッツに言われてこの習慣をやめることにする。またはコーヒーを飲んだあとだいぶ時間をおいてから練習を始める。朝起きて、水を一杯飲み、すわって嗅ぐのが理想的だが、胃袋が文句を言うことが多いし、犬が散歩をせがんでわたしを舐めたり、息子が早く起きてきたりする。そうなれば練習はあとまわしにしなくてはならない。これは少々やりにくい。なぜなら、一日が始まればわたしの顔のまわりは匂いでいっぱいになるからだ。

わたしの髪からは香り入りのシャンプーの匂いがする。香りが髪の毛にからまり、オイルが毛幹をつかんでいる（この理由からマッツは香水を手首に軽くたたくよりも、髪の毛につけるのを勧める）。お気に入りのモイスチャーローションに入っているハワイアンサンタンオイルの匂いが少しだけ顔に残っている。ハンドソープはものすごく匂う。手を鼻に持っていくたびに、その匂いがたちのぼる。公共の場所にあるトイレソープはわたしを悩ませ始める。トイレのバイ菌から手を守ろうとして、わたしたちはなんてひどい悪臭を塗りたくっているのだろう？　口に入れるものは一切禁止だ。味覚はほとんど匂いだから、一時間前に食べたローズマリーブレッドにしろ、キュウリやピーナッツにしろ、口に残る匂いは、ボトルからたちのぼる微量の匂いを嗅ぐのに大きな障害となる。

鼻が詰まっていたらもちろん失格だ。寒いだけでも、わたしの鼻は匂いに集中するのが難しくなる。暖かくて頭が冴えているときでさえ、嗅げる時間は短くなる。わたしたちの鼻は簡単に発火し、あまりにも多くの刺激で簡単に閉じてしまう。トレーニングによって少なくとも鼻の疲れはなくせるのではないか——そうわたしは願った。

ボックスの中のボトルを全部やり終え、どの匂いにも馴染みになったあとは、匂いをグループ別に識別する練習に入る。動物系、植物系、トースト系。わたしは同じ匂いグループからの三、四個のボトルと一緒にすわり、適当にシャッフルしてから、ひとつずつ当てずっぽうに識別する。鼻が疲れると、マッツの真似をする。着ているシャツの袖、肘のところを嗅ぐのだ。このように匂いを嗅ぐ作業を中断して自分の匂いを嗅ぐのは、まぶしい光を見つめたあとまばたきして視力を回復するのとおそらく同じような効きめがあるのだろう。

オレンジとグレープフルーツの区別がどうもうまくいかないのをなんとかしようと、わたしはキッチンに入り、グレープフルーツとオレンジを取りだして、それぞれを顔に近づける。驚いたことに、実際のグレープフルーツの香りはオレンジよりも「柑橘系」なのだ。これまでわたしはずっとオレンジが柑橘類の代表選手と思っていたのだが、そうではなかった。桃とアプリコットも同じように混乱しやすい。このふたつはわたしがもっとも好きな果物だし、口に入れればまったく違うにもかかわらず、その違いをきちんと嗅ぐことはできない。

匂いというものがもつこの不可思議さにわたしが心の底から思い至ったのは、まさにこのときだった。どの果物もごくありふれているし、もっとも単純な匂いのひとつだ。これまでわたしは、たくさんのオレンジやグレープフルーツ、桃、それにアプリコットを食べてきた。スキッとした刺激的な匂いと味が大好きなのだ。それなのに区別がつかないというのは、これまで本当にはこれらの果物の匂いを気にとめていなかったということなのだろうか？　これほど派手な匂いだというのに？

いや、違う。どうやらわたしは「食べる」人生を過ごしながら、同時に食べ物の匂いの微妙な違いに注意を払わないよう、自分を訓練してきたようなのだ。わたしが食べたオレンジは、たしかにみんなオレンジの味がした。まして今、自分がグレープフルーツを食べていないことを確認する必要もなかった——逆もしかりだ。食べていて口の中でその違いがわかったし、実際に違ったものとしてそれぞれを楽しんだ。だがわたしはそれが「柑橘類」だということ以外、何も気づこうとしなかった。無精もいいところだ。それでわたしの柑橘類たちはお互いの中に埋没してしまったのである。子供たちが自然に気づくこと（グレープフルーツをオレンジのかわりに与えたときの子供の反応でわかる）を、わたしは訓練によって捨て去った。わたしは成長して「気づくこと」から脱け出したのだ。

英語圏では多くの人がわたしと同じ問題をもつ。わたしの鼻ではレモンはたしかに「レモン」だったが、ある比較文化研究では、英語圏の被験者は切り離された状況で嗅いだレモンの匂いを、「空気清浄剤」、「ベリー」、「マジックペン」、「柑橘類」、「飴玉」、「何かの果物」だと感じた。もっともひどかったのは、「レモンフレッシュプレッジ（ジョンソン社の家具用ワックス）」だった。ある人たちにとっては、レモンフレッシュプレッジは、正真正銘のレモンよりも生き生きした匂いの記憶なのだ。

こうした被験者たちが匂いについて感じる曖昧さは、匂いに敏感なマレー半島のジャハイ族の正確さとは対照的である。レモン、テレピン油、タマネギ、シナモン、そのほか研究者が提示したいくつかの匂いについては、英語圏の被験者ほどよく知っているわけではなかったが、そうした匂いを区別するとなると、彼らのほうがはるかに上だった。

柑橘類を確実に区別できるようになるのに数日かかる。今のわたしは、素敵なパーティの余興のようにそれをやってのけられる。もちろん最初から楽にできる人はたくさんいるだろう。匂いの存在を検知する能力には大きな個人差がある。匂いを見分ける能力も同じようにひとりひとり違う。だが前者がわたしたちのゲノムと関係しているのに対して、匂いを見分ける能力はそれぞれの生活と関係してくる。わたしの場合、嫌いな匂いを見分けるのは最初から上手だった――アーモンド、スモーク、甘草（リコリス）。どうやら、匂いに対するわたしの注意は好きでない匂いをつきとめるほうに向けられているようだ。

ルネ・デュ・ヴァンの箱そのものは、あれだけのボトルが入っているため、ものすごくごちゃごちゃした匂いである。だれひとりこんなのは飲みたいと思わないだろう。快い匂い同士を混ぜても足し算にはならない。和は部分を減らす。これがその証拠だ。ある朝、アーモンド、クルミ、桃、アプリコット、チェリー、プルーンを比較したあと、戻ってみると部屋全体がプルーンの匂いがしていた。わたしはフィネガンと外に出る。風のせいで、強く押さないと網戸が開けられない。彼は鼻を上げて通りすぎる空気に注意を向ける。わたしは匂いを嗅ぐ……プルーンだ。わたしはプルーンのノーズワーム（匂いのもとがそこになくてもずっと匂い続ける症状）に罹ってしまったようだ。この匂いは一時間のあいだわたしから離れなかった。これまで鼻へのチャレンジを続け、しまいには一度に九つの匂い――ヒマラヤスギ、バラ、ピーマン、タイム、バニラ、干し草、アカシア、キャラメル、バナナ！――を選り分け、最後には五四個の匂い全部を識別できたけれども、ときおりのノーズワームや、あるいは常軌を逸した幻嗅（実際には存在しない匂いを知覚すること）には、ますます罹りやすくなっていく。だがわたしは気にしない。それは障害というより、匂いへの感受性が強くなっている証拠なのだから。慢性幻嗅もしくは異嗅症（実際には何も臭いがないのに嫌な臭いがする状態）は、これほど生やさしいものではない。このふたつの症状は、しばしば精神病患者や、頭部外傷を負った人びとに現れる。しかも素敵なプルーンの匂いなどではなく、強烈で吐き気を催すような匂いとか腐ったような匂いの形をとって現れることが多いのだ。

数か月後、わたしは頭の中に匂いのライブラリを作っていた。匂いの識別に確実に役立つはずの、自分専用のメモつきである。プルーン＝乾燥バニラビーンズ。アプリコット＝桃よりも甘ったるい。チェリー＝咳止めシロップ。ウォールナット＝ドライアーモンド。「リーズ（ワインの槽の底の発酵による沈殿物）」＝「ワイン」の匂い。スミレ＝砂糖をまぶした小さい飴玉、装飾的な蓋のついた錫の楕円形容器に入っているやつ。ピーマン＝「緑」。わたしはルネ・デュ・ヴァンのエキスパートになった。

11　ノーズワーク――嗅いで探す

一月のある日、わたしは犬たちのうち一匹だけを連れて出た。フィネガンだ。この犬はどこにでも鼻をつっこみ、人のポケットや郵便小包に鼻づらを深く入れてはフンフン嗅ぐ。珍しく一匹だけ連れていってもらえるので、フィンは大喜びだった。彼は車にすっとんでいき、中に跳びこんだ。町から出るラッシュアワーの渋滞に入ると、フィンの表情は憂鬱そうになった。どこに行くのか教えてあげられないのが残念だ。これから先、フィンにとってとりわけお気に入りの場所になるはずの所なのに。

トリュフ犬、病気検知犬、糞検知犬などをはじめ、さまざまな仕事犬は、訓練した犬の鼻の凄さを実証している。それでは、たった今あなたの足もとで寝そべっている犬の鼻はどうなのだろう。

たくさんの愛情を与えられ、たくさんの食べものを与えられ、いっぱい可愛がられているコンパニオンドッグの鼻は？　たしかに散歩の途中、フィネガンは落ちているパンのかけらを嗅ぎだすし、会う人たちのうちで「ポケットに犬のおやつを入れていていたことがある」人と、そうでない人とをたちまち区別する。だがもしフィンの鼻が本物のテストを受けることになったら、どうなるだろうとわたしは思った。

わたしは研究室の仲間と一緒に、飼い犬のためにそうしたテストを作り上げた。最初はシンプルに数量テストから始める。すべての飼い主が知っていることだが（研究でも確認ずみ）、犬はホットドッグ一個と五個を簡単に区別する。ふたつの皿のどちらかを選べと言われたら、もちろん五個のほうを選ぶ。一個しか載っていない皿のところに行って満足して尻尾を振って立ち去るような犬はめったにいない。犬は十分に良い視力をもっている。だが犬のような鼻をもった生きものならば、たとえ皿が覆われていても、目で見るように、あるいはもっと上手にわかるはずだ。犬は嗅覚だけを使って中身をちゃんと識別できるのだ。

ある日の昼下がり、ホットドッグを嗅いで食べることに同意した六四匹の腹を空かした犬と、その飼い主が、実験場に現れた。どの犬も、最初、実験者が調べるよう提示した（カバーのかかったホットドッグの皿に、大きな興味を示した。そのあと、実験者は皿を置き、犬は放された。自由に選んだ皿に近づけるのだ。匂いだけが手がかりのこの実験で、犬たちはわたしが期待していなかったことをした。彼らはでたらめに選んだのである。提示されたときには五つのホットドッグが載った皿のほうをたくさん嗅いでいたにもかかわらず、つぎにその皿を見つけようとして鼻を使うことはなかった。

犬は彼らの鼻を失いつつある。別のリサーチでは、飼い犬がみずからの能力である嗅覚を使わないばかりではなく、自分が匂いを嗅ぐ存在であること自体忘れつつあるという、奇妙で、また心配な状況が裏づけられた。人間に決められた視覚の世界に生きている犬たちにとって、家の中の匂いに注意を払うのは無意味である。ペットの犬たちは匂いで世界を探っていくことはない。わざわざ餌を嗅ぎださなくても、一日に一回か二回、ボウルに山盛りのフードが手に入るのだから。飼い主に散歩に連れだされた犬たちは歩道を嗅いではいけないと言われる。街灯も、他の犬の尻さえ嗅ぐのは許されない。飼い主が無関心か、時間がないか、それとも怖気をふるっているためだ。わたしたちは言葉で犬に話しかけ、手で彼に指示する。だがめったに犬に匂いを与えない――犬が学習し、それによって生きていくための匂いを。こうしてペットの犬が自分たちの鼻を休眠させつつあるという悲しい結果が生まれたのである。

だがこれは簡単に変えることができる。わたしはフィンを見る。散歩のあいだ、彼はわたしにリードされるのを待っている。そしてわたしはそれを変えることに決める。

●
●
●

ポートチェスター・オビディエンストレーニング・クラブのビルは、インターステートハイウェイの下にほとんどもぐりこんでいて、ハイウェイからの騒音とトラックが落とす瓦礫に囲まれている。だがフィンをはじめ、建物のガラスのドアの前に集まっている他の犬にとって、もっと興味があるのはそこの目玉ポイントだ。ゴミや埃で黒ずんだ凍った雪の山にはたくさんの足跡が残り、ほとんど文字が読めない者たちの書いた黄色い文字で落書きされている。飼い主のポケットから落ちたのだろう、ビスケットのかけらが点々と散らばっている。

階段には黄色い犬の足跡模様が貼られていて、教室までの道案内になっている。階段の上にいるのはジョージ・バーガーだ。わたしたちのコーチで、ポートチェスター・クラブの今の校長である。彼は丁寧にわたしたちに挨拶する。かすかな微笑が髭を生やした頬に浮かぶ。フリースのベストにカーキ色のズボン、実用的な靴を履いている。彼の背後には大きな明るい部屋がある。ほとんど空っぽで、わずかなテーブルと椅子、そしてアジリティコースの障害物が壁の三方に押しつけられている。四番目の壁にはケージが並んでいて、そのうちの五つには犬が入っている。飼い主たちは近くでばらばらにすわって、おしゃべりをしたり、自分の犬をのぞきこんだりしている。

「ゲームは、もちろんノーズワークです」とパーカーが口を開く。「このゲームでは、犬の最大の能力である嗅覚が使われます」。犬のトレーナーでたくさんの本を書いているトゥーリッド・ルガースが「チャンネルノーズ」と呼んでいるものだ。

わたしたちはこの明るい空っぽの部屋に入る。ここでフィンは心おきなく匂いを嗅ぐことになる。「ノーズワーク」というスポーツは、仕事犬のする「仕事」をゲームに仕立てている。鼻だけを使って、隠されたもの――「ハイド」――を見つけるのである。犬は準備なしでこれにとりかかり、トライアルにのぞみ、問題を解決しなくてはならない。フィンにはこれまでにもすすんで鼻を使わせ、楽しませてきた。木の幹や建物のコーナーで何分も一緒に過ごしたし、わたしの顔は彼の測量用の鼻づらでくまなく調べられていた（はずだ）。素敵そうな匂いに鼻を突きだそうとするたびにぐいと引っ張られてきた犬たちにくらべて、この意味でフィンにはアドバンテージがある。フィンの鼻は嗅ぐ準備が整っている。だが、まだ調整されてはいない。ノーズワークは調整なのである。これからフィンが学ばなくてはならないのはこうだ。鼻を――そして鼻だけを――使うならば（見るものをたどるのではなく、あるいはわたしの指をたどるのではなく）、隠された宝を見つけ、とても素敵なご褒美を手に入れられる（たとえばサーモンとチーズのおやつなど）。

バーガーはそこにいる飼い主たちに、この「ノーズワーク」（こう呼ばれてはいるが、はっきり言って「ノーズゲーム」である）のスローガンを静かに述べる。第一に、リーダーは犬である。ふつうペットの犬に期待されているのは、何をすべきか、いつすべきか（あるいはいつ何もしないでいるか）について飼い主に従うことだが、ここではわたしたちが犬に従うことが期待される。「犬たちには、わたしやあなたの行動はすべてでたらめで、だから無視していいと学んでもらいたいのです」とバーガーは言う。眉毛が五ミリほど静かに上がる。その眉毛が言いたいのはこうだ――ノーズワークでは、ハイドがどこにあるか、犬は自分だけで発見しなくてはならない。

第二に、犬にはモチベーションを与えなくてはならない。最初は、何より好きな食べ物のご褒美を見つけることが動機づけになる。その褒美を手に入れるために、犬は口に入っていたものを――あるいは心にあるものを――何もかも落として、突進するだろう。つぎのモチベーションはおやつからお気に入りのオモチャへと変わる。その犬がいつもくわえたがっているもの。あるいは検知犬のように引っ張りっこゲームかもしれない。いずれにしろ毎回犬は、鼻を使えば、何か信じられないくらい素敵なことが起こるのを知る必要がある。

第三に、ゲームのたびに、犬はハイドを見つけなくてはならない。慣れるまで、飼い主は犬が成功するように助けていく。犬たちが自力でハイドを見つけられるような状況を作り上げていくのだ。あきらめて飼い主を頼むように見つめれば結局は食べ物がもらえると、犬が学んでしまわないようにしなくてはならない。

これらはまさに検知犬トレーニングの原則である——自立、モチベーション、成功。実際、ノーズワークは、検知犬トレーニングをモデルにしている。野心的な飼い主にとって、ノーズワークは、さまざまなレベルの競技からなるトライアルスポーツになっている。麻薬検知犬が容器を探すのとまったく同じように、ノーズワーク犬はまず、二ダースほどの蓋をした段ボール箱のうち、ひとつに隠された匂いを見つけるように学ぶ。爆破物検知犬が国境や空港で通行人を調べるように、エリートのノーズワークチームは野外の競技場や車の周辺で匂いを探す。

探知犬を観察するのは心躍る経験だったが、このスポーツも同じである。これがスリリングなのは、犬がその家畜化という衣のいくぶんかを脱ぎすてていく姿が見られるからだ。探知犬トレーニングやノーズワークは、犬の祖先が本来モチベーションと自立性をもったハンターであったことを、犬自身に——あるいはわたしたちに——思い出させてくれる。家畜化によって犬は、良い「ソファ犬」になることができたが、それと同時にその本能的な衝動のいくらかを追求しなくなったのである。

このノーズワークが訓練しないもの、それは匂いを嗅ぐ犬の鼻である。鼻はそのままで完全だ。必要なのはただ、それを目ざめさせることである。

ポートチェスターで、わたしたちは六人からなる小さなグループを作った。すぐにわかったのは、犬が本来もっているはずの鼻に従う能力を、これまでいかに飼い主が知らずに制約してきたかということだった。ある犬は飼い主がじっとしていると、動かずに立ったままだ。顎の垂れたその顔には、ぼく、まったくわからないよという完璧な表情が浮かんでいる。彼は飼い主の指示なしではまったく何もしない。状況によっては、「行儀のよい犬」に見えるかもしれない。だが、ここでそれを見るのは心痛む光景だ。その犬には内なるモチベーションが何もなく、追跡しようという意欲もなければ、犬らしくありたいというどんな野望もない。もう一匹の犬は、飼い主の前を歩くのを嫌がっている。とてもお利口で協力的で、リードを持つ飼い主のかたわらをいつもついて歩き、決して先に出ようとしない。今、犬と人は呆然と立ちすくんだままだ。三番目の犬もそうだ。この犬の場合、ここではテーブルに跳び上がって、見つけた良い匂いのする食べ物をくわえてもいいのだと学ぶまでには、何週間もかかるだろう。ダイニングテーブルや台所のカウンターの上（犬の高さによる）に残された食べ物に鼻をつっこむ犬のこの行動は、いくつかのサークルではカウンターサーフィンと呼ばれ、行儀のよい飼い主や行儀のよい犬たちから顔をしかめられている。

実際、しつけの行き届いた従順な犬はみんな、ここでは何かを克服しなくてはならない。ノーズワークにとって、従順は「まったく不必要だ」と、あるトレーナーは言う。匂いを追跡するとき、「多くの場合、従順であることは邪魔だ」と言うトレーナーさえいる。もし犬が四六時中、飼い主が自分に何をさせたいのか気にしてばかりいたら——もし犬の関心がいつ「飼い主のあとにつく」か、あるいはいつ「すわる」かに限られていたら——その犬は犬らしさのもつある部分を失ったことになる。

ありがたいことにフィネガンはしつけの行き届いた犬ではなかった。わが家の二匹の犬のうちでは人間の環境に順応しているし、曲がりなりにもわたしの言うことをよく聞く。それでも彼はわたしたちの家で「犬であること」を認められており、鼻をわたしたちのバッグにつっこんで匂いを嗅ぐことも許されている——今までどこに行っていたの？ 何を持ってきてくれたの？ ある意味でこれは、だれかのスーツケースに隠されたチーズのかけらを見つけるのに、信じられないほど役に立つはずだ——万が一そんな事態があなたの人生で起こるならばだが。

ノーズワークの第一段階は、たんに犬に可能性を教えてやることに尽きる。飼い主と一緒にある空間に入れば、嗅ぎたいところはどこでも嗅げて、その結果とても素敵なご褒美が見つかるかもしれないという可能性だ。わたしたちの小さなグループでも、これは犬たちにとって素晴らしく心を酔わせる飛躍だった。数ラウンドしたあと、ケージの中の犬たちは、次の番を待ちきれずに興奮して鳴き声をあげている。

取りはずせるゲートで仕切られた床の一画に、軽そうな白い箱が散らばって置かれる。「簡単に壊されそうね」。ひどくエネルギッシュなピットミックステリアの飼い主が心配する。いよいよ競技場(アリーナ)でのフィンの最初のツアーだ。バーガーはわたしから二、三個おやつを受け取り、箱の中に見えるように置き、おまけに箱を揺すり、それからそれを床に下ろす。フィンはまっすぐにその箱に向かう。この「発見」に対して、わたしは彼にご褒美としてさらにまたおやつをたっぷりあげる。今は少しやりすぎに思えるが、狙いは最終的にフィンが自分から前に走りだして、自力でハイドを見つけることにある――そしてわたしが追いつくまでそこにステイすることだ（おやつを食べながら）。

他の犬たちの番が終わり、またフィンの番が来る。今回のハイドは少しわかりにくくされている。わたしはフィンに「見つけて！」と言う。フィンは出発するがまっすぐハイドを見つけようとはしない。そのかわり、前のクラスの犬たちが床に残したおやつのかけらを掃除する。「捜索を続けているのはいいことですよ」と、バーガーが説明する。それを「捜索」と呼べるかどうかわからないが、とりあえずフィンが掃除をすませるのを待つ。とても長くかかる床掃除のあと、フィンはハイドまでやってくる。彼がお月様を発見したかのように、わたしたちはみな拍手する。

そのあと六回のラウンドでも、フィンは彼のウェットクリーニングを続けるが、それもどんどん少なくなってくる。その足どりが変わる。もはや何気なくぶらぶら歩いたりせずに、散らばっている箱に向かって飛んでいく。セッションの終わりごろになると、フィンは自分の番を待つあいだ、ケージの中で立ったまま他の犬たちがやっているのをじっと見ている。車で家に帰る途中、フィンはシートを傾け、三日月のように丸くなって眠りに落ちる。

一週間後の予約の日、わたしはフィネガンにリードをつけ、車に向かう。ノーズワークの教室までの長い通勤だ。「ノーズワークに行くよ」。わたしの言葉を聞いたフィンは、猛烈な勢いで夢中になって通りを突進する。解剖学的に不可能なのはわかっているが、目がまるで円盤のように広がって見える。耳は頭の後ろにぴったりとついている。できるだけ早く着こうと流線形にしているみたいだ。

今週は、ハイドに新しいひねりが加わる。アコーディオンフェンスで仕切られた競技場が、前より広くなっている。実際、この日から毎回ゲームは少しずつ変えられる。これがバーガーの言う、犬のために「世界を広げる」やり方なのだ。ある回では、犬は「世界はかならずしも箱であるとはかぎらない」ことが教えられる。ハイドはバスケットや卵ケース、バケツ、シートの下などに置かれている。犬は前置詞を学ぶ。ハイドは上に、下に、そして中に入れられることがある。

またある日、世界は「仕掛け(トリッキー)でいっぱい」になる。床に散らばった箱には、期待に反してハイドは入っていない。実際にハイドがある場所から気をそらすために置かれているだけだ。ハイドは壁際に、あるいははっきり見える場所に置かれている。部屋の隅に置かれることもある。バーガーが言う。「犬は隅を嫌うんですよ、だいたいはね」。心の中でわたしは、これまで犬が部屋の隅に向かうのを見たことがあるかどうか考えてみる。思いだせない。どうやら「コーナーぎりぎりを突く」というのは、典型的なハンティング衝動には含まれていないようだ。

何回か、犬たちが出会う世界は「問題をもつ」。ハイドが長いプラスチックのチューブに入れられているが、開口部が小さすぎて頭を入れることができない。あるときはまた、ハイドはジッパーの閉まったスーツケースに入っている。ときにはハイドは犬たちと一緒に順番を待っている飼い主の近くにある。飼い主たちは、犬に耳の後ろをやさしく掻いてくれと頼まれても、無表情のままだ(飼い主のそばにハイドを置くことについて、バーガーは言う。「ここのインストラクターのなかにはやらない人もいますよ。飼い主は一切対象外でなくてはならないというわけでね。でもわたしは思うんですよ、何でも対象になるってね」)。

ある日、「世界はここだけじゃない」――バーガーが地面を指しながら言う。「ここもそう」。頭の高さのところで空気をかきまわしながら彼は言う。ハイドは椅子の上や積み上げられた箱の上に置かれる。あとになるとカップに入れて壁に釘で止め、あるいは窓敷居に置いたりする。

最初はどの犬も、高い所に置かれたハイドに立ち往生する。フィンはハイドのそばを通りすぎてしまうが、通りすぎた直後、頭をぐいと後ろに向ける。ほんの一拍置いてから、モーターのように振った尻尾で勢いをつけて、ようやくハイドを積み重なった箱の上から取る。そのあとは椅子の上に隠されたハイドをやすやすと見つけ、椅子の後ろから頭をつっこんでシートの上のハイドをくわえる（家に小さい子がいるせいで教えこまれた行動か）。まもなくわたしたち全員の目に、犬たちが突然高いところに置かれたハイドを嗅ぎとる瞬間が見えてくる。その場所を通りすぎるとき、鼻孔が斜め上に向くのだ。小さな鼻の犬種では頭をかしげ、体を緊張させる。歩き方もまた変わる。漫然とではなく、目的をもった跳びはねるような歩き方だ。

最終的には、隠される匂いがおやつではなく、「ニュートラル」な匂いとなる。犬が好きでも嫌いでもないものだ。バーチやアニス、もしくはクローブなどのエッセンシャルオイルだ。途中で他の変化もどんどん導入される。野外に出て木や草の間で探す。暑い日、はあはあと舌を出しながらも探す。パンティングしているときは匂いを嗅ぐのが難しいのだ。風に逆らって匂いを探すこともある。

「ノーズドッグ（鼻の利く犬）」というと、ふつうはブラッドハウンドやビーグル、またその近縁種が頭に浮かぶが、じつはノーズワークのうれしいところは、やれる犬の種類がきわめて幅広いことである。ノーズワークのクラスやトライアルで見る犬たちのたぶん四分の一が雑種だろう。それ以外にもチワワやシュナウザー、あるいはまた思いもよらないような犬種がたくさんいる。警察関係の検知犬は、ラブラドールレトリバー、ジャーマンシェパード、ベルジアンマリノワが多いが、これらの犬種はわたしたちのクラスには一匹もいない。そのかわりに長い耳をした一〇キロの雑種犬から、なめらかな長毛のレトリバー、四〇キロを超えそうな筋肉質のピットミックスまで種々雑多だ。どの犬もゲームをやってのける。彼らのノーズワーク・スタイルは、見た目と同じように雑多である。あるボーダーテリアは、慎重だが活発な歩調で時計回りに出発するのが習慣だ。一方、例の長い耳の雑種犬は、ゲームのあいだじゅうとてものんびりしていて、穏やかなスニッフと、飼い主に探るような視線を向けるのを交互にやってのける。それと対照的にピットミックスはほとんど飼い主など眼中になく、ゲームに突入する。何匹かの犬は勇敢に箱やバッグに乗っかり、口にくわえ、あるいは押しのけて、問題を解く。ある日のこと彼はあまりにも熱中しすぎて、コーンを頭の上に載っけるはめになった。

親ばかは承知のうえだが、フィンは匂い嗅ぎのチャンピオンになりつつある。毎回彼は生き生きした楽しげな歩きっぷりで出発する。スペースの周辺をめぐり、中に向かい、コーナーや割れ目に鼻をつっこむ。聞こえてくるのは匂いを嗅ぐときの素敵な音だ。そのうちわたしには、フィンが何かを見つけたよとわたしに言っているのがわかるようになる。様子に微妙な変化が現れる。それが彼の「警告」だ。鼻で探るのが少しだけ長くなる。前足で床や空気を引っ掻く。実際に掘っているというより掘るふりをしている感じだ。フィンの捜索は徹底的である。ちっぽけなサーモンを、あるいはバーチの匂いを探しだすのを決してあきらめない。それがどこかに隠されているのを彼は知っているのだ。

これは人間の鼻をもったわたしにとっては奇跡としか思えない。フィンと一緒にリングをまわっていたあるとき、わたしは自分でもハイドを嗅ぎだそうとする。それはバーチだった。バーガーが隠す前に、わたしは容器を鼻に近づけて嗅いだ。最初の鋭いミントのノート（香調）がユーカリのような香りへと移っていく。わたしはバーガーが隠すところを見ていた——だからわたしの鼻のほうが有利なわけである。隠した場所は壁際に立てかけられた何個かの折りたたんだ椅子の間だ。フィンと一緒に椅子に近づきながら、わたしは鼻孔をそちらに向け、空気を吸いこむ。わたしの前を歩くフィンは鼻を地面につけて、マットの上にナメクジのような跡を残す。彼はハイドのそばを通りすぎる。わたしはまた空気を吸いこむ。こんなふうに犬用ジムの空気で鼻を洗うという無駄な努力を続けているわたしをよそ目に、フィンは歩くのをやめ、頭を高く上げる。椅子が寄せかけてある壁を嗅ぎ、それから鼻を下、上、下、とラインを描くように動かす……それから右へ。ハイドがあるところだ。わたしが匂いの風をとらえることもできないうちに、フィンはご褒美をがつがつ食べている。

何週間もノーズワークをしたあと、明らかになってきたのは、出される指示が決して犬のためだけではないということだった。では主・と・し・て犬に向けられているのかと言えばそうも言えない。指示はわたしたちに向けられているのだ。たしかに、犬はゲームを学習する必要がある。だが彼らはすぐにそれを理解し、難易度が上がるたびに着実にクリアしていく。トレーニングが必要なのは飼い主のほうだ。自分の犬が上手にやり遂げたのかどうかさえわかっていない。部屋の隅に置かれた閉じた箱の中に、ちっぽけなサーモンのかけらが隠され、すべての犬がその匂いをとらえるという驚異的な能力を披露する。それなのに飼い主は終わったあともまだ言っている――あの子、ほんとうに鼻を使ったのかしら？　偶然に見つけたんじゃないかしら？　ある日の午後、バーガーは飼い主のみんなに向かって、自分の犬でなく他の飼い主の犬と組んで捜索するように指示する。犬たちは少しとまどったような視線を投げたものの、みんな気軽に仕事に出発する。こうしてわたしたちは、憶測に邪魔されずに、自分の犬がやっていることを見ることになる。

犬は正真正銘、鼻を使ってハイドを見つけている。この事実を何よりもはっきり見せてくれるのが、次のクラスにいる目の見えないイエローラブの行動だ。彼は視覚によるランドマークを使うことができない。だから、本当に空気を嗅いでいるのだ。しばしば彼は障害物にぶつかる前に、匂いでそれがわかるようだ。この犬はいつもハイドを見つける。

困ったことはまだある。わたしたちには犬が何をしているのかわからないだけでなく、こちらに期待される役割を果たすのが難しいのだ。わたしたちの役割というのは、まあ言ってみれば、大体において邪魔にならないでいるということである。わたしたちに許されるのは犬のあとを歩き、犬が探すためのスペースを開けてやり、ハイドを見つけたときにだけ介入して褒美をあげることだ。この最後の行動は直感的にやれそうだが、じつはそうでもない。コースが終わったときでさえ、バーガーは参加したわたしたちに対して、犬を思いきり褒めてやるようにとくりかえす。成功したら撫でてやり、もっとおやつをあげ、言葉で褒めてやる。「これを全部やってください」と彼は言う。犬がそれを見つけたというのは「大したこと」なのだから。「報酬の質は結果の質と直接関わっている」と言うのは、ノルウェー出身のトレーナーであるアンヌ・リル・クヴァムである。「犬にちっぽけな食べ物をあげたとするでしょ」と彼女は言う。「それはオーケイと言うのと同じことよ」。まあいいんじゃない？　というわけだ。だが「もしもっといいものをあげたとしたら、それはこう言っているわけ――そのとおり！　よくやったね！」。

　もっと悪いことに、わたしたちはだます。いかさま賭博でもないのに、わたしたちは意図的に、自分さえもだます。バーガーがおやつを隠したところを見て、わたしは無意識にフィンをそのそばまで連れていくかもしれない。まわりで見ているわたしたちの目の前で、この光景は何十回も起こっている。それは計算されたというより、もっと微妙である。たとえば、犬があるエリアをぶらぶらしていると、飼い主は何気なく犬の体をハイドがある部分に向けるかもしれない。この手がかりは、犬に向かって拡声器でこう怒鳴っているようなものだ――「**そこに行くのよ！　そこにあるよ！！！**」あるいはまた、何もない場所だと知っているエリアに犬が走って行こうとしたとき、飼い主が動かなければ、リードから緊張が伝わる（犬にとっては**ストップ！**と怒鳴られるのと同じだ）。犬が歩みを遅くしても飼い主がかまわず歩き続けたら、犬はそれを動き続けろというサインと受けとる。犬の脇腹に触れるリードさえ、犬がこれから向かう方向に影響を与えかねない。匂いが隠された場所のすぐそばを犬が無邪気にのんびり歩いているときでも、飼い主の緊張はリードを通して犬に伝わる。検知犬のハンドラーの仕事は犬をリードするのではなく、犬に反応することだった。ここでもまた、飼い主に求められているのは、犬の舵を取るのではなく、犬に従うことなのである。完全に中立でいるのは難しい。氷のような厳しい表情を浮かべ、フィンの行くとおりに従い、「正しい」方向への誘導も手がかりも与えまいと決心していてさえ、わたしは自分の心がハイドに向かっているのを知っている。わたしの体もそれに従っているのではないだろうか。

ありがたいことに、これを防ぐのは簡単である。ブラインド・ハイドだ。ハイドを犬からも飼い主からも見られないようにするのである。このブラインド・ハイドをやりこなしたあとでは、どんなに疑い深い飼い主でも犬のパフォーマンスに確信をもつようになる。競技場に入ったら、飼い主は忠実に犬を観察し、その歩みに従い、犬がどこに向かってもそれには理由があるのを信じてあげなくてはならない。

自分が知らないことが喜びとなる、そんな場所がわたしの人生にあるとしたらまさにここだ。犬がわたしのために情報者になってくれているというのは大きな発見である。町でも田舎でも、散歩のあいだフィンが（今や）思う存分匂いを嗅いでいるのを見ていると、そのスニッフィングがこの小道に着く前に起こった物語を教えてくれていると思えてくる。土が掘りかえされている一連の足跡は、七面鳥の群れが歩き、また舞い降りたことを示している。小さな巣穴の中は毛がいっぱいだ。おそらくコヨーテの授乳用の巣穴だろう。町では、フィンが玄関の階段あたりの空気を調べている様子から、隣人と犬が散歩に出かけたかどうかがわかる。公園に行く途中で、彼らはここを通りすぎるのだ。

数か月後、すべての犬が変わった。最初は他の犬に吠えてばかりいたある犬は、今では彼らを無視して五ミリほどのチキンキューブを探す。他の犬たちもまた、何かを語るために飼い主に目を向けることを学んだ——頼んだり、指示をもらったり、あるいは鼻をテーブルに載せていいか、壁にそっとジャンプしていいかなど聞くためだけではなく。あるコリーのミックス犬は、地図製作者のようだ。まず外縁部を歩いてから、中を区画に分けて徹底的に調べる。そして調査を終えたとたん、匂いのある場所へと一直線に戻るのだ。どの犬も、捜索を前にすると自分の鼻を舐め始める。空気から匂いをつかみとるのに都合がよいからだ。フィンの鼻はほとんど潜望鏡みたいになる。匂いの海のほつれから上の空気を嗅いで、水平線上にあるハイドを見つけるのだ。まもなくわたしは、どんなちっぽけなおやつでも、フィンに見つからないように窓敷居に置くなど、とうていできないと悟る。途中で彼は歩みをゆるめ、空気をチェックし、鼻を鳴らし、それから急旋回し、音を立てて空気を吸いこみながら、匂いの出どころまで突進する。笑われるかもしれないが、そんな彼が、わたしはとても自慢だ。

わたし自身が見る光景も変わった。犬を通してわたしは、ふだんいる部屋の空気が動いているのを見る。壁に沿った「匂いの廊下」は見えない空気のトンネルとなり、通りすぎる空気は匂いを引き連れていく。そしてその匂いを嗅ぎつけた犬たちは、部屋のずっと向こうからハイドへと突進するのだ。天井の通風口は、空気を床へ、そして壁際へと押し流し、部屋の真ん中に小さな渦を作り出す。床の幅木にとりつけられたヒーターは、暖められた空気といっしょに匂いを壁に沿って押し上げる。空気の波がドアの下から流れこみ、外からの匂いで部屋を洗う。

家でもわたしたちはノーズワークゲームをやりはじめる。居間が競技場だ。アプトンは、ゲームを観察し、すぐにそれを習得する。二匹のスタイルは違っている。フィンは徹底的に捜索し、家のランドマーク（ソファ、ロッキングチェア、壁と床のあいだの幅木、本棚）をあますところなく調べる。アプトンはただぶらつきまわり、鼻を空中に突きだし、上がってくる匂いをとらえるようだ。それでも二匹とも自分たちのターゲットを見つける。

散歩のとき、わたしはフィンと一緒に別のノーズサーチゲームをやってみる。散歩の途中、わたしが落としたものを彼にひろわせるのだ。最初はフィンがとても大事にしているオレンジ色のボール、つぎは、犬のおやつの匂いがたっぷりついた手袋、それから鍵束だ。ある日、フィンはわたしのためにスケジュール帳を見つけてくれる。満足げな表情でそれを嗅ぎだしたのを見て、わたしはびっくりして彼を見つめる——彼がそれを見つけることができたというだけでなく、何を見つけるべきかを知っていたことに。ほかにあと、どれだけのことをおまえは知ってるの？

12　セカイノニオイ

何の匂いにせよ、何かの匂いをかぐということ、これは考えることそのものと非常によく似ている。

――ルイス・トマス『科学者の夜想』（沢田整訳、地人選書）

ここ何年か匂いについて考えて過ごしてきたことで、わたしの世界は変わった。これは大きな喜びだった。世界は匂う。もちろんいつだって匂っていた。パレットに並ぶ赤と緑の絵の具。その間で弾んでいる紫外線や赤外線が、ミツバチやピットバイパー（クサリヘビ）には見えても、わたしたちには見えないのと同じである。だがこれまでわたしは、わざわざ匂いに対して心を開くことはしてこなかった。

今のわたしが匂いのエキスパートになったと言っているわけではない。まして、匂いを嗅ぐたびにたえず記憶のはかない泡をふくらまして、プルースト風の経験を心に呼びだしているわけでもない。四〇年以上ものあいだ、わたしはカミングスの言うsmelloftheworld（セカイノニオイ）にことさら注意を払わないで生きてきた。それゆえあらためて呼びだせる記憶はわずかしかない。だが今のわたしは、そこらじゅうで匂いを嗅いでいる。恐れることなく、興味をもって、鼻をいろいろな物につっこむのだ。アイスクリームの中に渦を巻いて散らされた苦いコーヒー豆の匂い。雨のあとの公園のローム質の土の匂い。*マンションのエレベーターに乗ると、前に降りていった人が、新しい光沢のある雑誌を開いたことを知る。バスに乗っていると、だれかが手指消毒パッドで手を拭きたいという衝動に駆られたことがわかる。

車での夏の旅行は匂いがあってこそ完璧だ――ガソリン、刈った草、スイカズラ、温められたビニール、日焼け止め、暑さでまいった犬の息、そして濡れたサンダルの匂いが、開け放った窓から、あるいはフロアボードからふわっと上がる風でかきまぜられる。

最後にコロラドに出かけたとき、わたしは近づいてくる嵐の匂いを嗅いだ。父が亡くなったあと、子供のころ過ごした家の片づけに出かけたときのことだ。今わかるのだが、あの湿った新鮮な海の匂いは、嵐の風に乗って高いところから降りてきたオゾンの匂いだ。**それはまた、泳いだあと水から上がったときに嗅ぐ町の匂いでもある。それを嗅がないで過ごしてきた長いあいだ、沈黙してい

*ジェオスミンというバクテリアもしくは藍色細菌の代謝副産物。
**その「新鮮さ」ゆえに、かつてはオゾンが健康によいという根拠のない主張がなされていた。

たレセプターが、ここで、塩素！　と叫ぶ。

わたしは嗅ぐ――地下鉄でとなりにすわった男から漂うジンの匂いを。

わたしは嗅ぐ――公園の向こう側の腐った木片の山から漂う鼻を刺す匂いを。どうやら最近ひっくり返されたばかりらしい。

わたしは犬を連れた二人連れを見る。一秒後、その犬の糞の匂いを嗅ぐ。たったいまゴミ容器に捨てられたにちがいない。

目に入る前から、わたしは幼稚園のお絵かきルームの匂いを嗅ぐ。

本を開くたびにわたしは、その匂いを嗅ぐ。

わたしはクローブ入りの消毒軟膏の匂いを嗅ぐ。「歯医者！」とそれは叫ぶ。

旅行から帰ったとき、わたしは自分たちのアパートの匂いを嗅ぐ。ああ、住んでいない人にはこんなふうに匂うんだな――ここに犬が住んでいるのは簡単にわかる。

オフィスのドアが最後に開けられたのはいつか、わたしは鼻でつきとめる。

わたしの鼻は春の匂いをとらえる。秋のピリピリした中途半端な匂いを。冬にとらえられ、春になってようやく冬眠から開放されるその匂いを。

ある夏の日、わたしはジューシーなおいしい桃をレトロネーザル（後鼻腔性）嗅覚で嗅ぎ、ブラシでこすった歩道を歩きながら、悪臭を放つ下水管のしたたりと鋭い酢の匂いをオルソネーザル（前鼻腔性）嗅覚で嗅ぐ。

住んでいるマンションの中でブルーチーズを嗅ぎ、町の通りでマジックペンを嗅ぐ。セントラルパークのイーストサイドでキュウリの匂いを嗅ぎ、ウェストサイドではポットの中で紅茶の葉が開くのを嗅ぐ。

わたしは友人たちを嗅ぐ（みんなごめん、じつはわたし、あなたたちを嗅いでいたの）。偉大な同僚のオリバー・サックス博士がかつて描写したように、わたしの世界の中ではどの人も「匂いの顔」を持っている。とくに素敵（テリフィック）なわけでも恐ろしい（テリファイング）わけでもない。それはただ彼らから響いてくる。

冬の嵐のなかを家に入ってきたあと、わたしは指の上に濡れたウールの匂いを嗅ぐ。テイクアウトのカップを触ったあとはコーヒーの香りだ。

目がさめると、わたしはちょっと時間をとって、息子か夫——またはその両方——がまだ寝ているかどうかを嗅ぐ。家に戻ると、自分より前にだれが帰ってきているかを嗅ぐ。

たまの昼寝から起きると、わたしは一日のうちで今が何時かを嗅ぐ。

わたしは電車のそばで燃えたゴムの匂いを嗅ぐ。ブロンクスではモッツァレラの燻製を。森の中では温められた松葉を。

あとまた四〇年もしたら、わたしはこれらの匂いをふたたび訪ね、これらの日々に戻るだろう。幼い息子、壮年の夫、二匹の素晴らしい犬、そしてたまたま飼うことになった一匹の猫と一緒に暮らし、鼻から先に本につっこんで匂いを嗅いでいた今の日々に。

今わたしは匂いの夢を見る——愛する人びとの匂い、そしてわたしの無意識の脳によってこしらえられ、まだ嗅がれていない見知らぬ匂い。目ざめているときも、今のわたしは想像によって心の中の鼻に匂いを呼びよせることができる。もしいま一セント銅貨の匂いを考えたら……そら、出てきた、あの馴染みのある匂い。実際の銅と亜鉛の匂いではなく、「人びとが触った銅と亜鉛」の匂いだ。ラベンダーという文字（ラベンダー……ラベンダー……）を書けば、匂い袋に入れる乾燥したあのハーブの石鹸のような匂いを呼びだすことができる。わたしは父の机の写真を見る。すると机の内側のかすかに鋭い樹脂の匂いが、鉛筆の削りかすと手巻き用の刻んだタバコとまじりあってわたしを打つ——引き出しをずっと開けておいたかのように。

匂いはわたしたちより先に届き、わたしたちが去ったあともそこにとどまる。ある場所におけるわたしたちの存在はこのようにして広げられる。犬を観察したことで、わたしは知覚の次元を広げることができた。

最終的にわたしが学んだのは、ひたすら匂いに対して注意を払うことだった。そのためには言葉とイメージの連想を作ることだ。それによって心を匂いに固定し、記憶の一片にしまいこむのである。わたしが集めている言葉と映像の語彙のおかげで、わたしはいま感じているものをはっきりと把握できるばかりか、つぎに薔薇に鼻を近づけたときにはもっとよく嗅ぐことができる。だがある重要な点で、これはまさに「犬であること」の逆をいくものだ。わたしは、犬にはなくて人間にあるもの——言葉——を利用している。描写する言葉、わたしの経験についてくる言葉だ。わたしはフィンの経験を再現してはいない。

わたしにとって今、匂いは前よりもあたりまえなもののように思えるけれども（すぐそこにあって鼻で検知されるのを待っている）、匂いのもつ個人的な側面はますますわたしの心をとらえてやまない。たしかに匂いは川むこうから吹きよせ、あるいは外から開け放った窓を通して吹いてくるかもしれない。だが匂いの大部分は、そばで触れるくらいまで近づかなくては気づかれない。匂いはプライベートな感覚だ。わたしたちが文字どおり自分のそばに引きよせる人や物のために取っておかれる感覚なのだ。わたしの犬が嗅ぐように嗅ぐことで、わたしはもっと彼に近くなる。

今日——明日も、そして明後日も——わたしは二匹の犬を連れて外に出る。彼らがあてもなく嗅ぐのを、何かを探るために嗅ぐのを、コミュニケーションのために嗅ぐのを、そしてしつこく嗅ぐのを、わたしは観察する。犬たちが地面に鼻をつっこめば、わたしは立ち止まってそのままにさせておく。スリルが心を満たす。自分が今ここで起きていることの幾分かを知っていること、そしてまた本当のことは決してわからないだろうということ——このふたつの認識がわたしを興奮させる。

わたしは決して犬のように匂いを嗅ぐようにはならないだろう。わたしはそれを受けいれる。わたしにとってうれしいのは、犬が人間と違っていることであり、彼らが匂いを嗅ぐやり方——彼らの鼻そのもの——が違っているということだ。はるか昔、わたしたちが立ち上がり、歩き去り、忘れ去った世界のものいわぬ蒸留技術者たち、それが犬なのである。

情報源と参考文献

本書は、さまざまな人びととの会話、インタビュー、教室、さらには犬たちとともに、また、匂いについて考え、あるいは匂いの仕事をしている人びととともにした経験から、出来上がったものである。人間の協力者には、ジョナサン・ボール、ジョージ・バーガー、ジョン・ベクセンスタイン、ノア・チャーニー、ブレント・クレイブン、アンヌマリー・デアンジェロ、ボブ・ドウアティ、チャーリー・エイズマン、スチュアート・ファイアスタイン、サイモン・ガドボア、エイヴリー・ギルバート、リタ・ハーマン、パット・ケイナルー、レイモンド・マッツ、アラナ・マクギー、ケイト・マクリーン、シンディ・オットー、ジョージ・プレティ、クリスティン・ローゼンバッハ、レスリー・ヴォスホール、そしてサム・ワッサーが含まれる。

匂いに関する多くの本が、参考文献として、インスピレーションとして、またぱらぱらめくって調べるのに役立った。どの本もおすすめしたい。（※邦訳があるもののみ掲載した。）

アシモフ『人体の話――アシモフ選集 生物編 第2』寺田春水訳、共立出版、１９６９年（Asimov, I. 1963. *The human body: Its structure and operation*. Cambridge, MA: The Riverside Press.）

アッカーマン『感覚の博物誌』岩崎徹・原田大介訳、河出書房新社、１９９６年（Ackerman, D.

1990. *A natural history of the senses*. New York: Vintage Books.）

ウルフ『フラッシュ——或る伝記』出淵敬子訳、みすず書房、１９９３年（Woolf, V. 1933. *Flush: A biography*. New York: Harcourt Brace Jovanovich.）

オローク『楽しい地獄旅行——世界紛争地帯過激レポート』芝山幹郎訳、河出書房新社、１９９１年（O'Rourke, P. J. 1988. *Holidays in hell*. New York: Atlantic Monthly Press.）

ギルバート『匂いの人類学——鼻は知っている』勅使河原まゆみ訳、ランダムハウス講談社、２００９年（Gilbert, A. 2008. *What the nose knows: The science of scent in everyday life*. New York: Crown Publishers.）

ジェームズ『心理学』今田寛訳、岩波文庫、１９９２年（James, W. 1890. *The Principles of Psychology*, vol. 1. New York: Henry Holt & Co.）

ダール『魔女がいっぱい』清水達也他訳、評論社、２００６年（*The Witches*（p. 24）: 1983. London: Puffin; "Jack and the Beanstalk," from *Revolting rhymes*. 1982. New York: Alfred A. Knopf.）

ニーチェ『この人を見よ』西尾幹二訳、新潮文庫、２０１５年（Nietzsche, F. 1911/2004. *Ecce Homo*（p. 132）. A. M. Ludovici（transl）. Mineola, N. Y.: Dover.）

ハル『光と闇を越えて——失明についての一つの体験』松川成夫訳、新教出版社、１９９６年（Hull, J. M. 1990. *Touching the rock: An experience of blindness*. New York: Vintage Books.）

ファインマン『ご冗談でしょう、ファインマンさん』大貫昌子訳、岩波書店、２０００年（Feynman, R. P. 1985. "*Surely you're joking*, Mr. Feynman!"（pp. 105–106）. New York: W. W. Norton & Company. Found via Gilbert 2008.）

プリニウス『プリニウスの博物誌』中野定雄他訳、雄山閣、２０１２年（1855. *The natural history of Pliny*, vol. 2.（Book VII, p. 314）. Bostock, J., and H. J. Riley（transl）. London: Henry G. Bohn.）

ヘミングウェイ『誰がために鐘は鳴る』高見浩訳、新潮文庫、２０１８年（Hemingway, E. 1940. *For whom the bell tolls*. New York : Charles Scribner's Sons.）

モンテーニュ『エセー』宮下志朗訳、白水社、２００５-１６年（Montaigne M. de. 1580. C. Cotton（transl）. *Essays of Montaigne*. New York : Edwin C. Hill.）

ワトソン『匂いの記憶——知られざる欲望の起爆装置：ヤコブソン器官』旦敬介訳、光文社、２０００年（Watson, L. 2000. *Jacobson's organ and the remarkable nature of smell*. New York : W. W. Norton & Company.）

ワレン『死体捜索犬ソロが見た驚くべき世界』日向やよい訳、エクスナレッジ、２０１４年（Warren, C. 2013. *What the dog knows*（p. 211）. New York : Touchstone.）

謝辞（インデックス風に）

本

支援　スーパーエイジェントのクリス・ダール、キャロライン・アイゼマン
出版　ナン・グレアム、コリン・ハリスン、ロズ・リッペル、スーザン・モルダウ、そしてスクリブナー社
制作　アート（原書の写真と装丁）　ヴェガ・アベルスネス、ジャヤ・ミセーリ
編集　コリン・ハリスン（わたしの理想的な読者）
編集助手　サラ・ゴールドバーグ
マーケティングと広告　ケイティ・モナハン
レイアウトとデザイン　ミア・クロウリ・ハルト、エリッヒ・ホビング
執筆空間　ニューヨーク・ソサイエティ・ライブラリー
すすんで有益な対談の相手になってくれた人々　ブライアン・ボイド、ベッツィー・カーター、アリスン・カリー、ホリー・フェアバンク、グレン・フィンケル、エリザベス・ハーディン、デイモン・ホロウィッツ、エリザベス・カデツキー、マイラ・カルマン、サリー・コスロウ、アリアン・カイル、マライア・ポポワ、ダグラス・レペット、アモン・シェイ、ティメア・セル、アンディ・タック、ジェニファー・ヴァンダービズ、カーリン・ウィン

グ、マーク・ウッズ

犬の鼻

アマチュア　ニューヨークシティ内のすべての犬、フィネガン、アプトン、わたしの研究に参加してくれたボランティアの犬たち

エキスパート　ブレント・クレイブン、サイモン・ガドボア、ゲイリー・セトルズ

インストラクター　ジョージ・バーガー

モデル　フィネガン

プロの犬　ペンシルベニア大学付属仕事犬センターWDCの犬たち（トリュフ犬のカリー、キャッシュ、ダヴィンチ、ロロ）、糞探知犬、追跡犬

研究　バーナード・カレッジ、ジョン・ヘロルドとニューヨークシティ公園管理局、犬認知研究室のメンバー、飼い主の参加者たち

トレーナー　ジョナサン・ボール、アンヌマリー・デアンジェロ、ボブ・ドウアティ、パット・ケイナルー、シンディ・オットー、そしてWDCのみんな、アラナ・マクギーとクリスティン・ローゼンバッハ、サム・ワッサー

人間の鼻

能力の実証者　ジョン・ベクセンスタイン、ノア・チャーニー、チャーリー・エイズマン、リタ・ハーマン、レイ・マッツ、ケイト・マクリーン

エキスパート　スチュアート・ファイアスタイン、エイヴリー・ギルバート、ジョージ・プレティ、レスリー・ヴォスホール

教師として　ジョン・ベクセンスタイン、レイ・マッツ

質問に答えてくれた人々　ベネット・ローバー、ジェイン・オリエント、オリヴァー・サックス、ゲイリー・セトルズ、エイブラハム・バルギーズ、ロン・ウィネグラッド

使った人（私とともに）　ジョン・ギレスピー、オグデン・セロニアス・ホロウィッツ・シェイ、スーザン・オーリアン、アモン・シェイ、ピーター・ソコロフスキー

たえざるインスピレーション

オグデン・セロニアス・ホロウィッツ・シェイ、アモン・シェイ

訳者あとがき

犬はすべての情報を鼻から手にいれる（本文より）

犬にとってわたしたちとはわたしたちの匂いである（本文より）

本書は *Being a Dog : Following the Dog Into a World of Smell*（Simon & Schuster 2016）の全訳である。直訳すれば「犬であること――犬にしたがって匂いの世界へ」ということだろうか。その副題が示すように、著者の関心は犬の嗅覚だけでなく、匂いに満ちたこの世界に生きる私たち人間の匂いとのかかわりにまでのびていく。犬は鼻を使って何を知るのか、犬の鼻とはどんなものか、対して人間の嗅覚はどうなのか。著者の言うようにそれは、「今まで一度も取り上げられなかったテーマ」であり、「科学らしからぬ科学をめぐる」旅でもある。

同じ著者による『犬から見た世界』もまた、犬の内面を探る旅だったが、前著が犬の全知覚を扱っているのに対して、この本は完全に嗅覚に特化している。それだけでなく、アプローチの仕方もまったく異なる。著者は言う――「前著『犬から見た世界』のなかで、わたしは犬であるとはどういうことかについて、想像力を飛躍させたが、ここでは四つん這いで飛躍する。わたしは自分の鼻を、犬の鼻がいくところに近づける。そして匂いを嗅ぐ」。この四つん這いでの飛躍というのは文字どおりの意味をもつ。犬を知るには、少しだけ犬のようになる必要があると考えた著者は、犬とともに匂いの散歩をし、地面に鼻をつけて匂いを嗅ぐのである。

本書では「犬に聞く」という表現がよく使われている。人間が忘れ去った匂いの嗅ぎ方を、匂い嗅ぎのエキスパートである犬に尋ね、その経験を共有し、犬の理解につなげようというのである。尋ねる方法はさまざまだ。たとえば今述べたように、犬とともに「匂いの散歩」をして、犬に嗅ぎたいものを嗅がせ、その様子を観察する。あるいは家の中にいろいろなものを隠して、犬に嗅ぎださせる。やがて読者は、散歩中の犬の鼻の動きから、それが空気中に充満した匂いを一生懸命ほぐしているのを知るだろう。犬が部屋の空気を嗅いでいるのを観察すれば、空気がどのように流れていくかもわかるだろう。こうして犬にならって町の匂いや家の中の匂いの流れに敏感になっていくうちに、やがては著者のように知覚の次元を広げ、犬の匂いの世界をかいまみることができるかもしれない。

ここできわだっているのは、著者の科学者としてのいきいきした好奇心と冒険心である。嗅覚研究の最先端にいる科学者たちの話を聞き、仕事犬の育成現場で暮らし、がん検知犬をレポートし、トリュフ犬と同行し、糞探知犬を使う生物学者に会って探知犬の驚異的な嗅ぎ能力を探ったあと、著者は、「犬が検知するものを人も検知できるようになるのだろうか」という素朴な疑問に行きつく。そして、自分でも匂い嗅ぎの練習にうちこむ一方で、（人間の）匂い嗅ぎエキスパートに会ってその秘密を探るのだ。本書の後半の構成は、匂いを嗅ぐ犬と人の比較レポートになっている。トリュフ犬と調香師、糞探知犬と野生動物トラッカー……。同じ好奇心は、自分の足元にいる犬たちにも向けられる。飼い犬が匂いを嗅ぐことを忘れつつあるという事実を実験によって知った著者は、「これでいいのか？」という疑問から、飼い犬の鼻の復権をこころみるのだ。日本でも知られるようになったノーズワークというゲームがそれである。

著者のアレクサンドラ・ホロウィッツは動物認知を専門とする心理学者。彼女が創設したコロンビア大学バーナードカレッジの犬の認知学教室では、飼い犬の認知能力についてさまざまな実験を行い、新しい知見をつぎつぎに発表している。鏡のかわりに尿を使ったテストで、犬に自分自身についての感覚＝自己認知があることを証明したのもそのひとつである。もうひとつ、犬が飼い主の帰宅時間をどうやって知るかを調べた実験が非常に面白い。飼い主が出たあと、時間とともに家の中の飼い主の匂いは薄れ、それによって犬は飼い主が出てから帰るまでの時間の経過を知るのではないかと考えた著者は、途中で飼い主の汗にまみれたＴシャツを家に投げこんでみた。飼い主が帰宅したとき、犬はソファーでいびきをかいていたという。

こうした新しい知識を著者は論文の中だけにとどめず、一般の人々むけにさまざまなメディアで紹介している。YouTubeでもアニメによる「How do dogs "see" with their noses?(犬はその鼻でどのように「見る」か?)」というタイトルの動画が紹介されている。

過去にメリアム・ウェブスターの辞書編集者をつとめ、オックスフォード英語辞典全二〇巻を読破した作家のアモン・シェイを夫に持つ著者らしく、ここでも言葉に対する傾倒ぶりには圧倒される。随所に哲学的な、あるいは詩的な随想が入り交じり、著者特有のウィットがまぶされて、多岐にわたる科学的記述のなかで不思議な味わいをかもしだしている。これを本書の大きな魅力ととるか、読みにくいと感じるかどうかは、人によって評価の分かれるところかもしれない(私自身は著者の言う「科学らしからぬ科学をめぐる旅」にはこの文体がふさわしいと思っている)。

ちなみに読みやすさを考慮するなら、とっつきにくい解剖学や脳科学の部分はあとまわしにして、探知犬の育成や活動の章から入ってみてもいいと思う(個人的には、ペンシルベニア大学仕事犬センターでのレポートや、オルカの糞を探知する雑種犬ワッサーの活動ぶりが楽しかった)。

近年、日本でもがん検知犬がクローズアップされ、広い分野で犬の鼻の活躍が期待されている。一方、都市デザインをはじめとして社会の中で匂いそのものへの関心もこれまでになく高まっている(日本の環境省が定めた「かおり百選」も本書の中で紹介されている)。その意味で本書の持つ意味は大きいのではないかと期待している。

訳出中、用語の問い合わせなどに応じてくださった多くの方々にお礼を申し上げたい。東工大すずかけ台キャンパスの学園祭を訪れた際に、嗅覚研究室でガスクロマトグラフの実物を前に、若い研究者の方々に質問に答えていただけたのは楽しい経験だった。最後になるが、白揚社編集部の鷹尾和彦、筧貴行の両氏には、文章の推敲をはじめ専門用語など、すみずみまでしっかりと見ていただいた。おかげさまで安心して翻訳作業に専念することができた。深く感謝する次第である。

竹内和世

アレクサンドラ・ホロウィッツ（Alexandra Horowitz）

ニューヨークタイムズ・ベストセラー第一位の『犬から見た世界――その目で耳で鼻で感じていること』の著者。ペンシルベニア大学で哲学の学士号を取得、カリフォルニア大学サンディエゴ校では、犬の認知行動学の研究で認知科学の博士号を取得した。現在、コロンビア大学バーナード・カレッジで教鞭をとるかたわら、犬の認知研究室を主宰し研究を行っている。著書には他に On Looking: A Walker's Guide to the Art of Observation がある。ニューヨークシティで家族と、二匹のきわめてよく匂いを嗅ぐ犬とともに暮らす。

竹内和世（たけうち・かずよ）

翻訳家。東京外国語大学スペイン科卒業。主な訳書に、モリス『ドッグ・ウォッチング』（平凡社）、ネヴィル『犬に精神科医は必要か』（講談社）、ニコル『人生は犬で決まる』（小学館）、マークス『ビーグル号の3人』、アーヴァイン『欲望について』『よき人生について』、ローリン『獣医倫理入門』、ネトル『パーソナリティを科学する』、バーリー『ナポレオンのエジプト』、ホロウィッツ『犬から見た世界』（以上、白揚社）など。

犬(いぬ)であるとはどういうことか

二〇一八年十二月二十五日　第一版第一刷発行
二〇一九年　三　月　十六日　第一版第二刷発行

著　者　アレクサンドラ・ホロウィッツ
訳　者　竹内和世(たけうちかずよ)
発行者　中村幸慈
発行所　株式会社　白揚社　© 2018 in Japan by Hakuyosha
〒101-0062　東京都千代田区神田駿河台1-7
電話(03)-5281-9772　振替 00130-1-25400
装　幀　bicamo designs
印　刷　中央印刷株式会社
製　本　牧製本印刷株式会社

ISBN 978-4-8269-0206-9